# 综合性水利枢纽工程开发模式研究

赵汉宾　王盛才　著

U0364449

黄 河 水 利 出 版 社

·郑 州·

## 图书在版编目(CIP)数据

综合性水利枢纽工程开发模式研究/赵汉宾,王盛才
著. —郑州:黄河水利出版社,2012. 12
ISBN 978 - 7 - 5509 - 0395 - 1

Ⅰ.①综…  Ⅱ.①赵… ②王…  Ⅲ.①水利枢纽 -
水利工程 - 研究 - 中国  Ⅳ.①TV632

中国版本图书馆 CIP 数据核字(2012)第 315881 号

出 版 社:黄河水利出版社
　　　　　地址:河南省郑州市顺河路黄委会综合楼14层　邮政编码:450003
发行单位:黄河水利出版社
　　　　　发行部电话:0371-66026940、66020550、66028024、66022620(传真)
　　　　　E - mail: hhslcbs@126. com
承印单位:河南地质彩色印刷厂
开本:850 mm × 1 168 mm　1/32
印张:9.375
字数:270 千字　　　　　　　　　　印数:1— 1 000
版次:2012 年 12 月第 1 版　　　　印次:2012 年 12 月第 1 次印刷
定价:35.00 元

# 前　言

　　水是生命之源、生产之要、生态之基。修建必要的水利工程可以对河流加以控制和管理,防止洪涝灾害,进行水量的调节与分配,保护和利用宝贵的水资源,满足经济社会发展对水资源的需要,更好地实现造福人类的目的。综合性水利枢纽工程一般具有公益性和经营性两大主要功能,而对于以公益性任务为主的综合性水利枢纽工程,其建设管理体制和筹融资模式的设计又要比一般的水利枢纽工程复杂得多。目前,社会上针对综合性水利枢纽工程,特别是以公益性任务为主的综合性水利枢纽工程的建设管理体制研究较少,为此我们对以公益性任务为主的综合性水利枢纽工程的开发模式进行了专题研究,有针对性地编写了本书。

　　本书重点介绍了国内已建典型综合性水利枢纽工程的开发模式和典型水电开发公司滚动发展模式,分析了黄河干流梯级开发现状及存在的主要问题,对黄河干流待建的以公益性任务为主的综合性水利枢纽工程进行了专题分析研究。为使读者方便了解书中的研究内容,特别收集整理了与之有关的政策法规。

　　为了编写本书,作者到龙羊峡、沙坡头、万家寨、龙口、尼尔基、三门峡、长江三峡等已建水利枢纽工程进行了实地考察调研,与有关专家进行了若干次专题研讨,希望根据国家政策、市场运行规律、已建综合性水利枢纽工程成功案例、待建综合性水利枢纽工程特点,分析说明通过建立适宜的建设管理体制和筹融资模式,科学开发以公益性任务为主的综合性水利枢纽工程,充分发挥综合性水利枢纽工程的功能,实现工程的良性运行。尽管研究内容较为专业,但通俗易懂,具有一定的知识性、可读性和操作性,希望能对从事综合性水利枢纽工程建设管理的同志有所裨益。

　　在本书的编写过程中,苗娥、王文增同志给予了大量帮助,在此深表感谢!

由于作者水平有限,书中难免存在纰漏和不完善之处,恳请读者批评指正。

**作 者**

2012 年 10 月于郑州

# 目　录

# 第一章　黄河干流梯级开发模式研究

## 第一节　黄河干流梯级开发现状

黄河的水能资源集中在干流。70%的河川径流和灌溉用水分布在干流两岸,90%以上的可开发资源集中在干流河段,沿黄城市、工业、能源基地及油田供水也依赖黄河干流。

1997年修订的《黄河治理开发规划纲要》,在黄河干流龙羊峡至桃花峪河段布置了36座梯级枢纽工程,总库容为1 007亿 m³,长期有效库容为505亿 m³;共利用水头为1 930 m,发电装机容量为2 493万kW,年平均发电量为862亿 kW·h。

目前,黄河干流龙羊峡以下河段已建的水利枢纽工程(水电站)有25座,分别是龙羊峡、尼那、李家峡、康扬、苏只、公伯峡、直岗拉卡、积石峡、寺沟峡、刘家峡、盐锅峡、八盘峡、柴家峡、小峡、大峡、乌金峡、沙坡头、青铜峡、三盛公、万家寨、龙口、天桥、三门峡、小浪底、西霞院;在建的水利枢纽工程(水电站)有4座,分别为拉西瓦、黄丰、河口、海勃湾;拟建、待建的水利标准工程有7座。黄河干流龙羊峡以下河段水利枢纽工程(水电站)建设情况见表1-1。

黄河上游水电开发有限责任公司经营管理龙羊峡、拉西瓦、李家峡、公伯峡、苏只、青铜峡、盐锅峡、八盘峡、积石峡等9座水电站(水利枢纽),苏只水电站为其控股企业,其余均为独资企业。该公司目前正在建设龙羊峡上游的班多水电站、羊曲水电站,准备"十二五"期间动工建设龙羊峡上游的玛尔挡水电站、宁木特水电站,计划在"十三五"末期把黄河上游的水电资源基本开发完毕。

尼那水电站由北京华睿集团(民营企业)管理。北京华睿集团于2003年7月出资12亿元人民币整体收购青海省三江水电开发股份有

表 1-1　黄河干流龙羊峡以下河段水利枢纽工程（水电站）建设情况

| 建设情况 | | 数量 | 名称 |
|---|---|---|---|
| 规划 | 上游 | 26 | 龙羊峡、拉西瓦、尼那、山坪、李家峡、直岗拉卡、康扬、公伯峡、苏只、黄丰、积石峡、大河家、寺沟峡、刘家峡、盐锅峡、八盘峡、河口、柴家峡、小峡、大峡、乌金峡、黑山峡、沙坡头、青铜峡、海勃湾、三盛公 |
| | 中游 | 10 | 万家寨、龙口、天桥、碛口、古贤、禹门口（甘泽坡）、三门峡、小浪底、西霞院、桃花峪 |
| 已建 | 上游 | 19 | 龙羊峡、尼那、李家峡、直岗拉卡、康扬、苏只、公伯峡、积石峡、寺沟峡、刘家峡、盐锅峡、八盘峡、柴家峡、小峡、大峡、乌金峡、沙坡头、青铜峡、三盛公 |
| | 中游 | 6 | 万家寨、龙口、天桥、三门峡、小浪底、西霞院 |
| 在建 | 上游 | 4 | 拉西瓦、黄丰、河口、海勃湾 |
| 待建 | 上游 | 3 | 山坪、大河家、大柳树 |
| | 中游 | 4 | 碛口、古贤、禹门口、桃花峪 |

限公司投资建设的尼那水电站。

青海省三江水电开发股份有限公司负责建设管理康扬水电站、黄丰水电站,经青海省人民政府授权负责进行山坪水电站、大河家水电站的前期工作。

直岗拉卡水电站由美国爱依斯电力集团公司和香港真心实业集团有限公司在美国注册的真心－爱依斯电力有限公司独资兴建。

寺沟峡水电站项目法人为甘肃电力投资集团公司控股的甘肃电投炳灵水电开发有限责任公司。

河口水电站由甘肃电力投资集团公司控股、中国水电集团西北勘测设计研究院参股,于2008年11月28日开工建设。

刘家峡水电站由甘肃省电力公司管理。

柴家峡水电站于 2004 年 11 月开工建设,于 2008 年 12 月全部建成投产,由兰州 504 厂控股。

甘肃小三峡水电开发有限责任公司负责建设管理小峡、大峡、乌金峡水电站。乌金峡水电站于 2005 年 12 月正式开工建设,于 2009 年 6 月 4 台机组全部投产发电。甘肃小三峡水电开发有限责任公司由国投华靖电力控股股份有限公司、甘肃电力投资集团公司和甘肃省电力公司共同组建,三方的出资比例分别为 50%、30%、20%。

沙坡头水利枢纽工程的项目法人为宁夏沙坡头水利枢纽有限责任公司,该公司由水利部综合事业局所属的新华水利水电投资公司、宁夏水利水电开发建设总公司等 4 家单位共同出资组建。

海勃湾水利枢纽工程于 2010 年开工建设,项目法人为乌海市人民政府。

三盛公水利枢纽工程由内蒙古自治区黄河工程管理局(内蒙古自治区水利厅下属事业单位)管理。

黄河万家寨水利枢纽工程、黄河龙口水利枢纽工程的出资方为水利部综合事业局所属的新华水利水电投资公司、山西省万家寨引黄工程总公司和内蒙古自治区电力(集团)总公司(现为内蒙古能源发电投资有限公司)。黄河龙口水利枢纽工程于 2006 年 6 月 30 日全面开工建设。

天桥水电站由山西省地方电力公司管理。

三门峡水利枢纽工程由黄河水利委员会(简称黄委)三门峡水利枢纽管理局管理。

小浪底、西霞院两座水利枢纽工程的业主是水利部小浪底水利枢纽建设管理局(简称小浪底建管局)。

# 第二节　黄河干流已建水利枢纽工程开发模式

黄河干流已建、在建水利枢纽工程(水电站)开发主要有企业独资或企业与企业联合投资开发,国家、地方政府、社会法人共同投资开发,国家、地方政府共同投资开发,国家独资开发四种模式。

## 一、企业独资或企业与企业联合投资开发模式

企业独资或企业与企业联合投资开发模式主要针对以经营效益为主的水电站,如直岗拉卡、积石峡、寺沟峡、柴家峡、乌金峡水电站。该类项目资本金全部由企业投入。

## 二、国家、地方政府、社会法人共同投资开发模式

国家、地方政府、社会法人共同投资开发模式主要针对以公益性任务为主且具有一定投资、回报能力的综合性水利枢纽工程,如沙坡头水利枢纽工程。

沙坡头水利枢纽工程项目的资本金由国家、地方政府、社会法人共同投资;国家和地方财政投入资金作为对公司承担公益性任务的投资补助,不计入注册资本,不参与分红;公司的注册资本全部为社会法人投资。

## 三、国家、地方政府共同投资开发模式

国家、地方政府共同投资开发模式主要针对以公益性任务为主、地方可获取一定利益的综合性水利枢纽工程,如万家寨水利枢纽工程。

万家寨水利枢纽工程项目的资本金由水利部、山西省、内蒙古自治区三方联合投资。投资三方按照现代企业制度的要求,组建了黄河万家寨水利枢纽有限公司,公司作为项目法人负责工程的筹资、建设、管理、运营、还贷和资产的保值增值。

水利部和晋蒙两省(区)分别确定水利部万家寨工程开发公司(现为新华水利水电投资公司)、山西省万家寨引黄工程总公司、内蒙古自治区电力(集团)总公司为各自的出资人代表。

## 四、国家独资开发模式

国家独资开发模式主要针对公益性任务较重的综合性水利枢纽工程,如小浪底水利枢纽工程。

小浪底水利枢纽工程项目的资本金全部由国家投入,工程投资不

足的部分通过国内外银行贷款解决。目前,小浪底建管局与黄河水利水电开发总公司两种体制并存。

## 第三节  开发存在的主要问题

### 一、各自为政,不利于水行政主管部门行使水行政管理职能

目前,黄河干流龙羊峡以下河段已建的水利枢纽工程涉及近20家不同的控股股东或主办单位。由于各自为政、利益和出发点存在较大的差异,导致关系复杂、协调难度大,削弱了黄委对黄河水资源的控制力,增加了水行政主管部门行使水行政管理职能的难度和工作量,不利于实施黄河水量的统一调度、建设完善的水沙调控体系,也不利于生态保护。

### 二、缺少开发平台,滚动开发黄河待建的水利枢纽工程

黄河干流龙羊峡以下河段待建的水利枢纽工程大多是以公益性任务为主且投资规模较大的项目。构成黄河水沙调控体系主体的7大骨干工程中,尚有大柳树、碛口、古贤3座水利枢纽工程未开发。根据国家投资体制改革政策和黄河水沙调控体系建设的要求,黄河干流以公益性任务为主的大型水利枢纽工程的开发模式不同于其他水电项目的开发模式,应有针对性地组建流域水电开发集团,充分利用母体电站的资金、技术、人才、管理经验的优势,运用相应的建设管理体制和投融资模式,实行流域梯级滚动开发。

## 第四节  开发面临的形势

### 一、国家政策大力支持水电发展

水能属于可再生能源。可再生能源是我国重要的能源资源,在满足能源需求、改善能源结构、减少环境污染、促进经济发展等方面具有

重要的作用。国家 2007 年颁布实施的《可再生能源中长期发展规划》将水电放在发展可再生能源的首位,计划到 2010 年全国水电装机容量由 2005 年的 1.17 亿 kW 提高到 1.9 亿 kW,到 2020 年,全国水电装机容量达到 3 亿 kW,并明确黄河上游是我国今后六大水电重点发展领域之一。国家《可再生能源发展"十一五"规划》将黄河上游、黄河中游北干流规划为我国重点建设的十三大水电基地,并要求开工建设黄河羊曲、班多、玛尔挡等大型和特大型水电站。

## 二、各方力量正在积极主动地参与黄河干流水电开发

目前,黄河上中游水电开发所具有的独特优势和巨大潜力已被许多有实力的开发商所认可,并正在加大开发力度。一些开发商经地方政府授权,对部分拟建枢纽工程(水电站)提前开始圈占资源,据为己有。有的拟建工程尚未经国家批复核准,就开始"四通一平"前期工程的建设,如古贤水利枢纽工程因发电效益较好,已经受到多家企业的高度关注。

## 三、维持黄河健康生命需要加快黄河干流控制性工程建设步伐

小浪底水库已经淤积泥沙 30 多亿 t,必须尽快提出下一步的开发目标。小浪底水库设计拦沙库容为 75 亿 m³,总拦沙量约为 100 亿 t,目前已经淤积泥沙 30 多亿 t,预计 2020 年前后,水库将达到淤积平衡,拦沙作用丧失,此后,尽管通过调水调沙,小浪底水库仍可长期发挥一定的减淤作用,但出库水沙关系仍不协调,黄河下游河道将又进入持续的淤积抬高时期。因此,现在迫切需要提出下一步的开发目标,加快黄河干流控制性工程建设的步伐。

适应全国水电开发的大好形势,加大黄河干流水电开发力度,能够加快黄河水沙调控体系的建设。当前和今后一个时期,国家政策支持和鼓励水电开发。相关企业对水电开发的积极性较高,正在积极主动地参与黄河干流水电开发。有关水利管理部门抓住这个大好形势,就能加快黄河水沙调控体系的建设。

# 第五节　开发的基本思路和原则

## 一、基本思路

形成两个大的开发平台,在黄河干流分区域实施梯级滚动开发。

黄河上游水电开发有限责任公司重点负责龙羊峡以上河段以经济效益为主的待建水电站的开发。目前,该公司拥有黄河干流龙羊峡以下河段9座已建和在建的大中型水电站,正在建设龙羊峡上游的班多、羊曲水电站,且对龙羊峡上游待建的玛尔挡、宁木特水电站开展了大量的前期工作;有一定的融资能力和水电站建设、经营、管理经验,具备梯级滚动开发的能力。

以水利系统现有骨干企业为依托,组建一个梯级开发平台,重点负责滚动开发黄河干流黑山峡以下以公益性任务为主的大型待建水利枢纽工程。本书重点研究该平台的组建及其拟建枢纽工程的开发、运营模式。

## 二、基本原则

(1)有利于加快黄河干流梯级开发的步伐,实现国家"有序开发水电"的目标。

(2)有利于协调枢纽工程社会效益和经济效益的关系,实现枢纽工程的综合功能,发挥枢纽工程的最大效益。

(3)有利于建设和完善黄河水沙调控体系。

(4)符合国家投资体制改革的精神。

(5)坚持统筹协调。统筹考虑各关联方的利益,正确处理整体和局部的关系。

# 第六节　构建开发平台的要求和可行性分析

进行黄河干流梯级开发,必须构建开发平台。有了开发平台,就有了组建业主和融资的能力。

## 一、构建黄河干流水电开发平台的目的和要求

构建黄河干流水电开发平台（简称水电开发平台）的主要目的是组建业主和融资，进行黄河干流梯级滚动开发。水电开发平台主要负责建设黄河干流待建的以公益性任务为主的大型水利枢纽工程，参股开发黄河干流上游以经营性任务为主的大中型水电站，兼并收购其他已建的水电工程项目。

构建水电开发平台的总体要求为具备开发古贤、碛口等大型水利枢纽工程的融资能力和建设管理能力。

## 二、构建水电开发平台的有利条件

### （一）拥有较大的规模优势和融资能力

水利部管理的小浪底、西霞院和黄委管理的三门峡、故县4座水电站账面资产近400亿元，装机容量为241万kW，多年平均发电量为67.8亿kW·h，有一定的投资能力和融资能力。必要时可联合水利部综合事业局控股的黄河万家寨水利枢纽有限责任公司。

### （二）具备较强的水电建设开发能力和水电生产管理能力

小浪底工程规模宏大、结构复杂，被中外专家称为世界史上最具挑战性的工程之一，其建设管理方式全面与国际惯例接轨。通过建设小浪底工程，培养了一批水电建设开发人才，积累了丰富的水电建设开发经验。

三门峡水力发电厂经过30多年的生产实践，已经掌握了不同条件下的运行发电技术，积累了丰富的水电生产管理经验。

可以充分发挥黄河水利水电开发总公司（又名黄河小浪底水利枢纽建设管理局，管理小浪底、西霞院2座水电站）、三门峡黄河明珠集团（管理三门峡、故县水电站）的水电建设开发能力和水电生产管理能力，实施黄河干流水电资源的滚动开发。

### （三）有利于优化水资源配置，提高管理效率

黄委主导古贤等大型水利枢纽工程建设管理，便于从全流域优化

水资源配置的角度考虑和处理问题,有利于水量的调度;有利于各项社会公益效益的充分发挥;有利于简化枢纽工程的管理关系,提高管理效率。水量调度与电量调度中的问题属于内部问题,协调工作量较小,有利于效率的提高和枢纽功能的充分发挥。

## 三、水电开发平台组建方案

水利部、黄委组建水电开发平台主要是为了开发黄河干流待建的以公益性任务为主的大型综合性水利枢纽工程,此类工程投资规模大、建设工期长,因此拟构建的水电开发平台必须具备较强的投融资能力。根据实际情况,构建水电开发平台可考虑利用黄委以外的水利投资者和黄委所属相关企业的资源。

**(一)黄委组建黄河投资开发有限公司(方案一)**

1. 基本思路

黄委依托三门峡黄河明珠集团、黄河勘测规划设计有限公司(简称黄河设计公司)等企业组建黄河投资开发有限公司,黄河投资开发有限公司联合其他水利投资者组建黄河水电投资开发有限公司(简称黄电投),以其为平台,滚动开发黄河干流水电资源。

2. 运行模式

黄河投资开发有限公司对黄河水电投资开发有限公司实行相对控股,黄河水电投资开发有限公司对拟建水利枢纽工程的项目法人实行绝对控股。

3. 方案优缺点分析

(1)优点。有利于流域机构对黄河干流大型控制性骨干工程的控制,有利于黄河水沙调控体系的建设。

(2)缺点。黄河投资开发有限公司投融资能力较弱,运行难度较大。

**(二)组建黄河水电投资开发有限公司(方案二)**

1. 基本思路

水利部、黄委协调,黄河水利水电开发总公司(小浪底水利枢纽建设管理局)联合黄河万家寨水利枢纽有限公司(简称万家寨水利枢纽）、三门峡黄河明珠集团(简称三门峡明珠集团)、黄河勘测规划设计有限公司投资组建黄河水电投资开发有限公司作为水电开发平台,滚动开发黄河干流水电资源。为了有利于项目的运作,小浪底建管局对黄电投实行绝对控股。

2. 运行模式

黄电投联合项目所在省(区)政府授权投资机构、国家有关大型电力投资公司共同组建项目法人,负责工程的建设、管理、筹资、还贷。为了充分发挥工程的公益性功能,有利于黄河水沙调控体系建设,黄电投对工程的项目法人实行绝对控股。

3. 方案优缺点分析

(1)优点。能够比较好地聚集黄委内外有关水利投资者的资源,形成规模优势,有利于进行流域梯级滚动开发,有利于水利部对黄河干流大型控制性骨干工程的控制。

(2)缺点。组建黄电投的协调工作比较复杂,初期黄电投的日常运行费用难以得到保证。黄电投所投资开发的大型水利枢纽工程投资大、建设工期长,相当长的时期内不能分配利润,其运作资金主要是各股东投入的资本金和银行贷款,没有经营性收入;必须对黄电投注入能够短期获取收入的资产或投资一些短、平、快的项目,以保证其正常运行。

**(三)以小浪底为水电开发平台(方案三)**

1. 基本思路

主要依托黄河水利水电开发总公司的投融资能力、水电建设开发能力、水电生产管理能力和小浪底水利枢纽工程的规模优势、品牌优势,滚动开发黄河干流水电资源。

2. 运行模式

保持水利投资者现有管理模式,小浪底建管局负责牵头,组织其他水利投资者,联合地方政府授权投资机构和国家相关电力投资公司共同投资,开发拟建水利枢纽工程。小浪底建管局对项目法人实行控股。

3. 新开发项目投资来源

工程公益性功能部分的资本金由国家财政投入;工程经营性功能

部分的资本金由水利投资者、地方政府授权的投资机构和国家相关电力投资公司共同投入,其他部分通过银行贷款解决。

4. 方案优缺点分析

（1）优点。未打破现有的行政管理格局,不需要重新构建平台,容易操作;平台具有一定的投融资能力,小浪底水利枢纽工程拥有较大的规模优势和品牌优势;可以充分发挥小浪底的水电建设开发能力和水电生产管理能力。

（2）缺点。投资主体多,协调工作量大;难以充分发挥其他水利投资者的资源优势;难以建立以黄委为主导的黄河干流梯级滚动开发机制。

## （四）组建黄河水电开发集团（方案四）

1. 基本思路和运行模式

基本思路和运行模式分三步实施:

第一步,组建黄河水电开发集团。以黄河水利水电开发总公司为母体,联合三门峡明珠集团、黄河设计公司,组建黄河水电开发集团。依照《中华人民共和国公司法》《企业集团登记管理暂行规定》的要求,将黄河水利水电开发总公司变更为黄河水电开发集团,申请注册企业集团,完善母子公司体制。

运行模式:黄河水电开发集团聚集集团的优势资源,联合其他水利投资者、地方政府授权的投资机构和国家相关电力投资公司共同投资,开发黄河中上游以公益性任务为主的大型待建水利枢纽工程,集团母公司负责组织实施;在集团统一管理下,小浪底、西霞院、三门峡、故县水利枢纽管理局按现行方式承担公益性职能,负责自身的电力生产、经营。

第二步,剥离集团部分发电资产,组建黄河水电开发股份有限公司。集团正式运行后,根据发展情况适时剥离集团所属小浪底、三门峡、西霞院水电站部分发电机组,联合有关单位,共同组建黄河水电开发股份有限公司,按市场规则专注于电力的生产、经营、管理。

运行模式:黄河水电开发股份有限公司成立后,黄河水电开发集团专注于流域梯级滚动开发,其未剥离的发电机组委托黄河水电开发股份有限公司管理,黄河水电开发股份有限公司专注于电力的生产、经营、管理,并为上市创造条件。

第三步,黄河水电开发股份有限公司上市,实现黄河干流枢纽工程建设与资本市场的有机结合。

运行模式:黄河水电开发股份有限公司发展成为上市公司,通过公开发行股票及其他多种融资渠道募集资金,逐步购买黄河水电开发集团未剥离的发电资产,黄河水电开发集团利用出售发电资产所得资金、折旧、利润和其他渠道的融资,加快黄河干流梯级滚动开发的步伐。

2. 新项目投资来源

初期和中期,黄河水电开发集团新项目的投资来源主要是折旧,争取国家返还的增值税、利润,不足部分通过银行贷款解决。

远期,黄河水电开发股份有限公司成立后,黄河水电开发集团新项目的投资除上述渠道来源外,还可以利用出售部分发电资产所得资金。黄河水电开发股份有限公司也可以利用资本市场募集资金直接参与黄河干流梯级开发。

3. 方案优缺点分析

(1)优点。充分聚集了现有的水电资源,有较强的投融资能力和水电建设管理能力;方案分步实施,先易后难,比较容易操作;有利于筹措资金,有利于实现黄河干流枢纽工程建设与资本市场的有效结合;比较好地处理了枢纽工程社会功能与经济功能的关系,各方责任明确;适时分离枢纽公益性职能和经营性职能,有利于按市场规则建立适合滚动开发黄河干流水电资源的体制和机制;能够建立以水利部门为主导的黄河干流梯级滚动开发机制,把握黄河干流控制性骨干工程开发及今后联合调度的主动权。

(2)缺点。改变了现有的管理模式,初期协调工作有一定的难度;平台的构建和完善涉及方面较多,时间较长,工作比较复杂。

4. 方案实施需要关注并解决的重点、难点问题

开展第一步工作时需要构建规范的母子公司管理体制。

开展第二步工作时需要合理剥离枢纽工程的发电资产。组建黄河水电开发股份有限公司,需要剥离小浪底、西霞院、三门峡、故县水利枢

纽工程部分发电机组及其应分摊的大坝资产。借鉴长江电力、钱江水利、岷江水电等上市公司资产剥离方法,结合水利枢纽工程自身的特点,计算出大坝的公益性资产、经营性资产比例,并将经营性资产按发电机组进行分摊。可聘请专业咨询机构研究具体实施方法并帮助运作。

开展第二步工作时需要保证枢纽工程全面履行公益性职能,合理分摊公益性费用。小浪底、三门峡、故县水利枢纽管理局仍承担公益性职能,负责管理公益性资产;各枢纽公益性支出及管理费用按其全部机组发电量进行分摊,直接进入电力生产成本;公益性费用进入发电成本的方式、额度需根据各枢纽工程实际情况确定;可组织专人并聘请咨询机构研究提出各枢纽工程公益性费用进入发电成本的方式、额度。

可争取的其他公益性支出补偿渠道:国家减免电力产品增值税、所得税;提高电价,增加发电收入;对于三门峡水利枢纽管理局,如果实行汛期敞泄,造成发电收入和关联企业的收入大幅度减少,可向国家争取其他补偿。

## (五)方案比较

方案一有利于流域机构对黄河干流大型控制性骨干工程的控制,不足之处是黄河投资开发有限公司的投融资能力较弱。

方案二能够比较好地聚集水利投资者的资源,有利于水利部对黄河干流大型控制性骨干工程的控制;不足之处是组建黄电投的协调工作比较复杂,且初期黄电投的日常运行费用难以得到保证。

方案三保持了现有的行政管理格局,不用重新构建平台,容易操作;平台有一定的投融资能力和水电建设开发、生产管理能力。不足之处是水利投资者各自为战,难以发挥整体的优势,不利于资源的优化配置,不利于建立以流域机构为主导的黄河干流梯级滚动开发机制。

方案四是近期与长期相结合,能够充分地聚集现有的水电资源,发挥其整体优势,有利于对现有水电开发资源进行优化配置,有较强的投融资能力和水电生产管理能力。黄河水电开发股份有限公司成立及上市后,公益性职能与电力生产经营管理职能分离,资产优良,主业突出,而且属于股份制企业,比较容易从资本市场募集资金,可以实现黄河干流大型枢纽工程的建设与资本市场的有效结合,易建立符合市场经济要求的管理体制和运行机制;能够建立以水利部门为主导的黄河干流梯级滚动开发机制,把握黄河干流控制性骨干工程开发以及今后联合调度的主动权。不足之处是打破了现有的行政管理格局,初期协调难度较大;平台的构建和完善涉及方面较多,时间较长,工作比较复杂。

# 第七节　黄河干流以公益性任务为主的待建水利枢纽工程开发模式分析

黄河干流龙羊峡以下河段规划布置的以公益性任务为主的大型待建水利枢纽工程有大柳树、碛口、古贤、禹门口、桃花峪,但桃花峪水利枢纽工程目前尚不具备开发条件。根据水利部、黄委关于黄河干流大型待建水利枢纽工程开发时序思路,本节重点分析研究古贤、禹门口、大柳树、碛口水利枢纽工程的开发模式。

## 一、古贤水利枢纽工程开发模式研究

### (一)概述

1. 工程概况

古贤水利枢纽工程位于黄河中游北干流下段,坝址右岸为陕西省宜川县,左岸为山西省吉县,上距碛口坝址 235.4 km,下距壶口瀑布 10.1 km,控制流域面积为 489 948 km²。

枢纽最大坝高 199 m,正常蓄水位 640 m,总库容 164.34 亿 m³,其中,防洪库容 12 亿 m³,调水调沙库容 20.93 亿 m³,拦沙库容 118.18 亿 m³。电站装机容量为 210 万 kW,初期年均发电量为 53.39 亿 kW·h,正常运用期多年平均发电量为 70.89 亿 kW·h。

古贤水利枢纽工程是《黄河治理开发规划纲要》和国务院批准的《黄河近期重点治理开发规划》确定的黄河中下游水沙调控体系的重要组成部分,该工程与小浪底水库调水调沙联合运用,结合支流建库和淤地坝拦沙、水土保持及干流滩区放淤等综合治理措施,可调整和改善黄河中下游的水沙关系,减少和延缓黄河下游的河道淤积,维持较长时间的中水河槽行洪输沙能力,降低潼关高程,提高下游防洪能力。兴建古贤水利枢纽工程可充分开发黄河梯级水能资源,向电网提供清洁电能,并改善两岸供水和灌溉条件。古贤水利枢纽工程尽早建设并与小浪底水利枢纽工程联合运行,通过科学调度,可提高两库调水调沙的灵活性和拦沙减淤作用,有利于延长小浪底拦沙减淤年限。

古贤水利枢纽工程的开发任务为以防洪减淤为主,兼顾发电、供水、灌溉等综合利用。

2. 工程投资

古贤水利枢纽工程静态总投资为 394.36 亿元(价格水平为 2009年第一季度),其中项目资本金为 272.74 亿元(含国家资本金和各投资方投入的经营性资本金)、银行贷款本金为 121.62 亿元。

工程建设期为 10 年。

**(二)工程开发、管理模式**

1. 工程建设管理体制设计的指导思想、基本原则和主要依据

工程建设管理体制设计的指导思想。古贤水利枢纽工程的建设、管理和运用必须满足黄河综合治理开发的总体要求,服从并服务于防止水害和开发利用黄河水资源的总体目标;充分发挥工程的综合功能,实现效益最大化;符合国家水利工程管理体制改革和投资体制改革要求,合理设置机构,明确管理权责,为充分发挥古贤水利枢纽的综合效益提供体制保障。

工程建设管理体制设计的基本原则。有利于黄河水沙调控体系建设,有利于协调工程社会效益和经济效益的关系,有利于协调工程调度与资产管理的关系,有利于公益性资产与经营性资产的管理,有利于提高管理效率,有利于工程的良性运行。

设计古贤水利枢纽建设管理体制的主要依据是:

(1)《国务院关于投资体制改革的决定》(国发[2004]20 号);

(2)《水利工程管理体制改革实施意见》(国办发[2002]45 号);

(3)《国务院关于调整固定资产投资项目资本金比例的通知》(国发[2009]27 号);

(4)《水利建设项目贷款能力测算暂行规定》(水规计[2003]163

号）；

(5)《水利基本建设投资计划管理暂行办法》（水规计〔2003〕344号）；

(6)古贤水利枢纽工程开发任务、效益状况和建设管理需要。

2. 管理权责

古贤水库淹没和直接受益区涉及晋陕两省。根据工程承担的主要功能，为了有利于协调损益双方利益以及受益范围内的地区、部门间的各种关系，该项目应定为中央项目。

黄委是古贤水利枢纽工程的水量调度管理机构。古贤水利枢纽是黄河水沙调控体系的重要组成部分，其防洪防凌调度、水量调度应由黄委负责。

《水利工程管理体制改革实施意见》规定，对国民经济有重大影响的水资源综合利用及跨流域（指全国七大流域）引水等水利工程，原则上由国务院水行政主管部门负责管理；一个流域内，跨省（自治区、直辖市）的骨干水利工程原则上由流域机构负责管理。古贤水利枢纽工程是黄河水沙调控体系的重要组成部分，是黄河流域内跨省的骨干水利工程，应由黄委负责管理。

3. 工程管理单位类别、性质

《水利工程管理体制改革实施意见》（国办发〔2002〕45号）规定，根据水利工程管理单位承担的任务和效益状况，划分水管单位类别、性质，对于承担既有防洪、排涝等公益性任务，又有供水、水力发电等经营性功能的水利工程管理运行维护任务的水管单位，称为准公益性水管单位。因此，应将古贤水利枢纽工程建设管理单位定为准公益性水管单位。

《水利工程管理体制改革实施意见》（国办发〔2002〕45号）规定，对于准公益性水管单位，依其经营收益情况确定性质，不具备自收自支条件的，定性为事业单位，具备自收自支条件的，定性为企业。

古贤水利枢纽工程建设管理单位定性为企业或事业单位，主要看其能否实现"自收自支"。

通过确定合理的电价和制订科学的筹融资方案，古贤水利枢纽工程管理单位可以满足自收自支条件,并有一定的还贷能力。因此,应将古贤水利枢纽工程建设管理单位定性为企业。

### (三)古贤水利枢纽工程项目法人组建方案及融资模式

1.项目资金筹措及项目法人组建模式分析

参照近年已建和目前在建的以公益性任务为主的综合性水利枢纽工程的开发管理情况,结合古贤项目实际,古贤项目资金筹措及项目法人组建有以下三种模式:

(1)国家、水利投资者、地方政府授权的投资机构、其他社会法人共同投资建设古贤水利枢纽工程,组建股份制的黄河古贤水利枢纽工程有限公司作为古贤水利枢纽工程的项目法人。

该模式的基本思路是:枢纽工程公益性功能部分分摊的投资由国家财政拨款,经营性功能部分分摊的投资由水利投资者(水利系统企业)、地方政府授权的投资机构(山西、陕西省政府授权的投资机构)、其他社会法人投入的资本金和银行贷款解决。

运用该模式的典型项目是沙坡头水利枢纽工程。

(2)国家、地方政府共同投资建设古贤水利枢纽工程,组建股份制的黄河古贤水利枢纽有限公司作为古贤水利枢纽工程的项目法人。

该模式的基本思路是:枢纽工程项目资本金(即公益性功能部分分摊的投资和经营性功能部分分摊的投资的资本金)全部由国家和山西、陕西省政府财政投入,其余投资由项目法人从银行贷款解决;水利部和山西、陕西省政府分别明确各自的出资人代表,共同组建股份制的黄河古贤水利枢纽有限公司作为古贤水利枢纽工程的项目法人,负责工程的建设、管理、筹资、还贷。

运用该模式的典型项目是万家寨、尼尔基水利枢纽工程。

(3)国家独资建设古贤水利枢纽工程,组建国有独资的黄河古贤水利枢纽有限公司作为古贤水利枢纽工程的项目法人。

该模式的基本思路是:枢纽工程项目资本金即公益性功能部分分摊的投资和经营性功能部分分摊的投资的资本金全部由国家财政投入,其余投资由项目法人从银行贷款解决;组建国有独资的黄河古贤水利枢纽有限公司作为古贤水利枢纽工程的项目法人,负责工程的建设、管理、筹资、还贷。

运用该模式的典型项目是小浪底、长江三峡水利枢纽工程。

(4)模式比较分析。

模式一项目法人为多个社会法人参与投资设立的有限责任公司，其优点主要是有利于多渠道筹措工程建设资金，符合国家投资体制改革精神；考虑到了有关方面的利益，有利于工程建设和运行期与社会有关方面的协调工作；有利于建立规范的法人治理结构，建立先进的运行机制。不足之处主要是同时满足公司追求利益最大化的生产经营目标与完成公益性任务目标的制度设计及项目法人组建工作比较复杂。

模式二项目资本金全部由国家、地方政府筹措，不必像社会资本那样考虑资本金回报要求，公司负担轻。难点是古贤项目主要是社会效益，对山西、陕西两省的直接效益难以吸引其进行大量的财政投入，同时该方案也不符合国家投资体制改革精神。

模式三项目法人为国有独资公司，其优点主要是工程建设的资本金全部由国家筹措，项目法人组建工作比较容易。缺点是该模式采用的资金筹措方式不符合国家投资体制改革精神，项目难以通过国家发改委审批。

综合分析以上三种模式，第一种模式符合国家投资体制改革要求，考虑到了相关方面的利益，有利于工程建设期和运行期的协调工作，有利于建立先进的运行机制，最具有可行性。第二种、第三种模式不符合国家投资体制改革精神，难以通过国家发改委审批。因此，第一种资金筹措和项目法人组建模式最具可行性。

2. 古贤项目投资构成

古贤水利枢纽属国家特大型准公益性水利工程，工程静态总投资394.36亿元，其中：公益性功能分摊投资185.28亿元，发电功能分摊投资209.08亿元。按企业资本金内部收益率6.5%测算，需要国家投资210.02亿元，企业资本金62.72亿元，银行贷款本金121.62亿元。按企业资本金内部收益率3.6%测算，需要国家投资123.04亿元，企业资本金149.70亿元，银行贷款本金121.62亿元。

3. 古贤项目潜在的社会投资者

古贤水利枢纽工程企业资本金潜在的投资方有水利投资者、地方政府授权的投资机构以及国家大型发电企业,各方实力及对工程利益的需求不相同。

古贤项目潜在的水利投资者主要包括小浪底建管局、万家寨水利枢纽等黄委以外的水利投资者,三门峡明珠集团、黄河设计公司等黄委下属水利投资者。

地方政府授权的投资机构主要指晋陕两省电力投资公司,在代表两省争取一定话语权的同时,还可通过投资入股获得直接收益。

在国家五大发电集团中,中国电力投资集团公司(简称中电投)是黄河流域及相关区域水电开发的投资机构。黄河上游水电开发有限责任公司是中电投的控股子公司。中电投规模大,投融资能力强。2009年,中电投主营业务收入达到 1 012 亿元,实现利润总额 37.2 亿元,累计获得银行授信 4 800 亿元。中电投主要着眼于调整发电结构,降低碳排放指标,因此非常希望参与黄河北干流黑山峡河段水电站的开发建设,这极有利于古贤项目的资金筹措。

4. 古贤项目法人组建方案及股权结构设置

水利投资者、晋陕两省授权的投资机构、中电投等法人共同投资组建黄河古贤水利枢纽有限公司(简称古贤公司)作为古贤水利枢纽工程的项目法人,负责工程的建设、管理、筹资、还贷。

(1)方案一:黄委下属公司控股开发古贤项目。基本思路是:黄委组建黄河投资开发有限公司,黄河投资开发有限公司联合小浪底建管局、万家寨水利枢纽组建黄电投,黄电投联合晋陕两省授权的投资机构、中电投共同投资组建古贤公司,作为古贤水利枢纽工程的项目法人。

第一步,组建黄河投资开发有限公司。黄委协调,三门峡明珠集团、黄河设计公司共同出资组建黄河投资开发有限公司,作为黄委水电开发平台,参与古贤项目开发。

第二步,组建黄电投。黄河投资开发有限公司联合小浪底建管局、万家寨水利枢纽,组建黄电投,先期开展古贤水利枢纽前期工作,推动古贤项目立项批复。黄河投资开发有限公司对黄电投实行相对控股。

第三步,组建古贤公司。项目建议书批复后,黄电投会同晋陕两省授权的投资机构、中电投,适时组建黄河古贤水利枢纽有限公司作为古贤水利枢纽工程的项目法人。黄电投对古贤公司实行绝对控股。

(2)方案二:水利部、黄委协调,水利投资者投资组建黄电投,黄电投联合晋陕两省授权的投资机构、中电投共同投资组建古贤公司,作为古贤工程项目法人。

第一步,组建黄电投。小浪底建管局联合万家寨水利枢纽、三门峡明珠集团、黄河设计公司,共同投资组建黄电投。小浪底建管局对黄电投实行绝对控股。

第二步,组建古贤公司。项目建议书批复后,黄电投会同晋陕两省授权的投资机构、中电投,适时组建古贤公司作为古贤水利枢纽工程的项目法人。黄电投对古贤公司实行绝对控股。

实施此方案时,为有利于实现枢纽工程的公益性功能,可考虑国家投资拥有表决权,没有分红权。黄委下属事业单位或企业行使国家出资人职责,在公司作出重大决策时,维护国家投资的利益,确保枢纽工程公益性任务的完成。

(3)方案三:小浪底建管局直接投资控股组建古贤公司。小浪底建管局联合万家寨水利枢纽、三门峡明珠集团、黄河设计公司、晋陕两省授权的投资机构、中电投共同投资组建古贤公司。小浪底建管局对古贤公司实行绝对控股。

实施此方案时,为有利于实现枢纽工程的公益性功能,可考虑国家投资拥有表决权,没有分红权。黄委下属事业单位或企业行使国家出资人职责,在公司作出重大决策时,维护国家投资的利益,确保枢纽工程公益性任务的完成。

(4)方案四:中电投主导古贤工程建设。中电投联合小浪底建管局、万家寨水利枢纽、晋陕两省授权的投资机构,共同投资组建古贤公司。中电投对古贤公司实行绝对控股。

实施此方案时,为有利于实现枢纽工程的公益性功能,可考虑国家投资拥有表决权,没有分红权。黄委下属事业单位或企业行使国家出资人职责,在公司作出重大决策时,维护国家投资的利益,确保枢纽工程公益性任务的完成。

**(四)机构设置**

基本思路:成立行政领导协调机构,主要负责项目筹建期至建设期的领导协调工作;组建项目法人(业主),具体负责工程的建设、管理、筹资、还贷。

1.成立行政领导协调机构

根据古贤项目工作进展情况,适时成立相应的机构。

(1)项目建议书阶段成立黄委古贤水利枢纽工程筹建领导小组和筹建办公室。

根据国家要求,项目建议书阶段需拟订工程建设与运行管理初步方案;拟订项目建设资金筹措方案并明确投资来源意向;工程建设涉及晋陕两省和有关部门利益时,必须附具其意见的书面文件。该阶段需协调项目环评、移民、供水、灌溉、电量分配、上网电价及承诺等相关事宜。

为促进古贤项目尽快获得立项、审批,早日开工建设,应成立黄委古贤水利枢纽工程筹建领导小组和筹建办公室。

筹建领导小组由委领导和相关部门、单位负责人组成。筹建领导小组主要负责古贤项目前期工作的领导与协调,下设领导小组办公室,为领导小组的日常办事机构。

筹建办公室兼领导小组办公室职能,办公室人员从有关部门、单位抽调,实行集中办公。筹建办公室的主要职责是:协调、落实项目建议书上报必须附具晋陕两省和有关部门意见的书面文件;拟订项目建设与运行管理方案;拟订项目建设资金筹措方案,落实投资来源意向;其他有关项目立项、报批的工作。

(2)项目可研阶段至项目建设期成立高层次的黄河古贤水利枢纽工程建设领导小组。

项目可研阶段至项目建设期涉及很多实质性问题,需要成立高层次领导协调机构。建议成立黄河古贤水利枢纽工程建设领导小组,领导小组组长由水利部一名副部长担任,山西省一名副省长、陕西省一名副省长、黄委主任任副组长。黄委为领导小组办事机构。领导小组的主要职责是帮助项目法人协调解决工程筹建、建设中的重大问题,项目法人具体负责工程的建设、管理。

2.组建项目法人(业主)

项目立项后,着手组建古贤公司作为古贤水利枢纽工程的项目法人,具体负责工程的建设、管理、筹资、还贷。

古贤公司的主要职责:在工程建设期间,作为工程建设的项目法人,负责组建现场建设管理机构;负责落实工程建设计划和资金;负责对工程质量、进度、资金等进行管理、检查和监督;负责协调相关外部关系;按照《中华人民共和国合同法》和《建设工程质量管理条例》的有关规定,与工程勘察设计、施工、监理等单位签订合同,并明确勘察设计单位、施工单位、工程监理单位质量终身责任及其所应负的责任。工程建成后,古贤公司负责工程的运行、维护,偿还贷款本息,国有资产保值增值,发挥枢纽工程综合功能等。

**(五)古贤水利枢纽工程开发、管理模式设计结论**

古贤水利枢纽工程为中央项目,工程管理单位为准公益性水管单位,定性为企业。工程筹建和建设期间成立行政领导协调机构,发挥政府职能,协调解决工程建设中的重大问题;组建股份制的古贤公司作为项目法人具体负责工程的建设、筹资、还贷和工程建成后的运行管理。工程公益性功能部分由国家投资,经营性功能部分由社会法人投入的资本金和银行贷款解决,工程运行经费由发电收入承担。

# 二、禹门口水利枢纽工程开发模式分析

## (一)工程概况及开发任务

禹门口(甘泽坡坝址)水利枢纽工程位于黄河北干流下段,上距壶口瀑布58.7 km,下距禹门口铁桥6 km,左岸距山西省河津市14 km,右岸距陕西省韩城市35 km。

禹门口水利枢纽控制流域面积49.72万 km²,占全流域面积的66.1%。枢纽最大坝高104 m,正常蓄水位近期为420 m,远期(古贤水库建成后,下同)为425 m。古贤水库运用前正常蓄水位420 m以下总库容 4.1 亿 $m^3$,有效库容 1 亿 $m^3$。远期古贤水库运用后,正常蓄水位 425 m 以下总库容 5.1 亿 $m^3$,有效库容 1.7 亿 $m^3$。电站装机容量 50 万 kW,古贤水库建成前、后多年平均发电量分别为 14.72 亿 kW·h 和 17.91 亿 kW·h。

禹门口水利枢纽为古贤水利枢纽的反调节水库,其开发任务为放淤、供水、灌溉,结合发电等综合利用。

**(二)工程投资**

根据 1997 年 12 月《黄河甘泽坡水利枢纽可行性研究》成果,按照 2009 年第二季度价格水平进行调整,禹门口水利枢纽工程静态总投资 为 56.13 亿元。

综合利用水利建设项目的共用工程投资应在各功能部门之间进行 分摊,根据本工程的具体情况进行分析,其投资分摊是在综合考虑各功 能部门剩余效益和各功能部门占用库容比例的基础上进行综合分析 的。在考虑承担专用工程投资和分摊共用投资后,禹门口水利枢纽发 电部门分摊全部投资的 60%,其他分摊 40%,即发电部门分摊投资 33.68 亿元,其他部门分摊投资 22.45 亿元。

**(三)资金筹措方案**

水利项目建设资金主要来源包括国家财政拨款和企业自筹资金, 企业自筹资金又分企业资本金和银行贷款。国家财政拨款部分主要用 于甲类水利项目,属于社会公益性项目,一般对盈利水平没有要求;企 业自筹资金主要用于有盈利性的项目,要求能达到一定的盈利水平。 禹门口水利枢纽的开发任务为放淤、供水、灌溉,结合发电。放淤、灌溉 属于社会公益性功能,基本没有财务收入,其投资主要由国家财政拨款 解决,发电部分主要由企业自筹解决。

资金筹措的基本思路:在一定的上网电价下,测算出项目的最大贷 款能力,然后按照满足企业资本金内部收益率 8%的要求,拟定企业资 本金最大出资额,其余部分为国家资本金。按《水利建设项目贷款能 力测算暂行规定》进行贷款能力测算。综合考虑上网电价合理性以及 财务风险后,上网电价采用 0.35 元/(kW·h)(不含税)。据此测算出 项目的最大贷款能力为 36.29 亿元,企业资本金最大出资额为 7.58

亿元。

鉴于禹门口水利枢纽工程投资规模相对较小,为加快项目建设进程,若放淤等公益性功能部分不分摊工程投资,项目资本金全部通过市场筹措,根据财务分析,需要资本金 19.6 亿元,银行贷款 36.53 亿元,资本金财务内部收益率为 4.2%[上网电价按 0.35 元/(kW·h)测算]。按照此方案,因效益相对较低,部分水利投资者可能积极性不高,但像中电投这样的大型电力投资公司基于调整发电结构、降低碳排放指标的愿望,投资积极性仍然较高。

鉴于禹门口水利枢纽是古贤水利枢纽的反调节水库,肩负着放淤等公益性任务,其企业资本金筹措方案可参照古贤水利枢纽工程模式。

**(四)工程建设管理体制**

禹门口水利枢纽建设管理单位为准公益性水管单位,定性为企业,黄河水利委员会为其水量调度管理机构。黄河干流水电开发平台联合晋陕两省政府授权的投资机构和中电投等社会法人共同投资组建黄河禹门口水利枢纽有限公司为禹门口水利枢纽工程的项目法人,负责工程的建设、管理、筹资、还贷。

## 三、大柳树水利枢纽工程开发模式分析

根据黄河勘测规划设计有限公司和中水北方勘测设计有限公司于 2009 年 3 月完成的《黄河黑山峡河段开发方案论证报告》,推荐黄河黑山峡河段开发采用大柳树高坝一级开发方案。

**(一)工程概况及开发任务**

大柳树水利枢纽坝址(一级开发方案)位于黄河干流黑山峡峡谷出口处以上 2 km,宁夏中卫市境内,上距兰州 250 km,下距银川 160 km,距宁夏中卫市 30 km。

坝址处控制流域面积25.2 万 km²,枢纽最大坝高163.5 m,正常蓄水位 1 380 m,总库容 114.77 亿 m³。电站装机容量200 万 kW,多年平均发电量76.9 亿 kW·h。

大柳树水利枢纽是黄河干流骨干梯级工程之一,也是黄河水沙调控体系的重要组成部分。工程开发任务为以反调节、防凌(防洪)为

主,兼顾供水、发电,全河水资源合理配置,综合利用。

**(二)工程投资**

根据《黄河黑山峡河段开发方案论证一级开发方案(大柳树高坝枢纽)投资估算》(水利部天津水利水电勘测设计研究院,2008 年 11 月)的成果,按 2008 年 11 月价格水平测算,大柳树水利枢纽静态总投资162.67亿元,施工总工期 6.5 年,工程总投资 188.33 亿元。

**(三)工程建设融资方案**

大柳树水利枢纽工程以公益性任务为主,并具有良好的经营功能和市场开发运作条件。原则上,大柳树水利枢纽工程公益性功能(包括防洪、减淤、供水功能)的投资由国家和受益省(区)财政拨款解决,经营性功能(发电功能)的投资通过市场融资解决。

大柳树水利枢纽电站财务收入承担工程运行期所有成本费用并满足项目的还本付息要求。在一定的上网电价条件下,测算出项目的最大贷款能力,然后按照满足企业资本金财务内部收益率8%的要求,测算出企业最大资本金出资额,其余的资本金即为国家和受益省(区)财政拨款。

贷款能力测算:大柳树水利枢纽开发任务为以反调节、防凌(防洪)为主,兼顾供水、发电,全河水资源合理配置,综合利用,反调节、防凌等属于社会公益性功能,没有财务收入,其投资主要由国家财政拨款解决,发电部分主要由企业自筹解决。

测算原则:按照《水利建设项目贷款能力测算暂行规定》对项目进行贷款能力测算。在进行贷款能力测算时,对整体进行测算,不考虑国家拨款部分资金的盈利,仅满足企业资本金的盈利要求,拟定的企业资本金基准收益率为8%;贷款期限按照 25 年考虑,还款期以等本息方式进行偿还;根据实际情况上网电价取 0.35 元/(kW·h)。

《水利建设项目贷款能力测算暂行规定》规定:根据国家有关规定,电力、建材等行业新建项目的固定资产投资中,资本金比例应在20%以上。以水力发电为主的水利建设项目应执行国家规定,贷款比例不得高于80%。综合利用水利枢纽工程的资本金比例变化幅度较大,应根据各项目的具体情况通过贷款能力测算拟定,但最大贷款比例可参照水力发电项目的有关规定,不得高于 80%。

大柳树项目发电效益较好,有较强的贷款偿还能力。按照总投资中 80% 的贷款、20% 的资本金,当上网电价为 0.35 元/(kW·h)时,全部投资财务内部收益率为 9.5%,资本金财务内部收益率为 14.7%,项目有较强的盈利能力,能够满足长期借款还本付息的要求,在不使用国家资本金的情况下,能够满足企业资本金财务内部收益率大于 8% 的要求。

大柳树水利枢纽工程项目总投资 188.33 亿元,其中:贷款 151.04 亿元(含建设期贷款利息 25.66 亿元),约占总投资的 80%;企业资本金 37.29 亿元,约占总投资的 20%。企业资本金由黄河干流水电开发平台联合宁夏回族自治区、甘肃省政府授权的投资机构和其他社会法人共同投资,黄河干流水电开发平台控股。

**(四)工程建设管理体制**

根据国家有关政策和大柳树水利枢纽工程承担的任务、效益状况以及建设、运行特点,确定工程建设管理体制。

1. 流域机构主导工程的建设和管理

大柳树水利枢纽在黄河治理开发中的战略地位极为重要,具有巨大的社会效益、环境效益和经济效益,其受益区涉及甘肃、宁夏、内蒙古、陕西以及黄河中下游的广大地区,而枢纽坝址、电站以及工程管理机构均在宁夏境内,水库淹没的人口、土地主要在甘肃境内,为了有利于协调损益双方利益以及受益范围内的地区、部门间的各种关系,该项目应为中央项目。

大柳树水利枢纽是黄河水沙调控体系的重要组成部分,通过对龙羊峡、刘家峡水库发电下泄水量进行反调节,对黄河水量进行合理配置,协调黄河的水沙关系,增加汛期输沙水量,恢复和维持宁蒙河道行洪输沙能力,满足宁蒙河段以及黄河中下游河道内外生活、生态、生产的用水要求,因此其水量调度应由黄委负责。

《水利工程管理体制改革实施意见》(国办发〔2002〕45 号)规定:一个流域内,跨省(自治区、直辖市)的骨干水利工程原则上由流域机构负责管理。大柳树水利枢纽是黄河水沙调控体系的重要组成部分,是黄河流域内跨省的骨干水利工程,根据国家有关政策和工程建设管理实际情况,为确保水资源利用不突破国务院87分水方案、有利于大柳树水利枢纽对宁蒙河段冲刷效果的充分体现、有利于处理有关省(区)关系和进行工作协调,大柳树水利枢纽应由黄委主导建设和管理。

2. 工程管理单位类别、性质

《水利工程管理体制改革实施意见》(国办发[2002]45号)规定:根据水利工程管理单位承担的任务和效益状况,划分水管单位类别、性质,并明确要求,承担既有防洪、排涝等公益性任务,又有供水、水力发电等经营性功能的水利工程管理运行维护任务的水管单位,称为准公益性水管单位。对于准公益性水管单位,依其经营收益情况确定性质,不具备自收自支条件的,定性为事业单位;具备自收自支条件的,定性为企业。

根据《水利工程管理体制改革实施意见》(国办发[2002]45号)和大柳树水利枢纽工程开发功能,应将大柳树水利枢纽工程管理单位定为准公益性水管单位。大柳树水利枢纽发电效益较好,通过实施科学的筹融资方案,不仅能够满足自收自支,而且能够实现一定的投资回报。因此,大柳树水利枢纽工程管理单位应定性为企业。

项目建设管理单位定性为企业,有利于多渠道融资,符合国家投资体制改革精神。

3. 组建黄河大柳树水利枢纽有限公司作为工程的项目法人

为了充分发挥流域机构在工程建设和管理过程中的主导作用,同时调动宁夏、甘肃的积极性,工程建设管理体制采用股份制模式,水利投资者控股。黄河干流水电开发平台联合宁夏、甘肃省(区)政府授权的投资机构和其他社会法人共同投资组建股份制的黄河大柳树水利枢纽有限公司作为大柳树水利枢纽工程的项目法人,负责工程的建设、管理、筹资、还贷。黄河干流水电开发平台对黄河大柳树水利枢纽有限公司实行控股。

4. 成立大柳树水利枢纽工程建设协调领导小组

鉴于大柳树水利枢纽工程的特殊性,工程筹建期和建设期应成立大柳树水利枢纽工程建设协调领导小组,水利部领导担任组长,宁夏、甘肃、内蒙古及黄委的领导任副组长,水利部代表国家组织各方进行工作协调,以利于项目的操作运行。

## 四、碛口水利枢纽工程开发模式分析

### (一)工程概况及开发任务

碛口水利枢纽位于黄河北干流中段,距河口镇和天桥水电站分别为 422 km 和 222 km,下距古贤坝址和禹门口分别为 235 km 和 310 km,坝址左岸为山西省临县,右岸为陕西省吴堡县。

碛口水利枢纽控制流域面积 43.1 万 km$^2$。枢纽最大坝高 143.5 m,正常蓄水位 785 m,总库容 125.7 亿 m$^3$,电站装机容量 180 万 kW,多年平均发电量 45.3 亿 kW·h。

碛口水利枢纽是黄河干流七大控制性骨干工程之一,是黄河水沙调控体系的重要组成部分。工程开发任务是防洪减淤、发电、供水和综合利用。

### (二)工程投资

工程静态总投资 216.4 亿元(根据水利部黄河水利委员会勘测规划设计研究院 1996 年编制的《黄河碛口水利枢纽可行性研究报告》成果,按 2008 年年底价格水平进行调整),建设总工期为 8 年。

考虑到碛口水利枢纽工程开发的主要目标是防洪、减淤,项目各功能部门的效益计算只计及直接效益,防洪、减淤还具有重要的社会效益和生态环境效益,各功能部门最终采用的分摊比例按照利用库容的比例分摊,并参考可分离费用剩余效益法的分摊结果,最终采用防洪、减淤分摊 55%,发电分摊 45%。按照上述分摊比例分析结果,碛口水利枢纽防洪减淤分摊投资 119.02 亿元,发电分摊投资 97.38 亿元。

### (三)资金筹措方案

原则上,碛口水利枢纽工程公益性功能(包括防洪、减淤、供水功能)的投资由国家财政拨款解决,经营性功能(发电功能)的投资由企业资本金和银行贷款解决。

碛口水利枢纽是以公益性为主的综合利用水利项目,防洪、减淤等公益性功能没有财务收入,供水部分财务收入存在一定的不确定性,只有发电功能具有财务收入,为了维持工程的正常运行,由电站财务收入承担工程运行期所有成本费用并满足项目的还本付息要求。在一定电价条件下,测算出项目的最大贷款能力,然后按照满足企业资本金财务内部收益率8%的要求测算出企业资本金最大出资额,其余部分即为国家拨款。

综合考虑上网电价合理性以及财务风险后,上网电价采用0.35元/(kW·h)(不含税),项目最大贷款能力为131.88亿元(含建设期利息35.15亿元),企业资本金最大出资额为32.46亿元。

碛口水利枢纽项目总投资251.55亿元,其中:国家资本金87.21亿元,约占总投资的35%(约占静态总投资的40%);企业资本金为32.46亿元,约占总投资的13%;贷款为131.88亿元(含建设期利息35.15亿元),约占总投资的52%。国家资本金低于公益性部分分摊的投资119.02亿元(占静态总投资的55%)。

企业资本金由水电开发平台联合陕西、山西省政府授权的投资机构和其他社会法人共同投资,黄河干流水电开发平台控股。

**(四)工程建设管理体制**

碛口水利枢纽工程是黄河水沙调控体系的重要组成部分,主要解决黄河防洪减淤等公益性问题,根据国家《水利产业政策》(国发[1997]35号)、《水利工程管理体制改革实施意见》(国办发[2002]45号)、《国务院关于投资体制改革的决定》(国发[2004]20号)精神,黄委主导碛口水利枢纽工程的建设、管理和调度运行,工程的建设管理体制采用股份制模式。

水电开发平台联合山西、陕西省政府授权的投资机构和其他社会法人共同投资组建黄河碛口水利枢纽有限公司作为碛口水利枢纽工程的项目法人,负责工程的建设、管理、筹资、还贷。水电开发平台为黄河碛口水利枢纽有限公司的控股股东,黄委为碛口水利枢纽工程的水量调度管理机构。

# 第八节　黄河干流以经营性任务为主的待建水利枢纽工程开发模式

黄河干流龙羊峡以下河段以经营性任务为主的待建水利枢纽工程有2座,分别是山坪、大河家水电站。

山坪、大河家水电站均位于青海省境内。青海省人民政府已授权由青海省投资集团控股的青海省三江水电开发股份有限公司负责进行山坪、大河家水电站的前期工作,并实行滚动开发。

根据山坪、大河家水电站的功能和前期工作开展情况,可由地方政府协调,进行市场开发,青海省三江水电开发股份有限公司控股,黄河干流水电开发平台视情况参股开发。

龙羊峡以上河段待建水电站基本上以黄河上游水电开发有限责任公司为主进行开发,水电开发平台可视情况参股开发。

# 第二章　已建以公益性任务为主的典型水利枢纽工程开发模式分析

## 第一节　国家、地方政府、社会法人共同投资开发模式

沙坡头水利枢纽工程是国家、地方政府、社会法人共同投资开发模式。

### (一)工程概况

沙坡头水利枢纽坝址位于宁夏中卫县境内,其上游 12 km 为拟建的黄河大柳树水利枢纽,下游 122 km 为已建的青铜峡水利枢纽。枢纽工程的主要建设任务是灌溉和发电。总控制灌溉面积 5.85 万 hm$^2$,总库容 2 600 万 m$^3$,总装机容量 12.03 万 kW,工程总投资 11.97 亿元,设计年发电量 6.06 亿 kW·h。

2000 年 12 月工程开工,2005 年 5 月 29 日 4 台机组全部投产发电,2007 年 9 月 11 日完成竣工验收。

### (二)工程建设运营体制

宁夏沙坡头水利枢纽有限责任公司为工程项目法人,全面负责工程建设和建成后的运营管理。

公司由水利部综合事业局新华水利水电投资公司、宁夏水利水电开发建设总公司、北京能达电力投资公司、宁夏电力建筑安装工程公司四方出资组建,实行董事会领导下的总经理负责制,负责项目资金筹措、建设、运营及还贷。

工程建设期成立了以自治区主管副主席为组长的沙坡头水利枢纽工程建设领导小组,负责协调解决工程建设中的重大问题。

### （三）工程建设融资情况

#### 1. 初设批复概算情况

初设批复工程总投资 11.97 亿元,其中中央水利基建投资 2.68 亿元,自治区政府投资 0.42 亿元,社会法人投入资本金 0.92 亿元,申请银行贷款 7.95 亿元。资金筹措方案为资本金 4.02 亿元,公司注册资本金 1.92 亿元,其中宁夏水利水电开发建设总公司履行国家投入 1 亿元资本金的出资人职责,占 52% 股份;宁夏电力公司出资 0.5 亿元,占 26% 股份;宁夏电力开发投资有限责任公司出资 0.42 亿元,占 22% 股份。

#### 2. 资金重组情况

截至 2004 年 8 月底,工程落实资金 9.042 5 亿元,其中国家投资 2.68 亿元,自治区政府投资 0.227 5 亿元,宁夏电力公司投资 0.052 亿元,宁夏电力开发投资有限责任公司投资 0.143 亿元,银行贷款 5.94 亿元。由于法人股东资本金不能足额到位,影响了项目贷款,整体缺口资金 2.927 5 亿元。2004 年 11 月,宁夏水利厅与水利部综合事业局合作对建设和运营沙坡头水利枢纽重新签定协议。沙坡头水利枢纽有限责任公司中国家投入的 1 亿元资本金作为投资补助退出在公司注册资本金中的所占比例,重组后的公司注册资本金由原来的 1.92 亿元调整为 1.112 5 亿元,其中水利部综合事业局新华水利水电投资公司占 42% 股份,宁夏水利水电开发建设总公司占 40% 股份,北京能达电力投资公司占 13.33% 股份,宁夏电力建筑安装工程公司占 4.67% 股份,原来的两个法人股东宁夏电力公司、宁夏电力开发投资有限责任公司自愿退出。调整后的资金结构为工程总投资 11.97 亿元,其中中央水利基建投资 2.68 亿元,地方财政补助 0.237 5 亿元,股东资本金 1.112 5 亿元,银行贷款 7.94 亿元。

#### 3. 特点

项目资本金由国家、地方政府、社会法人共同投资;国家和地方财政投入资金作为对公司承担公益性任务的投资补助,不计入注册资本,不参与分红;公司注册资本全部为社会法人投资。

# 第二节 国家、地方政府共同投资开发模式

## 一、万家寨水利枢纽工程开发模式

### (一)工程概况

万家寨水利枢纽工程位于黄河北干流托克托—龙口峡谷河段内,是黄河中游段开发的第一个梯级枢纽,坝址左岸属于山西省偏关县,右岸属于内蒙古自治区准格尔旗。

黄河万家寨水利枢纽的主要任务是供水、发电调峰,同时兼有防洪、防凌作用。水库总库容 8.96 亿 $m^3$,调节库容 4.45 亿 $m^3$,年供水量 14 亿 $m^3$,其中向山西省供水 12 亿 $m^3$,向内蒙古自治区供水 2 亿 $m^3$;水电站总装机容量 108 万 kW,多年平均发电量 27.5 亿 kW·h。

工程于 1993 年立项,1994 年 11 月开工,2000 年 12 月 6 台机组全部发电。

### (二)工程建设管理体制

*1. 初期建设管理体制*

万家寨水利枢纽工程由水利部、山西省、内蒙古自治区三方联合兴建。根据 1990 年投资三方"关于联合兴建万家寨水利枢纽和引黄入晋引水工程意向书"确定的投资规模、管理方式和效益分配原则,1991 年年底成立了水利部万家寨工程建设筹备工作组,1992 年开始工程建设筹备工作。1993 年,经原国家计委批准立项,由水利部、山西省、内蒙古自治区三方政府组成了建设领导小组,并由水利部成立了"水利部万家寨工程建设管理局"负责工程的建设与管理。由于建设管理局没有企业法人地位,不能全面履行项目法人职责,无法进行融资;建设管理局不是规范的投资主体,对各方投资的利益无法保障,投资无法落实。结果工程建设资金难以保证,工程建设进展滞后。

*2. 后期建设管理体制*

在原国家计委的指导下,投资三方按照现代企业制度的要求在建设管理局的基础上组建了黄河万家寨水利枢纽有限公司,按《中华人

民共和国公司法》要求建立了法人治理结构。1996年7月,水利部和晋蒙两省(区)分别确定了各自的出资人代表:水利部万家寨工程开发公司(现为新华水利水电投资公司),山西省万家寨引黄工程总公司和内蒙古自治区电力(集团)总公司(现为内蒙古能源发电投资有限公司),并明确各出资7亿元,共注入21亿元资本金,组建黄河万家寨水利枢纽有限公司,公司作为项目法人负责工程的筹资、建设、管理、运营、还贷和资产的保值增值。新的建设管理体制明确了投资主体和经营主体,确立了公司作为经营主体的独立法人地位,真正实现了业主负责制,投融资问题得到了解决,工程建设资金有了保障;形成了"业主负责、建管结合、滚动发展"的运行机制。

**(三)工程建设融资情况**

批复工程总投资60.58亿元(静态总投资42.99亿元),其中资本金21亿元,向国家开发银行贷款39.58亿元。资本金由水利部、山西省和内蒙古自治区各出资7亿元组成。水利部投入的资本金来源为国家财政拨款,山西省投入的资本金来源为从煤、电销售中提取的水利基金,内蒙古自治区的资本金来源为国家财政补贴3亿元、内蒙古自治区电力(集团)总公司自筹4亿元。1996年7月,公司在山西省注册,注册资金13.5亿元。

实际完成静态总投资42.06亿元,总投资48.43亿元,总投资节约12.15亿元。

**(四)运营情况**

工程运行正常,效益较好。2006~2008年,年均实现利润2亿元。

黄河万家寨水利枢纽有限公司已具备一定的滚动开发能力,由其投资开发的龙口水利枢纽工程已于2006年6月30日全面开工建设。

特点:项目资本金基本上由国家、地方政府投入,水利部和晋蒙两省(区)各指定一家企业履行出资人职责,项目按公司制运作。

## 二、尼尔基水利枢纽工程开发模式

### (一)工程概况

尼尔基水利枢纽位于黑龙江省与内蒙古自治区交界处的嫩江干

流中游,坝址右岸为内蒙古自治区莫力达瓦达斡尔族自治旗尼尔基镇,左岸为黑龙江省讷河市二克浅镇,下距工业重镇齐齐哈尔市公路里程约 189 km。水库总库容 86.11 亿 $m^3$,其中防洪库容 23.68 亿 $m^3$,兴利库容 59.68 亿 $m^3$,总装机容量 25 万 kW,设计多年平均发电量6.387 亿 kW·h。

工程以防洪、城镇生活和工农业供水为主,结合发电,兼顾改善下游航运和水环境,并为松辽流域水资源的优化配置创造条件。

设计水平年,水库为下游城市工业生活供水 10.29 亿 $m^3$,农业灌溉供水 16.46 亿 $m^3$,航运供水 8.2 亿 $m^3$,环境供水 4.75 亿 $m^3$,湿地供水 3.28 亿 $m^3$。

**(二)工程建设管理体制**

工程由水利部及黑龙江省、内蒙古自治区政府共同投资。水利部授权松辽水利委员会所属的吉林松辽水资源开发有限责任公司作为中央水利投资的出资人代表,黑龙江省政府授权黑龙江省水利水电建设开发公司作为黑龙江省投资的出资人代表,内蒙古自治区政府授权内蒙古黄河工程局股份有限公司(后调整为内蒙古自治区水利厅下属的水务投资公司)作为内蒙古自治区投资的出资人代表,共同组建嫩江尼尔基水利水电有限责任公司作为项目业主,对项目的策划、资金筹措、建设实施、生产经营、债务偿还和资产的保值增值,实行全过程负责并承担风险。公司资本金三方按 4∶3∶3 比例核定,在工程收益还清贷款后按出资比例享受收益或承担经营风险。

在工程筹建和建设期间,建立主管部长、省长(自治区主席)联席会议制度(2005 年 7 月,改为尼尔基水利枢纽工程建设领导小组),发挥政府职能,协调解决工程筹建和建设中的重大问题。联席会议(领导小组会议)由水利部召集,松辽水利委员会为联席会议(领导小组会议)办事机构。在尼尔基水利枢纽建设期间,董事会行使部分政府的协调及管理职能,董事长由松辽水利委员会主任出任,两省(区)的董事会成员由计委和水利厅领导出任。公司实行董事会领导下的总经理负责制,总经理统一负责公司的生产经营和管理。

### (三)工程投资及资金筹措情况

根据初设批复意见,工程静态总投资为 51.51 亿元,总投资为 53.80 亿元。在投资方式上,根据工程投资分摊情况,公益性投资部分由水利部、黑龙江省、内蒙古自治区三方出资,电力部分由项目法人申请利用国内银行贷款。枢纽建设资金具体筹措方式为:中央财政拨款 31.52 亿元(含资本金 5.19 亿元);地方政府出资 8.89 亿元,其中黑龙江省出资 5 亿元(3.89 亿元为资本金),内蒙古自治区出资 3.89 亿元(全部为资本金);向国家建设银行贷款 13.39 亿元。

2006 年 8 月 31 日,国家发改委批复了修改后的概算,修改后的概算总投资为 76.59 亿元(增加投资 22.79 亿元全部为移民部分增加投资)。其中,中央投资 52.87 亿元,黑龙江省投资 8.53 亿元,内蒙古自治区投资 1.8 亿元,向银行贷款 13.39 亿元。

### (四)工程建设运营情况

尼尔基水利枢纽工程于 2001 年 6 月 1 日开工,2005 年 9 月 11 日水库下闸蓄水,2006 年 7 月 16 日首台机组并网发电,2006 年 9 月 16 日 4 台机组全部并网发电,2006 年 12 月主体工程全部完工。

2007 年发电量 3.14 亿 kW·h,发电收入 7 319 万元;2008 年发电量 1.43 亿 kW·h,发电收入 4 683 万元。2008 年企业亏损 5 000 万元(未计财务费用)。目前,枢纽经营收入只能承担枢纽运行费用,无力偿还银行贷款本金和利息,公司正在努力争取国家再次调整投资概算,增加国家投资,减免银行债务,但难度非常大。

从 4 台机组全部并网发电后的运营情况来看,公司连年亏损,不能按期归还银行贷款本金和利息;不能足额提取折旧,满足不了工程的大修理要求,难以实现工程的良性运行。

### (五)枢纽运行困难的主要原因

(1)批复电价与设计电价差别较大。可研设计不含税电价为 0.45 元/(kW·h),实际批复含税电价为 0.375 元/(kW·h)。

(2)由于来水较少,实际发电量远低于设计的多年平均发电量。2007 年、2008 年实际发电量分别占设计多年平均发电量的 49%、22%。

(3)供水收入未实现设计目标。可研设计利用供水收入 3 亿元偿还银行贷款。水库主要为下游农业、生态、城镇工业和生活供水,由于历史、当地经济发展状况和供水体制等原因,目前收不到水费。

(4)工程实际完成投资超过国家批复概算投资1亿元。

(5)项目资本金过少,银行贷款过多,依靠自身经营收入无力偿还银行贷款本息。

特点:项目资本金全部由国家、地方政府投入;项目资本金过少,银行贷款过多,依靠自身经营收入无力偿还银行贷款本息,工程运行困难。

# 第三节 国家独资开发模式

## 一、工程概况

小浪底水利枢纽工程位于洛阳市以北40 km的黄河干流上,上距三门峡水利枢纽130 km,下距黄河京广铁路桥115 km,处在承上启下、控制黄河水沙的关键位置上。

小浪底水利枢纽工程的主要任务是防洪、防凌、减淤,兼顾供水、灌溉和发电,蓄清排浑,除害兴利,综合利用。水库总库容126.5亿 $m^3$,防凌库容20亿 $m^3$,淤沙库容75.5亿 $m^3$,总控制灌溉面积约4 000万亩(1 亩 = 1/15 $hm^2$,下同),装机容量180万 kW,多年平均发电量56.18亿 kW·h。

1991年9月开始进行前期准备工程施工,1994年9月主体工程开工建设,2001年年底主体工程全部完工,6台机组全部发电。

## 二、工程建设管理体制

1990年,根据小浪底水利枢纽工程前期工作的进展情况,黄委成立了黄河小浪底水利枢纽工程建设管理局,开始小浪底工程的建设准备工作。1991年4月,水利部成立黄河小浪底工程建设准备工作领导小组,全面负责小浪底工程准备工作。1991年9月,水利部成立了水利小浪底水利枢纽建设管理局作为小浪底水利枢纽工程的建设单位。小浪底建管局作为小浪底水利枢纽工程的业主,承担枢纽工程的建设管理、筹资、建设、运营、还贷等责任。

小浪底工程使用世界银行贷款,按照世界银行的贷款条件,必须建立一个独立的经济实体来承担还贷任务。水利部于1992年3月将原属黄委的黄河水利水电开发总公司改为水利部直接管理,并与小浪底水利枢纽建设管理局合署办公,实行一套人马、两块牌子的管理方式,公司总经理由小浪底建管局局长担任。按照公司章程,黄河水利水电开发总公司主业是:对黄河水利水电工程开发项目进行规划、勘测设计和技术经济论证,对建设资金进行筹集与偿还,办理开发项目的招标、发包工作,组织工程建设,进行施工监理,负责竣工验收和经营管理。2000年,小浪底水利枢纽第一台机组并网发电后,公司的工作任务逐步从建设管理转变为运营管理,经营范围调整为主营水资源开发与经营、电力生产与电网售电、供水(限非城市供水)、建设管理咨询与技术服务。

黄河水利水电开发总公司的主要任务是承接世界银行对小浪底水利枢纽工程的贷款任务,在小浪底水利枢纽建设期,公司在与世界银行、承包商的接洽、合作中一直发挥着重要的作用。

### 三、工程建设融资情况

小浪底工程概算总投资347.24亿元,其中政府拨款227.96亿元,国内银行贷款27.23亿元,国外贷款11.09亿美元。根据原国家计委对小浪底水利枢纽工程初步设计的批复,在小浪底工程投资中国内外贷款均需从小浪底水利枢纽运行收益中偿还。

工程结束时实际完成投资309.24亿元,其中政府拨款220.41亿元,国内银行贷款16.83亿元,国外贷款72亿元。工程总投资节约38亿元。

小浪底工程建成后运行情况较好,由其滚动开发的西霞院主体工程于2004年1月开工建设,2008年1月全部机组投产发电。

特点:项目资本金全部由国家投入,小浪底建管局与黄河水利水电开发总公司两种体制并存。

# 第三章 典型水电开发公司 滚动发展模式

## 第一节 黄河上游水电开发有限责任公司 组建及运营模式

### 一、公司组建情况

黄河上游水电开发有限责任公司(简称黄河上游水电公司)为由原国家电力公司(现为中国电力投资集团公司),国电西北公司,陕、甘、宁、青四省区电力公司,陕西省电力建设投资开发公司,甘肃省电力建设投资开发公司,青海省投资集团有限公司,宁夏电力开发投资有限公司 10个股东方,于 1999 年 10 月共同出资组建,由国电西北公司控股。黄河上游水电公司总部在陕西省西安市注册(办公地点在青海省西宁市),初期注册资金 10 亿元,同时还拥有龙羊峡和李家峡两个装机百万千瓦以上的大型母体水电站。公司于 2000 年 1 月 1 日起正式运作,以已经建成的龙羊峡、李家峡水电站为母体水电站,按照"流域、梯级、滚动、综合"的开发原则,负责黄河上游水电资源的滚动开发、生产和经营。

2002 年年底,国家电力体制改革和资产重组后,公司原属国家电力系统的股权全部划入中国电力投资集团公司管理。2004 年 7 月,中国电力投资集团公司将盐锅峡、八盘峡和青铜峡三个水电厂交付公司管理,而且正式授权公司在开发建设经营黄河上游水电的同时,积极参与建设燃煤燃气常规火电和新能源项目以及相关产业的开发。

公司目前的股东单位及股权比例为:中国电力投资集团公司87.1%、青海省投资集团有限公司 4%、陕西省电力建设投资开发公司3.9%、甘肃省电力投资集团公司 3.9%、宁夏电力开发投资有限公司

1.1%。公司现在注册资本金 34 亿元。

## 二、公司运行管理模式

公司推行专业化经营管理机制。目前,公司下属 3 个建设分公司、6 个发电分公司、3 个专业子公司、5 个辅业公司。公司委托工程建设分公司进行项目建设,建成后"交钥匙";发电分公司负责已建电厂和新建电厂的日常经营管理和资产经营工作,各专业分公司负责运行、检修及大坝的监测维护工作。

公司实行集约化财务管理。对财务管理坚持"八统一"的原则,即统一财务决策、统一财务制度、统一会计核算、统一财务报告、统一资金管理、统一预算管理、统一业绩评价考核和统一财会人员管理。

## 三、投资及资本运作模式

公司利用已建成的龙羊峡、李家峡水电站作为母体,通过资本运作,实现滚动发展。工程建设资金主要由资本金和银行贷款两部分组成,资本金主要从公司所属电站折旧费、增值税返还中筹措。公司从 2004 年起,享受国家对公司生产销售的电力产品,增值税税收负担超过 8% 的部分,实行增值税即征即退的政策。

公司成立后建成了公伯峡、积石峡、苏只水电站,正在建设拉西瓦、班多、羊曲水电站,拟建茨哈水电站。

特点:中国电力投资集团公司以已建成的龙羊峡、李家峡两座水电站为母体,构建黄河上游水电开发平台,对黄河上游水电资源进行滚动开发。

# 第二节　三峡工程建设管理体制及三峡总公司滚动发展思路

## 一、三峡工程概况

三峡工程是治理和开发长江的骨干工程,主要任务是防洪、发电、航运。水库总库容 393 亿 m³,总装机容量 2 250 万 kW,多年平均发电量 1 000 亿 kW·h。

国家批准三峡工程初步设计静态总投资 900.9 亿元(1993 年 5 月末价格),总投资 2 039 亿元。三峡工程建设资金来源包括三峡工程建设基金、葛洲坝电厂发电收入、三峡电站施工期发电收入、国家开发银行贷款、商业银行贷款、企业债券、国外出口信贷及商贷、股份化集资。

1994 年 12 月三峡工程正式开工,2008 年 26 台机组全部投产发电,2009 年工程全部完工。预计工程实际完成总投资 1 800 亿元。

## 二、三峡工程建设管理体制

国务院于 1993 年 1 月 3 日成立国务院三峡工程建设委员会作为三峡工程建设的最高决策机构,直接领导三峡工程建设,国务院总理担任委员会主任。委员会下设办公室,具体负责三峡工程建设的有关日常工作;下设三峡工程移民开发局,负责三峡工程移民工作规划、计划的制订和移民工程实施的监督;下设监察局、质量专家组、稽查组等机构。1993 年 9 月 27 日,国务院批准成立中国长江三峡工程开发总公司(简称三峡总公司)作为三峡工程项目业主,全面负责三峡水利枢纽工程建设的组织实施和所需资金的筹集、使用、偿还以及工程建成后的经营管理。三峡总公司注册资本金 39.36 亿元。1996 年,葛洲坝水力发电厂划归三峡总公司。

2009 年 5 月,三峡总公司已将三峡工程全部发电资产注入中国长江电力股份有限公司(简称长江电力)。三峡工程的通航建筑物(船闸、升船机及通航设施)等公益性资产继续保留在三峡总公司,三峡总公司负责公益性资产的运行、管理及维护。三峡总公司是三峡工程的运行管理主体,统筹协调三峡工程防洪、发电、航运和供水等功能的发挥。三峡总公司所属三峡枢纽建设运行管理局具体负责公益性资产的管理和防洪、航运等社会功能的发挥。在三峡工程建设期,即 2009 年之前,三峡工程公益性资产运行维护费用主要由国家从返还给三峡总公司的所得税、增值税中解决;2009 年之后,国务院已原则同意国家在有关专项基金中安排一定额度的维护资金。长江电力负责三峡工程的经营性职能,具体负责三峡工程发电资产的管理和经营。

### 三、三峡总公司水电滚动开发思路

长江电力收购三峡工程全部发电资产后,三峡总公司主要履行三峡水利枢纽工程的统一管理和国有股权管理职能,集中精力开发长江上游水电工程。

三峡总公司按市场机制的方式来运营管理三峡电站和促进长江水力资源滚动开发。基本思路是:以葛洲坝水力发电厂为基础,优化重组三峡总公司电力生产业务,改制设立长江电力,长江电力通过公开发行股票及其他多种融资渠道募集资金,逐步收购三峡总公司开发的三峡工程投产机组和其他发电资产;三峡总公司将出售发电资产所筹集的资金用于长江上游水力资源的滚动开发。

长江电力是以三峡总公司为主发起人,联合华能国际电力股份有限公司、中国核工业集团公司、中国石油天然气集团公司、中国葛洲坝水利水电工程集团有限公司、长江水利委员会长江勘测规划设计研究院,经对原葛洲坝水力发电厂进行改制重组,于 2002 年 9 月 29 日以发起方式设立的股份有限公司。2003 年 11 月 18 日,长江电力在上海证券交易所挂牌上市。2003 年、2005 年、2007 年,长江电力利用上市募集资金配以负债分 3 次收购三峡工程的 8 台发电机组,并受三峡总公司委托,管理三峡工程其他已投产的发电机组。2009 年 5 月,长江电力又收购三峡工程已投产的剩余 18 台发电机组,实现三峡总公司主营业务整体上市。对于 2009 年收购的 18 台发电机组,长江电力采取承接债务、非公开发行股份和支付现金三种方式向三峡总公司支付交易的对价。截至评估基准日,目标资产的初步评估值约为 1 075 亿元,其中以承接债务的方式支付对价约为 500 亿元,以非公开发行股份的方式支付对价约为 200 亿元,以现金支付对价约为 375 亿元。

三峡总公司授权长江三峡投资发展有限责任公司作为其专业化子公司的出资人代表,对专业化子公司实施产权管理。三峡总公司专注于电站建设、开发。

三峡总公司正在建设溪洛渡(工程总装机容量 1 260 万 kW,年发电量 571 亿~640 亿 kW·h,静态总投资 503 亿元)、向家坝水电站,拟建乌东德、白鹤滩水电站,投产机组拟逐步出售给长江电力。

三峡总公司比较好地处理了水电工程社会功能与经济功能的关系,实现了大型水利枢纽工程建设与资本市场的有效结合。枢纽建设时就解决了公益性、经营性资产划分和公益性支出补偿渠道。发电机组实行竣工一台、决算一台、评估一台的方法,为企业改制、发电资产剥离打下了基础。三峡总公司通过出售已投产发电机组募集资金进行流域梯级滚动开发,实现了良性运行,2007 年、2008 年分别盈利 129 亿元、113 亿元。

特点:三峡总公司将三峡工程发电资产注入上市公司,利用募集资金进行滚动开发,实现了大型水利枢纽工程建设与资本市场的有效结合;枢纽建设时就解决了公益性、经营性资产划分和公益性支出补偿渠道。

# 附录 有关政策法规

## 中共中央 国务院关于加快水利改革发展的决定

（2010 年 12 月 31 日）

水是生命之源、生产之要、生态之基。兴水利、除水害，事关人类生存、经济发展、社会进步，历来是治国安邦的大事。促进经济长期平稳较快发展和社会和谐稳定，夺取全面建设小康社会新胜利，必须下决心加快水利发展，切实增强水利支撑保障能力，实现水资源可持续利用。近年来我国频繁发生的严重水旱灾害，造成重大生命财产损失，暴露出农田水利等基础设施十分薄弱，必须大力加强水利建设。现就加快水利改革发展，作出如下决定。

### 一、新形势下水利的战略地位

（一）水利面临的新形势。新中国成立以来，特别是改革开放以来，党和国家始终高度重视水利工作，领导人民开展了气壮山河的水利建设，取得了举世瞩目的巨大成就，为经济社会发展、人民安居乐业作出了突出贡献。但必须看到，人多水少、水资源时空分布不均是我国的基本国情水情。洪涝灾害频繁仍然是中华民族的心腹大患，水资源供需矛盾突出仍然是可持续发展的主要瓶颈，农田水利建设滞后仍然是影响农业稳定发展和国家粮食安全的最大硬伤，水利设施薄弱仍然是国家基础设施的明显短板。随着工业化、城镇化深入发展，全球气候变化影响加大，我国水利面临的形势更趋严峻，增强防灾减灾能力要求越来越迫切,强化水资源节约保护工作越来越繁重,加快扭转农业主要"靠天吃饭"局面任务越来越艰巨。2010年西南地区发生特大干旱、多数省(区、市)遭受洪涝灾害、部分地方突发严重山洪泥石流,再次警示我们加快水利建设刻不容缓。

(二)新形势下水利的地位和作用。水利是现代农业建设不可或缺的首要条件,是经济社会发展不可替代的基础支撑,是生态环境改善不可分割的保障系统,具有很强的公益性、基础性、战略性。加快水利改革发展,不仅事关农业农村发展,而且事关经济社会发展全局;不仅关系到防洪安全、供水安全、粮食安全,而且关系到经济安全、生态安全、国家安全。要把水利工作摆上党和国家事业发展更加突出的位置,着力加快农田水利建设,推动水利实现跨越式发展。

## 二、水利改革发展的指导思想、目标任务和基本原则

(三)指导思想。全面贯彻党的十七大和十七届三中、四中、五中全会精神,以邓小平理论和"三个代表"重要思想为指导,深入贯彻落实科学发展观,把水利作为国家基础设施建设的优先领域,把农田水利作为农村基础设施建设的重点任务,把严格水资源管理作为加快转变经济发展方式的战略举措,注重科学治水、依法治水,突出加强薄弱环节建设,大力发展民生水利,不断深化水利改革,加快建设节水型社会,促进水利可持续发展,努力走出一条中国特色水利现代化道路。

(四)目标任务。力争通过5年到10年努力,从根本上扭转水利建设明显滞后的局面。到2020年,基本建成防洪抗旱减灾体系,重点城市和防洪保护区防洪能力明显提高,抗旱能力显著增强,"十二五"期间基本完成重点中小河流(包括大江大河支流、独流入海河流和内陆河流)重要河段治理、全面完成小型水库除险加固和山洪灾害易发区预警预报系统建设;基本建成水资源合理配置和高效利用体系,全国年用水总量力争控制在6 700亿立方米以内,城乡供水保证率显著提高,城乡居民饮水安全得到全面保障,万元国内生产总值和万元工业增加值用水量明显降低,农田灌溉水有效利用系数提高到0.55以上,"十二五"期间新增农田有效灌溉面积4 000万亩;基本建成水资源保

护和河湖健康保障体系,主要江河湖泊水功能区水质明显改善,城镇供水水源地水质全面达标,重点区域水土流失得到有效治理,地下水超采基本遏制;基本建成有利于水利科学发展的制度体系,最严格的水资源管理制度基本建立,水利投入稳定增长机制进一步完善,有利于水资源节约和合理配置的水价形成机制基本建立,水利工程良性运行机制基本形成。

(五)基本原则。一要坚持民生优先。着力解决群众最关心、最直接、最现实的水利问题,推动民生水利新发展。二要坚持统筹兼顾。注重兴利除害结合、防灾减灾并重、治标治本兼顾,促进流域与区域、城市与农村、东中西部地区水利协调发展。三要坚持人水和谐。顺应自然规律和社会发展规律,合理开发、优化配置、全面节约、有效保护水资源。四要坚持政府主导。发挥公共财政对水利发展的保障作用,形成政府社会协同治水兴水合力。五要坚持改革创新。加快水利重点领域和关键环节改革攻坚,破解制约水利发展的体制机制障碍。

## 三、突出加强农田水利等薄弱环节建设

(六)大兴农田水利建设。到 2020 年,基本完成大型灌区、重点中型灌区续建配套和节水改造任务。结合全国新增千亿斤粮食生产能力规划实施,在水土资源条件具备的地区,新建一批灌区,增加农田有效灌溉面积。实施大中型灌溉排水泵站更新改造,加强重点涝区治理,完善灌排体系。健全农田水利建设新机制,中央和省级财政要大幅增加专项补助资金,市、县两级政府也要切实增加农田水利建设投入,引导农民自愿投工投劳。加快推进小型农田水利重点县建设,优先安排产粮大县,加强灌区末级渠系建设和田间工程配套,促进旱涝保收高标准农田建设。因地制宜兴建中小型水利设施,支持山丘区小水窖、小水池、小塘坝、小泵站、小水渠等"五小水利"工程建设,重点向革命老区、民族地区、边疆地区、贫困地区倾斜。大力发展节水灌溉,推广渠道防渗、管道输水、喷灌滴灌等技术,扩大节水、抗旱设备补贴范围。积极发展旱作农业,采用地膜覆盖、深松深耕、保护性耕作等技术。稳步发展牧区水利,建设节水高效灌溉饲草料地。

（七）加快中小河流治理和小型水库除险加固。中小河流治理要优先安排洪涝灾害易发、保护区人口密集、保护对象重要的河流及河段，加固堤岸，清淤疏浚，使治理河段基本达到国家防洪标准。巩固大中型病险水库除险加固成果，加快小型病险水库除险加固步伐，尽快消除水库安全隐患，恢复防洪库容，增强水资源调控能力。推进大中型病险水闸除险加固。山洪地质灾害防治要坚持工程措施和非工程措施相结合，抓紧完善专群结合的监测预警体系，加快实施防灾避让和重点治理。

（八）抓紧解决工程性缺水问题。加快推进西南等工程性缺水地区重点水源工程建设，坚持蓄引提与合理开采地下水相结合，以县域为单元，尽快建设一批中小型水库、引提水和连通工程，支持农民兴建小微型水利设施，显著提高雨洪资源利用和供水保障能力，基本解决缺水城镇、人口较集中乡村的供水问题。

（九）提高防汛抗旱应急能力。尽快健全防汛抗旱统一指挥、分级负责、部门协作、反应迅速、协调有序、运转高效的应急管理机制。加强监测预警能力建设，加大投入，整合资源，提高雨情汛情旱情预报水平。建立专业化与社会化相结合的应急抢险救援队伍，着力推进县乡两级防汛抗旱服务组织建设，健全应急抢险物资储备体系，完善应急预案。建设一批规模合理、标准适度的抗旱应急水源工程，建立应对特大干旱和突发水安全事件的水源储备制度。加强人工增雨（雪）作业示范区建设，科学开发利用空中云水资源。

（十）继续推进农村饮水安全建设。到2013年解决规划内农村饮水安全问题，"十二五"期间基本解决新增农村饮水不安全人口的饮水问题。积极推进集中供水工程建设，提高农村自来水普及率。有条件的地方延伸集中供水管网，发展城乡一体化供水。加强农村饮水安全工程运行管理，落实管护主体，加强水源保护和水质监测，确保工程长期发挥效益。制定支持农村饮水安全工程建设的用地政策，确保土地供应，对建设、运行给予税收优惠，供水用电执行居民生活或农业排灌用电价格。

## 四、全面加快水利基础设施建设

(十一)继续实施大江大河治理。进一步治理淮河,搞好黄河下游治理和长江中下游河势控制,继续推进主要江河河道整治和堤防建设,加强太湖、洞庭湖、鄱阳湖综合治理,全面加快蓄滞洪区建设,合理安排居民迁建。搞好黄河下游滩区安全建设。"十二五"期间抓紧建设一批流域防洪控制性水利枢纽工程,不断提高调蓄洪水能力。加强城市防洪排涝工程建设,提高城市排涝标准。推进海堤建设和跨界河流整治。

(十二)加强水资源配置工程建设。完善优化水资源战略配置格局,在保护生态前提下,尽快建设一批骨干水源工程和河湖水系连通工程,提高水资源调控水平和供水保障能力。加快推进南水北调东中线一期工程及配套工程建设,确保工程质量,适时开展南水北调西线工程前期研究。积极推进一批跨流域、跨区域调水工程建设。着力解决西北等地区资源性缺水问题。大力推进污水处理回用,积极开展海水淡化和综合利用,高度重视雨水、微咸水利用。

(十三)搞好水土保持和水生态保护。实施国家水土保持重点工程,采取小流域综合治理、淤地坝建设、坡耕地整治、造林绿化、生态修复等措施,有效防治水土流失。进一步加强长江上中游、黄河上中游、西南石漠化地区、东北黑土区等重点区域及山洪地质灾害易发区的水土流失防治。继续推进生态脆弱河流和地区水生态修复,加快污染严重江河湖泊水环境治理。加强重要生态保护区、水源涵养区、江河源头区、湿地的保护。实施农村河道综合整治,大力开展生态清洁型小流域建设。强化生产建设项目水土保持监督管理。建立健全水土保持、建设项目占用水利设施和水域等补偿制度。

(十四)合理开发水能资源。在保护生态和农民利益前提下,加快水能资源开发利用。统筹兼顾防洪、灌溉、供水、发电、航运等功能,科学制定规划,积极发展水电,加强水能资源管理,规范开发许可,强化水电安全监管。大力发展农村水电,积极开展水电新农村电气化县建设和小水电代燃料生态保护工程建设,搞好农村水电配套电网改造工程建设。

（十五）强化水文气象和水利科技支撑。加强水文气象基础设施建设，扩大覆盖范围，优化站网布局，着力增强重点地区、重要城市、地下水超采区水文测报能力，加快应急机动监测能力建设，实现资料共享，全面提高服务水平。健全水利科技创新体系，强化基础条件平台建设，加强基础研究和技术研发，力争在水利重点领域、关键环节和核心技术上实现新突破，获得一批具有重大实用价值的研究成果，加大技术引进和推广应用力度。提高水利技术装备水平。建立健全水利行业技术标准。推进水利信息化建设，全面实施"金水工程"，加快建设国家防汛抗旱指挥系统和水资源管理信息系统，提高水资源调控、水利管理和工程运行的信息化水平，以水利信息化带动水利现代化。加强水利国际交流与合作。

## 五、建立水利投入稳定增长机制

（十六）加大公共财政对水利的投入。多渠道筹集资金，力争今后10年全社会水利年平均投入比2010年高出一倍。发挥政府在水利建设中的主导作用，将水利作为公共财政投入的重点领域。各级财政对水利投入的总量和增幅要有明显提高。进一步提高水利建设资金在国家固定资产投资中的比重。大幅度增加中央和地方财政专项水利资金。从土地出让收益中提取10%用于农田水利建设，充分发挥新增建设用地土地有偿使用费等土地整治资金的综合效益。进一步完善水利建设基金政策，延长征收年限，拓宽来源渠道，增加收入规模。完善水资源有偿使用制度，合理调整水资源费征收标准，扩大征收范围，严格征收、使用和管理。有重点防洪任务和水资源严重短缺的城市要从城市建设维护税中划出一定比例用于城市防洪排涝和水源工程建设。切实加强水利投资项目和资金监督管理。

（十七）加强对水利建设的金融支持。综合运用财政和货币政策，引导金融机构增加水利信贷资金。有条件的地方根据不同水利工程的建设特点和项目性质，确定财政贴息的规模、期限和贴息率。在风险可控的前提下，支持农业发展银行积极开展水利建设中长期政策性贷款业务。鼓励国家开发银行、农业银行、农村信用社、邮政储蓄银行等银行业金融机构进一步增加农田水利建设的信贷资金。支持符合条件的水利企业上市和发行债券，探索发展大型水利设备设施的融资租赁业务，积极开展水利项目收益权质押贷款等多种形式融资。鼓励和支持发展洪水保险。提高水利利用外资的规模和质量。

（十八）广泛吸引社会资金投资水利。鼓励符合条件的地方政府融资平台公司通过直接、间接融资方式，拓宽水利投融资渠道，吸引社会资金参与水利建设。鼓励农民自力更生、艰苦奋斗，在统一规划基础上，按照多筹多补、多干多补原则，加大一事一议财政奖补力度，充分调动农民兴修农田水利的积极性。结合增值税改革和立法进程，完善农村水电增值税政策。完善水利工程耕地占用税政策。积极稳妥推进经营性水利项目进行市场融资。

## 六、实行最严格的水资源管理制度

（十九）建立用水总量控制制度。确立水资源开发利用控制红线，抓紧制订主要江河水量分配方案，建立取用水总量控制指标体系。加强相关规划和项目建设布局水资源论证工作，国民经济和社会发展规划以及城市总体规划的编制、重大建设项目的布局，要与当地水资源条件和防洪要求相适应。严格执行建设项目水资源论证制度，对擅自开工建设或投产的一律责令停止。严格取水许可审批管理，对取用水总量已达到或超过控制指标的地区，暂停审批建设项目新增取水；对取用水总量接近控制指标的地区，限制审批新增取水。严格地下水管理和保护，尽快核定并公布禁采和限采范围，逐步削减地下水超采量，实现采补平衡。强化水资源统一调度，协调好生活、生产、生态环境用水，完善水资源调度方案、应急调度预案和调度计划。建立和完善国家水权制度，充分运用市场机制优化配置水资源。

（二十）建立用水效率控制制度。确立用水效率控制红线，坚决遏制用水浪费，把节水工作贯穿于经济社会发展和群众生产生活全过程。加快制定区域、行业和用水产品的用水效率指标体系，加强用水定额和计划管理。对取用水达到一定规模的用水户实行重点监控。严格限制水资源不足地区建设高耗水型工业项目。落实建设项目节水设施与主体工程同时设计、同时施工、同时投产制度。加快实施节水技术改造，全面加强企业节水管理，建设节水示范工程，普及农业高效节水技术。抓紧制定节水强制性标准，尽快淘汰不符合节水标准的用水工艺、设备和产品。

（二十一）建立水功能区限制纳污制度。确立水功能区限制纳污红线，从严核定水域纳污容量，严格控制入河湖排污总量。各级政府要把限制排污总量作为水污染防治和污染减排工作的重要依据，明确责任，落实措施。对排污量已超出水功能区限制排污总量的地区，限制审批新增取水和入河排污口。建立水功能区水质达标评价体系，完善监测预警监督管理制度。加强水源地保护，依法划定饮用水水源保护区，强化饮用水水源应急管理。建立水生态补偿机制。

（二十二）建立水资源管理责任和考核制度。县级以上地方政府主要负责人对本行政区域水资源管理和保护工作负总责。严格实施水资源管理考核制度，水行政主管部门会同有关部门，对各地区水资源开发利用、节约保护主要指标的落实情况进行考核，考核结果交由干部主管部门，作为地方政府相关领导干部综合考核评价的重要依据。加强水量水质监测能力建设，为强化监督考核提供技术支撑。

## 七、不断创新水利发展体制机制

（二十三）完善水资源管理体制。强化城乡水资源统一管理，对城乡供水、水资源综合利用、水环境治理和防洪排涝等实行统筹规划、协调实施，促进水资源优化配置。完善流域管理与区域管理相结合的水资源管理制度，建立事权清晰、分工明确、行为规范、运转协调的水资源管理工作机制。进一步完善水资源保护和水污染防治协调机制。

（二十四）加快水利工程建设和管理体制改革。区分水利工程性质，分类推进改革，健全良性运行机制。深化国有水利工程管理体制改革，落实好公益性、准公益性水管单位基本支出和维修养护经费。中央财政对中西部地区、贫困地区公益性工程维修养护经费给予补助。妥善解决水管单位分流人员社会保障问题。深化小型水利工程产权制度改革,明确所有权和使用权,落实管护主体和责任,对公益性小型水利工程管护经费给予补助,探索社会化和专业化的多种水利工程管理模式。对非经营性政府投资项目,加快推行代建制。充分发挥市场机制在水利工程建设和运行中的作用,引导经营性水利工程积极走向市场,完善法人治理结构,实现自主经营、自负盈亏。

(二十五)健全基层水利服务体系。建立健全职能明确、布局合理、队伍精干、服务到位的基层水利服务体系,全面提高基层水利服务能力。以乡镇或小流域为单元,健全基层水利服务机构,强化水资源管理、防汛抗旱、农田水利建设、水利科技推广等公益性职能,按规定核定人员编制,经费纳入县级财政预算。大力发展农民用水合作组织。

(二十六)积极推进水价改革。充分发挥水价的调节作用,兼顾效率和公平,大力促进节约用水和产业结构调整。工业和服务业用水要逐步实行超额累进加价制度,拉开高耗水行业与其他行业的水价差价。合理调整城市居民生活用水价格,稳步推行阶梯式水价制度。按照促进节约用水、降低农民水费支出、保障灌排工程良性运行的原则,推进农业水价综合改革,农业灌排工程运行管理费用由财政适当补助,探索实行农民定额内用水享受优惠水价、超定额用水累进加价的办法。

## 八、切实加强对水利工作的领导

(二十七)落实各级党委和政府责任。各级党委和政府要站在全局和战略高度,切实加强水利工作,及时研究解决水利改革发展中的突出问题。实行防汛抗旱、饮水安全保障、水资源管理、水库安全管理行政首长负责制。各地要结合实际,认真落实水利改革发展各项措施,确保取得实效。各级水行政主管部门要切实增强责任意识,认真履行职责,抓好水利改革发展各项任务的实施工作。各有关部门和单位要按照职能分工,尽快制定完善各项配套措施和办法,形成推动水利改革发展合力。把加强农田水利建设作为农村基层开展创先争优活动的重要内容,充分发挥农村基层党组织的战斗堡垒作用和广大党员的先锋模范作用,带领广大农民群众加快改善农村生产生活条件。

(二十八)推进依法治水。建立健全水法规体系,抓紧完善水资源配置、节约保护、防汛抗旱、农村水利、水土保持、流域管理等领域的法律法规。全面推进水利综合执法,严格执行水资源论证、取水许可、水工程建设规划同意书、洪水影响评价、水土保持方案等制度。加强河湖管理,严禁建设项目非法侵占河湖水域。加强国家防汛抗旱督察工作制度化建设。健全预防为主、预防与调处相结合的水事纠纷调处机制,完善应急预案。深化水行政许可审批制度改革。科学编制水利规划,完善全国、流域、区域水利规划体系,加快重点建设项目前期工作,强化水利规划对涉水活动的管理和约束作用。做好水库移民安置工作,落实后期扶持政策。

(二十九)加强水利队伍建设。适应水利改革发展新要求,全面提升水利系统干部职工队伍素质,切实增强水利勘测设计、建设管理和依法行政能力。支持大专院校、中等职业学校水利类专业建设。大力引进、培养、选拔各类管理人才、专业技术人才、高技能人才,完善人才评价、流动、激励机制。鼓励广大科技人员服务于水利改革发展第一线,加大基层水利职工在职教育和继续培训力度,解决基层水利职工生产生活中的实际困难。广大水利干部职工要弘扬"献身、负责、求实"的水利行业精神,更加贴近民生,更多服务基层,更好服务经济社会发展全局。

(三十)动员全社会力量关心支持水利工作。加大力度宣传国情水情,提高全民水患意识、节水意识、水资源保护意识,广泛动员全社会力量参与水利建设。把水情教育纳入国民素质教育体系和中小学教育课程体系,作为各级领导干部和公务员教育培训的重要内容。把水利纳入公益性宣传范围,为水利又好又快发展营造良好舆论氛围。对在加快水利改革发展中取得显著成绩的单位和个人,各级政府要按照国家有关规定给予表彰奖励。

加快水利改革发展,使命光荣,任务艰巨,责任重大。我们要紧密团结在以胡锦涛同志为总书记的党中央周围,与时俱进,开拓进取,扎实工作,奋力开创水利工作新局面!

# 国务院关于投资体制改革的决定

## （国发［2004］20 号）

改革开放以来，国家对原有的投资体制进行了一系列改革，打破了传统计划经济体制下高度集中的投资管理模式，初步形成了投资主体多元化、资金来源多渠道、投资方式多样化、项目建设市场化的新格局。但是，现行的投资体制还存在不少问题，特别是企业的投资决策权没有完全落实，市场配置资源的基础性作用尚未得到充分发挥，政府投资决策的科学化、民主化水平需要进一步提高，投资宏观调控和监管的有效性需要增强。为此，国务院决定进一步深化投资体制改革。

## 一、深化投资体制改革的指导思想和目标

（一）深化投资体制改革的指导思想是：按照完善社会主义市场经济体制的要求，在国家宏观调控下充分发挥市场配置资源的基础性作用，确立企业在投资活动中的主体地位，规范政府投资行为，保护投资者的合法权益，营造有利于各类投资主体公平、有序竞争的市场环境，促进生产要素的合理流动和有效配置，优化投资结构，提高投资效益，推动经济协调发展和社会全面进步。

（二）深化投资体制改革的目标是：改革政府对企业投资的管理制度，按照"谁投资、谁决策、谁收益、谁承担风险"的原则，落实企业投资自主权；合理界定政府投资职能，提高投资决策的科学化、民主化水平，建立投资决策责任追究制度；进一步拓宽项目融资渠道，发展多种融资方式；培育规范的投资中介服务组织，加强行业自律，促进公平竞争；健全投资宏观调控体系，改进调控方式，完善调控手段；加快投资领域的立法进程；加强投资监管，维护规范的投资和建设市场秩序。通过深化改革和扩大开放，最终建立起市场引导投资、企业自主决策、银行独立审贷、融资方式多样、中介服务规范、宏观调控有效的新型投资体制。

## 二、转变政府管理职能,确立企业的投资主体地位

（一）改革项目审批制度,落实企业投资自主权。彻底改革现行不分投资主体、不分资金来源、不分项目性质,一律按投资规模大小分别由各级政府及有关部门审批的企业投资管理办法。对于企业不使用政府投资建设的项目,一律不再实行审批制,区别不同情况实行核准制和备案制。其中,政府仅对重大项目和限制类项目从维护社会公共利益角度进行核准,其他项目无论规模大小,均改为备案制,项目的市场前景、经济效益、资金来源和产品技术方案等均由企业自主决策、自担风险,并依法办理环境保护、土地使用、资源利用、安全生产、城市规划等许可手续和减免税确认手续。对于企业使用政府补助、转贷、贴息投资建设的项目,政府只审批资金申请报告。各地区、各部门要相应改进管理办法,规范管理行为,不得以任何名义截留下放给企业的投资决策权利。

（二）规范政府核准制。要严格限定实行政府核准制的范围,并根据变化的情况适时调整。《政府核准的投资项目目录》(以下简称《目录》)由国务院投资主管部门会同有关部门研究提出,报国务院批准后实施。未经国务院批准,各地区、各部门不得擅自增减《目录》规定的范围。

企业投资建设实行核准制的项目,仅需向政府提交项目申请报告,不再经过批准项目建议书、可行性研究报告和开工报告的程序。政府对企业提交的项目申请报告,主要从维护经济安全、合理开发利用资源、保护生态环境、优化重大布局、保障公共利益、防止出现垄断等方面进行核准。对于外商投资项目,政府还要从市场准入、资本项目管理等方面进行核准。政府有关部门要制定严格规范的核准制度,明确核准的范围、内容、申报程序和办理时限,并向社会公布,提高办事效率,增强透明度。

（三）健全备案制。对于《目录》以外的企业投资项目,实行备案制,除国家另有规定外,由企业按照属地原则向地方政府投资主管部门备案。备案制的具体实施办法由省级人民政府自行制定。国务院投资

主管部门要对备案工作加强指导和监督,防止以备案的名义变相审批。

(四)扩大大型企业集团的投资决策权。基本建立现代企业制度的特大型企业集团,投资建设《目录》内的项目,可以按项目单独申报核准,也可编制中长期发展建设规划,规划经国务院或国务院投资主管部门批准后,规划中属于《目录》内的项目不再另行申报核准,只须办理备案手续。企业集团要及时向国务院有关部门报告规划执行和项目建设情况。

(五)鼓励社会投资。放宽社会资本的投资领域,允许社会资本进入法律法规未禁入的基础设施、公用事业及其他行业和领域。逐步理顺公共产品价格,通过注入资本金、贷款贴息、税收优惠等措施,鼓励和引导社会资本以独资、合资、合作、联营、项目融资等方式,参与经营性的公益事业、基础设施项目建设。对于涉及国家垄断资源开发利用、需要统一规划布局的项目,政府在确定建设规划后,可向社会公开招标选定项目业主。鼓励和支持有条件的各种所有制企业进行境外投资。

(六)进一步拓宽企业投资项目的融资渠道。允许各类企业以股权融资方式筹集投资资金,逐步建立起多种募集方式相互补充的多层次资本市场。经国务院投资主管部门和证券监管机构批准,选择一些收益稳定的基础设施项目进行试点,通过公开发行股票、可转换债券等方式筹集建设资金。在严格防范风险的前提下,改革企业债券发行管理制度,扩大企业债券发行规模,增加企业债券品种。按照市场化原则改进和完善银行的固定资产贷款审批及相应的风险管理制度,运用银行贷款、融资租赁、项目融资、财务顾问等多种业务方式,支持项目建设。允许各种所有制企业按照有关规定申请使用国外贷款。制定相关法规,组织建立中小企业融资和信用担保体系,鼓励银行和各类合格担保机构对项目融资的担保方式进行研究创新,采取多种形式增强担保机构资本实力,推动设立中小企业投资公司,建立和完善创业投资机制。规范发展各类投资基金。鼓励和促进保险资金间接投资基础设施和重点建设工程项目。

(七)规范企业投资行为。各类企业都应严格遵守国土资源、环境保护、安全生产、城市规划等法律法规,严格执行产业政策和行业准入标准,不得投资建设国家禁止发展的项目;应诚信守法,维护公共利益,确保工程质量,提高投资效益。国有和国有控股企业应按照国有资产管理体制改革和现代企业制度的要求,建立和完善国有资产出资人制度、投资风险约束机制、科学民主的投资决策制度和重大投资责任追究制度。严格执行投资项目的法人责任制、资本金制、招标投标制、工程监理制和合同管理制。

## 三、完善政府投资体制,规范政府投资行为

(一)合理界定政府投资范围。政府投资主要用于关系国家安全和市场不能有效配置资源的经济和社会领域,包括加强公益性和公共基础设施建设,保护和改善生态环境,促进欠发达地区的经济和社会发展,推进科技进步和高新技术产业化。能够由社会投资建设的项目,尽可能利用社会资金建设。合理划分中央政府与地方政府的投资事权。中央政府投资除本级政权等建设外,主要安排跨地区、跨流域以及对经济和社会发展全局有重大影响的项目。

(二)健全政府投资项目决策机制。进一步完善和坚持科学的决策规则和程序,提高政府投资项目决策的科学化、民主化水平;政府投资项目一般都要经过符合资质要求的咨询中介机构的评估论证,咨询评估要引入竞争机制,并制定合理的竞争规则;特别重大的项目还应实行专家评议制度;逐步实行政府投资项目公示制度,广泛听取各方面的意见和建议。

(三)规范政府投资资金管理。编制政府投资的中长期规划和年度计划,统筹安排、合理使用各类政府投资资金,包括预算内投资、各类专项建设基金、统借国外贷款等。政府投资资金按项目安排,根据资金来源、项目性质和调控需要,可分别采取直接投资、资本金注入、投资补助、转贷和贷款贴息等方式。以资本金注入方式投入的,要确定出资人代表。要针对不同的资金类型和资金运用方式,确定相应的管理办法,逐步实现政府投资的决策程序和资金管理的科学化、制度化和规范化。

(四)简化和规范政府投资项目审批程序,合理划分审批权限。按照项目性质、资金来源和事权划分,合理确定中央政府与地方政府之

间、国务院投资主管部门与有关部门之间的项目审批权限。对于政府投资项目,采用直接投资和资本金注入方式的,从投资决策角度只审批项目建议书和可行性研究报告,除特殊情况外不再审批开工报告,同时应严格政府投资项目的初步设计、概算审批工作;采用投资补助、转贷和贷款贴息方式的,只审批资金申请报告。具体的权限划分和审批程序由国务院投资主管部门会同有关方面研究制定,报国务院批准后颁布实施。

(五)加强政府投资项目管理,改进建设实施方式。规范政府投资项目的建设标准,并根据情况变化及时修订完善。按项目建设进度下达投资资金计划。加强政府投资项目的中介服务管理,对咨询评估、招标代理等中介机构实行资质管理,提高中介服务质量。对非经营性政府投资项目加快推行"代建制",即通过招标等方式,选择专业化的项目管理单位负责建设实施,严格控制项目投资、质量和工期,竣工验收后移交给使用单位。增强投资风险意识,建立和完善政府投资项目的风险管理机制。

(六)引入市场机制,充分发挥政府投资的效益。各级政府要创造条件,利用特许经营、投资补助等多种方式,吸引社会资本参与有合理回报和一定投资回收能力的公益事业和公共基础设施项目建设。对于具有垄断性的项目,试行特许经营,通过业主招标制度,开展公平竞争,保护公众利益。已经建成的政府投资项目,具备条件的经过批准可以依法转让产权或经营权,以回收的资金滚动投资于社会公益等各类基础设施建设。

## 四、加强和改善投资的宏观调控

(一)完善投资宏观调控体系。国家发展和改革委员会要在国务院领导下会同有关部门,按照职责分工,密切配合、相互协作、有效运转、依法监督,调控全社会的投资活动,保持合理投资规模,优化投资结构,提高投资效益,促进国民经济持续快速协调健康发展和社会全面进步。

(二)改进投资宏观调控方式。综合运用经济的、法律的和必要的行政手段,对全社会投资进行以间接调控方式为主的有效调控。国务院有关部门要依据国民经济和社会发展中长期规划,编制教育、科技、卫生、交通、能源、农业、林业、水利、生态建设、环境保护、战略资源开发等重要领域的发展建设规划,包括必要的专项发展建设规划,明确发展的指导思想、战略目标、总体布局和主要建设项目等。按照规定程序批准的发展建设规划是投资决策的重要依据。各级政府及其有关部门要努力提高政府投资效益,引导社会投资。制定并适时调整国家固定资产投资指导目录、外商投资产业指导目录,明确国家鼓励、限制和禁止投资的项目。建立投资信息发布制度,及时发布政府对投资的调控目标、主要调控政策、重点行业投资状况和发展趋势等信息,引导全社会投资活动。建立科学的行业准入制度,规范重点行业的环保标准、安全标准、能耗水耗标准和产品技术、质量标准,防止低水平重复建设。

(三)协调投资宏观调控手段。根据国民经济和社会发展要求以及宏观调控需要,合理确定政府投资规模,保持国家对全社会投资的积极引导和有效调控。灵活运用投资补助、贴息、价格、利率、税收等多种手段,引导社会投资,优化投资的产业结构和地区结构。适时制定和调整信贷政策,引导中长期贷款的总量和投向。严格和规范土地使用制度,充分发挥土地供应对社会投资的调控和引导作用。

(四)加强和改进投资信息、统计工作。加强投资统计工作,改革和完善投资统计制度,进一步及时、准确、全面地反映全社会固定资产存量和投资的运行态势,并建立各类信息共享机制,为投资宏观调控提供科学依据。建立投资风险预警和防范体系,加强对宏观经济和投资运行的监测分析。

## 五、加强和改进投资的监督管理

(一)建立和完善政府投资监管体系。建立政府投资责任追究制度,工程咨询、投资项目决策、设计、施工、监理等部门和单位,都应有相应的责任约束,对不遵守法律法规给国家造成重大损失的,要依法追究有关责任人的行政和法律责任。完善政府投资制衡机制,投资主管部门、财政主管部门以及有关部门,要依据职能分工,对政府投资的管理进行相互监督。审计机关要依法全面履行职责,进一步加强对政府投资项目的审计监督,提高政府投资管理水平和投资效益。完善重大项目稽察制度,建立政府投资项目后评价制度,对政府投资项目进行全过程监管。建立政府投资项目的社会监督机制,鼓励公众和新闻媒体对政府投资项目进行监督。

(二)建立健全协同配合的企业投资监管体系。国土资源、环境保护、城市规划、质量监督、银行监管、证券监管、外汇管理、工商管理、安全生产监管等部门,要依法加强对企业投资活动的监管,凡不符合法律法规和国家政策规定的,不得办理相关许可手续。在建设过程中不遵守有关法律法规的,有关部门要责令其及时改正,并依法严肃处理。各级政府投资主管部门要加强对企业投资项目的事中和事后监督检查,对于不符合产业政策和行业准入标准的项目,以及不按规定履行相应核准或许可手续而擅自开工建设的项目,要责令其停止建设,并依法追究有关企业和人员的责任。审计机关依法对国有企业的投资进行审计监督,促进国有资产保值增值。建立企业投资诚信制度,对于在项目申报和建设过程中提供虚假信息、违反法律法规的,要予以惩处,并公开披露,在一定时间内限制其投资建设活动。

(三)加强对投资中介服务机构的监管。各类投资中介服务机构均须与政府部门脱钩,坚持诚信原则,加强自我约束,为投资者提供高质量、多样化的中介服务。鼓励各种投资中介服务机构采取合伙制、股份制等多种形式改组改造。健全和完善投资中介服务机构的行业协会,确立法律规范、政府监督、行业自律的行业管理体制。打破地区封锁和行业垄断,建立公开、公平、公正的投资中介服务市场,强化投资中介服务机构的法律责任。

(四)完善法律法规,依法监督管理。建立健全与投资有关的法律法规,依法保护投资者的合法权益,维护投资主体公平、有序竞争,投资要素合理流动、市场发挥配置资源的基础性作用的市场环境,规范各类投资主体的投资行为和政府的投资管理活动。认真贯彻实施有关法律法规,严格财经纪律,堵塞管理漏洞,降低建设成本,提高投资效益。加强执法检查,培育和维护规范的建设市场秩序。

附件:

# 政府核准的投资项目目录(2004年本)

简要说明:

(一)本目录所列项目,是指企业不使用政府性资金投资建设的重大和限制类固定资产投资项目。

(二)企业不使用政府性资金投资建设本目录以外的项目,除国家法律法规和国务院专门规定禁止投资的项目以外,实行备案管理。

(三)国家法律法规和国务院有专门规定的项目的审批或核准,按有关规定执行。

(四)本目录对政府核准权限作出了规定。其中:

1.目录规定"由国务院投资主管部门核准"的项目,由国务院投资主管部门会同行业主管部门核准,其中重要项目报国务院核准。

2.目录规定"由地方政府投资主管部门核准"的项目,由地方政府投资主管部门会同同级行业主管部门核准。省级政府可根据当地情况和项目性质,具体划分各级地方政府投资主管部门的核准权限,但目录明确规定"由省级政府投资主管部门核准"的,其核准权限不得下放。

3.根据促进经济发展的需要和不同行业的实际情况,可对特大型企业的投资决策权限特别授权。

(五)本目录为2004年本。根据情况变化,将适时调整。

## 一、农林水利

农业:涉及开荒的项目由省级政府投资主管部门核准。

水库:国际河流和跨省(区、市)河流上的水库项目由国务院投资主管部门核准,其余项目由地方政府投资主管部门核准。

其他水事工程:需中央政府协调的国际河流、涉及跨省(区、市)水资源配置调整的项目由国务院投资主管部门核准,其余项目由地方政府投资主管部门核准。

## 二、能源

(一)电力。

水电站:在主要河流上建设的项目和总装机容量25万千瓦及以上项目由国务院投资主管部门核准,其余项目由地方政府投资主管部门核准。

抽水蓄能电站:由国务院投资主管部门核准。

火电站:由国务院投资主管部门核准。

热电站:燃煤项目由国务院投资主管部门核准,其余项目由地方政府投资主管部门核准。

风电站:总装机容量5万千瓦及以上项目由国务院投资主管部门核准,其余项目由地方政府投资主管部门核准。

核电站:由国务院核准。

电网工程:330千伏及以上电压等级的电网工程由国务院投资主管部门核准,其余项目由地方政府投资主管部门核准。

(二)煤炭。

煤矿:国家规划矿区内的煤炭开发项目由国务院投资主管部门核准,其余一般煤炭开发项目由地方政府投资主管部门核准。

煤炭液化:年产50万吨及以上项目由国务院投资主管部门核准,其他项目由地方政府投资主管部门核准。

(三)石油、天然气。

原油:年产100万吨及以上的新油田开发项目由国务院投资主管部门核准,其他项目由具有石油开采权的企业自行决定,报国务院投资主管部门备案。

天然气:年产20亿立方米及以上新气田开发项目由国务院投资主管部门核准,其他项目由具有天然气开采权的企业自行决定,报国务院投资主管部门备案。

液化石油气接收、存储设施(不含油气田、炼油厂的配套项目):由省级政府投资主管部门核准。

进口液化天然气接收、储运设施:由国务院投资主管部门核准。

国家原油存储设施:由国务院投资主管部门核准。

输油管网(不含油田集输管网):跨省(区、市)干线管网项目由国务院投资主管部门核准。

输气管网(不含油气田集输管网):跨省(区、市)或年输气能力5亿立方米及以上项目由国务院投资主管部门核准,其余项目由省级政府投资主管部门核准。

### 三、交通运输

(一)铁道。

新建(含增建)铁路:跨省(区、市)或100公里及以上项目由国务院投资主管部门核准,其余项目按隶属关系分别由国务院行业主管部门或省级政府投资主管部门核准。

(二)公路。

公路:国道主干线、西部开发公路干线、国家高速公路网、跨省(区、市)的项目由国务院投资主管部门核准,其余项目由地方政府投资主管部门核准。

独立公路桥梁、隧道:跨境、跨海湾、跨大江大河(通航段)的项目由国务院投资主管部门核准,其余项目由地方政府投资主管部门核准。

(三)水运。

煤炭、矿石、油气专用泊位:新建港区和年吞吐能力200万吨及以上项目由国务院投资主管部门核准,其余项目由省级政府投资主管部门核准。

集装箱专用码头:由国务院投资主管部门核准。

内河航运:千吨级以上通航建筑物项目由国务院投资主管部门核准,其余项目由地方政府投资主管部门核准。

(四)民航。

新建机场:由国务院核准。

扩建机场:总投资10亿元及以上项目由国务院投资主管部门核准,其余项目按隶属关系由国务院行业主管部门或地方政府投资主管部门核准。

扩建军民合用机场:由国务院投资主管部门会同军队有关部门核准。

### 四、信息产业

电信:国内干线传输网(含广播电视网)、国际电信传输电路、国际关口站、专用电信网的国际通信设施及其他涉及信息安全的电信基础设施项目由国务院投资主管部门核准。

邮政:国际关口站及其他涉及信息安全的邮政基础设施项目由国务院投资主管部门核准。

电子信息产品制造:卫星电视接收机及关键件、国家特殊规定的移动通信系统及终端等生产项目由国务院投资主管部门核准。

### 五、原材料

钢铁:已探明工业储量5000万吨及以上规模的铁矿开发项目和新增生产能力的炼铁、炼钢、轧钢项目由国务院投资主管部门核准,其他铁矿开发项目由省级政府投资主管部门核准。

有色:新增生产能力的电解铝项目、新建氧化铝项目和总投资5亿元及以上的矿山开发项目由国务院投资主管部门核准,其他矿山开发项目由省级政府投资主管部门核准。

石化:新建炼油及扩建一次炼油项目、新建乙烯及改扩建新增能力超过年产20万吨乙烯项目,由国务院投资主管部门核准。

化工原料:新建PTA、PX、MDI、TDI项目,以及PTA、PX改造能力超过年产10万吨的项目,由国务院投资主管部门核准。

化肥:年产50万吨及以上钾矿肥项目由国务院投资主管部门核准,其他磷、钾矿肥项目由地方政府投资主管部门核准。

水泥:除禁止类项目外,由省级政府投资主管部门核准。

稀土:矿山开发、冶炼分离和总投资1亿元及以上稀土深加工项目由国务院投资主管部门核准,其余稀土深加工项目由省级政府投资主管部门核准。

黄金:日采选矿石500吨及以上项目由国务院投资主管部门核准,其他采选矿项目由省级政府投资主管部门核准。

### 六、机械制造

汽车:按照国务院批准的专项规定执行。

船舶:新建10万吨级以上造船设施(船台、船坞)和民用船舶中、低速柴油机生产项目由国务院投资主管部门核准。

城市轨道交通:城市轨道交通车辆、信号系统和牵引传动控制系统制造项目由国务院投资主管部门核准。

## 七、轻工烟草

纸浆:年产 10 万吨及以上纸浆项目由国务院投资主管部门核准,年产 3.4(含)万~10(不含)万吨纸浆项目由省级政府投资主管部门核准,其他纸浆项目禁止建设。

变性燃料乙醇:由国务院投资主管部门核准。

聚酯:日产 300 吨及以上项目由国务院投资主管部门核准。

制盐:由国务院投资主管部门核准。

糖:日处理糖料 1500 吨及以上项目由省级政府投资主管部门核准,其他糖料项目禁止建设。

烟草:卷烟、烟用二醋酸纤维素及丝束项目由国务院投资主管部门核准。

## 八、高新技术

民用航空航天:民用飞机(含直升机)制造、民用卫星制造、民用遥感卫星地面站建设项目由国务院投资主管部门核准。

## 九、城建

城市快速轨道交通:由国务院核准。

城市供水:跨省(区、市)日调水 50 万吨及以上项目由国务院投资主管部门核准,其他城市供水项目由地方政府投资主管部门核准。

城市道路桥梁:跨越大江大河(通航段)、重要海湾的桥梁、隧道项目由国务院投资主管部门核准。

其他城建项目:由地方政府投资主管部门核准。

## 十、社会事业

教育、卫生、文化、广播电影电视:大学城、医学城及其他园区性建设项目由国务院投资主管部门核准。

旅游:国家重点风景名胜区、国家自然保护区、国家重点文物保护单位区域内总投资 5000 万元及以上旅游开发和资源保护设施,世界自然、文化遗产保护区内总投资 3000 万元及以上项目由国务院投资主管部门核准。

体育:F1 赛车场由国务院投资主管部门核准。

娱乐:大型主题公园由国务院投资主管部门核准。

其他社会事业项目:按隶属关系由国务院行业主管部门或地方政府投资主管部门核准。

## 十一、金融

印钞、造币、钞票纸项目由国务院投资主管部门核准。

## 十二、外商投资

《外商投资产业指导目录》中总投资(包括增资)1亿美元及以上鼓励类、允许类项目由国家发展和改革委员会核准。

《外商投资产业指导目录》中总投资(包括增资)5000万美元及以上限制类项目由国家发展和改革委员会核准。

国家规定的限额以上、限制投资和涉及配额、许可证管理的外商投资企业的设立及其变更事项;大型外商投资项目的合同、章程及法律特别规定的重大变更(增资减资、转股、合并)事项,由商务部核准。

上述项目之外的外商投资项目由地方政府按照有关法规办理核准。

## 十三、境外投资

中方投资3000万美元及以上资源开发类境外投资项目由国家发展和改革委员会核准。

中方投资用汇额1000万美元及以上的非资源类境外投资项目由国家发展和改革委员会核准。

上述项目之外的境外投资项目,中央管理企业投资的项目报国家发展和改革委员会、商务部备案;其他企业投资的项目由地方政府按照有关法规办理核准。

国内企业对外投资开办企业(金融企业除外)由商务部核准。

# 中华人民共和国公司法

## 第一章 总 则

**第一条** 为了规范公司的组织和行为,保护公司、股东和债权人的合法权益,维护社会经济秩序,促进社会主义市场经济的发展,特制定本法。

**第二条** 本法所称公司是指依照本法在中国境内设立的有限责任公司和股份有限公司。

**第三条** 公司是企业法人,有独立的法人财产,享有法人财产权。公司以其全部财产对公司的债务承担责任。

有限责任公司的股东以其认缴的出资额为限对公司承担责任;股份有限公司的股东以其认购的股份为限对公司承担责任。

**第四条** 公司股东依法享有资产收益、参与重大决策和选择管理者等权利。

**第五条** 公司从事经营活动,必须遵守法律、行政法规,遵守社会公德、商业道德,诚实守信,接受政府和社会公众的监督,承担社会责任。

公司的合法权益受法律保护,不受侵犯。

**第六条** 设立公司,应当依法向公司登记机关申请设立登记。符合本法规定的设立条件的,由公司登记机关分别登记为有限责任公司或者股份有限公司;不符合本法规定的设立条件的,不得登记为有限责任公司或者股份有限公司。

法律、行政法规规定设立公司必须报经批准的,应当在公司登记前依法办理批准手续。

公众可以向公司登记机关申请查询公司登记事项,公司登记机关应当提供查询服务。

**第七条** 依法设立的公司,由公司登记机关发给公司营业执照。公司营业执照签发日期为公司成立日期。

公司营业执照应当载明公司的名称、住所、注册资本、实收资本、经营范围、法定代表人姓名等事项。

公司营业执照记载的事项发生变更的,公司应当依法办理变更登记,由公司登记机关换发营业执照。

第八条 依照本法设立的有限责任公司,必须在公司名称中标明有限责任公司或者有限公司字样。

依照本法设立的股份有限公司,必须在公司名称中标明股份有限公司或者股份公司字样。

第九条 有限责任公司变更为股份有限公司,应当符合本法规定的股份有限公司的条件。股份有限公司变更为有限责任公司,应当符合本法规定的有限责任公司的条件。

有限责任公司变更为股份有限公司的,或者股份有限公司变更为有限责任公司的,公司变更前的债权、债务由变更后的公司承继。

第十条 公司以其主要办事机构所在地为住所。

第十一条 设立公司必须依法制定公司章程。公司章程对公司、股东、董事、监事、高级管理人员具有约束力。

第十二条 公司的经营范围由公司章程规定,并依法登记。公司可以修改公司章程,改变经营范围,但是应当办理变更登记。

公司的经营范围中属于法律、行政法规规定须经批准的项目,应当依法经过批准。

第十三条 公司法定代表人依照公司章程的规定,由董事长、执行董事或者经理担任,并依法登记。公司法定代表人变更,应当办理变更登记。

第十四条 公司可以设立分公司。设立分公司,应当向公司登记机关申请登记,领取营业执照。分公司不具有法人资格,其民事责任由公司承担。

公司可以设立子公司,子公司具有法人资格,依法独立承担民事责任。

第十五条 公司可以向其他企业投资;但是,除法律另有规定外,不得成为对所投资企业的债务承担连带责任的出资人。

第十六条　公司向其他企业投资或者为他人提供担保,依照公司章程的规定,由董事会或者股东会、股东大会决议;公司章程对投资或者担保的总额及单项投资或者担保的数额有限额规定的,不得超过规定的限额。

公司为公司股东或者实际控制人提供担保的,必须经股东会或者股东大会决议。

前款规定的股东或者受前款规定的实际控制人支配的股东,不得参加前款规定事项的表决。该项表决由出席会议的其他股东所持表决权的过半数通过。

第十七条　公司必须保护职工的合法权益,依法与职工签订劳动合同,参加社会保险,加强劳动保护,实现安全生产。

公司应当采用多种形式,加强公司职工的职业教育和岗位培训,提高职工素质。

第十八条　公司职工依照《中华人民共和国工会法》组织工会,开展工会活动,维护职工合法权益。公司应当为本公司工会提供必要的活动条件。公司工会代表职工就职工的劳动报酬、工作时间、福利、保险和劳动安全卫生等事项依法与公司签订集体合同。

公司依照宪法和有关法律的规定,通过职工代表大会或者其他形式,实行民主管理。

公司研究决定改制以及经营方面的重大问题、制定重要的规章制度时,应当听取公司工会的意见,并通过职工代表大会或者其他形式听取职工的意见和建议。

第十九条　在公司中,根据中国共产党章程的规定,设立中国共产党的组织,开展党的活动。公司应当为党组织的活动提供必要条件。

第二十条　公司股东应当遵守法律、行政法规和公司章程,依法行使股东权利,不得滥用股东权利损害公司或者其他股东的利益;不得滥用公司法人独立地位和股东有限责任损害公司债权人的利益。

公司股东滥用股东权利给公司或者其他股东造成损失的,应当依法承担赔偿责任。

公司股东滥用公司法人独立地位和股东有限责任,逃避债务,严重损害公司债权人利益的,应当对公司债务承担连带责任。

**第二十一条** 公司的控股股东、实际控制人、董事、监事、高级管理人员不得利用其关联关系损害公司利益。

违反前款规定,给公司造成损失的,应当承担赔偿责任。

**第二十二条** 公司股东会或者股东大会、董事会的决议内容违反法律、行政法规的无效。

股东会或者股东大会、董事会的会议召集程序、表决方式违反法律、行政法规或者公司章程,或者决议内容违反公司章程的,股东可以自决议作出之日起六十日内,请求人民法院撤销。

股东依照前款规定提起诉讼的,人民法院可以应公司的请求,要求股东提供相应担保。

公司根据股东会或者股东大会、董事会决议已办理变更登记的,人民法院宣告该决议无效或者撤销该决议后,公司应当向公司登记机关申请撤销变更登记。

## 第二章 有限责任公司的设立和组织机构

### 第一节 设 立

**第二十三条** 设立有限责任公司,应当具备下列条件:

(一)股东符合法定人数;

(二)股东出资达到法定资本最低限额;

(三)股东共同制定公司章程;

(四)有公司名称,建立符合有限责任公司要求的组织机构;

(五)有公司住所。

**第二十四条** 有限责任公司由五十个以下股东出资设立。

**第二十五条** 有限责任公司章程应当载明下列事项:

(一)公司名称和住所;

(二)公司经营范围;

(三)公司注册资本;

(四)股东的姓名或者名称;

(五)股东的出资方式、出资额和出资时间;

（六）公司的机构及其产生办法、职权、议事规则；

（七）公司法定代表人；

（八）股东会会议认为需要规定的其他事项。

股东应当在公司章程上签名、盖章。

第二十六条　有限责任公司的注册资本为在公司登记机关登记的全体股东认缴的出资额。公司全体股东的首次出资额不得低于注册资本的百分之二十，也不得低于法定的注册资本最低限额，其余部分由股东自公司成立之日起两年内缴足；其中，投资公司可以在五年内缴足。

有限责任公司注册资本的最低限额为人民币三万元。法律、行政法规对有限责任公司注册资本的最低限额有较高规定的，从其规定。

第二十七条　股东可以用货币出资，也可以用实物、知识产权、土地使用权等可以用货币估价并可以依法转让的非货币财产作价出资；但是，法律、行政法规规定不得作为出资的财产除外。

对作为出资的非货币财产应当评估作价，核实财产，不得高估或者低估作价。法律、行政法规对评估作价有规定的，从其规定。

全体股东的货币出资金额不得低于有限责任公司注册资本的百分之三十。

第二十八条　股东应当按期足额缴纳公司章程中规定的各自所认缴的出资额。股东以货币出资的，应当将货币出资足额存入有限责任公司在银行开设的账户；以非货币财产出资的，应当依法办理其财产权的转移手续。

股东不按照前款规定缴纳出资的，除应当向公司足额缴纳外，还应当向已按期足额缴纳出资的股东承担违约责任。

第二十九条　股东缴纳出资后，必须经依法设立的验资机构验资并出具证明。

第三十条　股东的首次出资经依法设立的验资机构验资后，由全体股东指定的代表或者共同委托的代理人向公司登记机关报送公司登记申请书、公司章程、验资证明等文件，申请设立登记。

第三十一条　有限责任公司成立后，发现作为设立公司出资的非货币财产的实际价额显著低于公司章程所定价额的，应当由交付该出资的股东补足其差额;公司设立时的其他股东承担连带责任。

**第三十二条** 有限责任公司成立后,应当向股东签发出资证明书。

出资证明书应当载明下列事项:

(一)公司名称;

(二)公司成立日期;

(三)公司注册资本;

(四)股东的姓名或者名称、缴纳的出资额和出资日期;

(五)出资证明书的编号和核发日期。出资证明书由公司盖章。

**第三十三条** 有限责任公司应当置备股东名册,记载下列事项:

(一)股东的姓名或者名称及住所;

(二)股东的出资额;

(三)出资证明书编号。

记载于股东名册的股东,可以依股东名册主张行使股东权利。

公司应当将股东的姓名或者名称及其出资额向公司登记机关登记;登记事项发生变更的,应当办理变更登记。未经登记或者变更登记的,不得对抗第三人。

**第三十四条** 股东有权查阅、复制公司章程、股东会会议记录、董事会会议决议、监事会会议决议和财务会计报告。

股东可以要求查阅公司会计账簿。股东要求查阅公司会计账簿的,应当向公司提出书面请求,说明目的。公司有合理根据认为股东查阅会计账簿有不正当目的,可能损害公司合法利益的,可以拒绝提供查阅,并应当自股东提出书面请求之日起十五日内书面答复股东并说明理由。公司拒绝提供查阅的,股东可以请求人民法院要求公司提供查阅。

**第三十五条** 股东按照实缴的出资比例分取红利;公司新增资本时,股东有权优先按照实缴的出资比例认缴出资。但是,全体股东约定不按照出资比例分取红利或者不按照出资比例优先认缴出资的除外。

**第三十六条** 公司成立后,股东不得抽逃出资。

## 第二节 组织机构

**第三十七条** 有限责任公司股东会由全体股东组成。股东会是公司的权力机构,依照本法行使职权。

**第三十八条** 股东会行使下列职权:

(一)决定公司的经营方针和投资计划;

(二)选举和更换非由职工代表担任的董事、监事,决定有关董事、监事的报酬事项;

(三)审议批准董事会的报告;

(四)审议批准监事会或者监事的报告;

(五)审议批准公司的年度财务预算方案、决算方案;

(六)审议批准公司的利润分配方案和弥补亏损方案;

(七)对公司增加或者减少注册资本作出决议;

(八)对发行公司债券作出决议;

(九)对公司合并、分立、解散、清算或者变更公司形式作出决议;

(十)修改公司章程;

(十一)公司章程规定的其他职权。

对前款所列事项股东以书面形式一致表示同意的,可以不召开股东会会议,直接作出决定,并由全体股东在决定文件上签名、盖章。

**第三十九条** 首次股东会会议由出资最多的股东召集和主持,依照本法规定行使职权。

**第四十条** 股东会会议分为定期会议和临时会议。

定期会议应当依照公司章程的规定按时召开。代表十分之一以上表决权的股东,三分之一以上的董事,监事会或者不设监事会的公司的监事提议召开临时会议的,应当召开临时会议。

**第四十一条** 有限责任公司设立董事会的,股东会会议由董事会召集,董事长主持;董事长不能履行职务或者不履行职务的,由副董事长主持;副董事长不能履行职务或者不履行职务的,由半数以上董事共同推举一名董事主持。

有限责任公司不设董事会的,股东会会议由执行董事召集和主持。

董事会或者执行董事不能履行或者不履行召集股东会会议职责的,由监事会或者不设监事会的公司的监事召集和主持;监事会或者监事不召集和主持的,代表十分之一以上表决权的股东可以自行召集和主持。

第四十二条　召开股东会会议,应当于会议召开十五日前通知全体股东;但是,公司章程另有规定或者全体股东另有约定的除外。

股东会应当对所议事项的决定作成会议记录,出席会议的股东应当在会议记录上签名。

第四十三条　股东会会议由股东按照出资比例行使表决权;但是,公司章程另有规定的除外。

第四十四条　股东会的议事方式和表决程序,除本法有规定的外,由公司章程规定。

股东会会议作出修改公司章程、增加或者减少注册资本的决议,以及公司合并、分立、解散或者变更公司形式的决议,必须经代表三分之二以上表决权的股东通过。

第四十五条　有限责任公司设董事会,其成员为三人至十三人;但是,本法第五十一条另有规定的除外。

两个以上的国有企业或者两个以上的其他国有投资主体投资设立的有限责任公司,其董事会成员中应当有公司职工代表;其他有限责任公司董事会成员中可以有公司职工代表。董事会中的职工代表由公司职工通过职工代表大会、职工大会或者其他形式民主选举产生。

董事会设董事长一人,可以设副董事长。董事长、副董事长的产生办法由公司章程规定。

第四十六条　董事任期由公司章程规定,但每届任期不得超过三年。董事任期届满,连选可以连任。

董事任期届满未及时改选,或者董事在任期内辞职导致董事会成员低于法定人数的,在改选出的董事就任前,原董事仍应当依照法律、行政法规和公司章程的规定,履行董事职务。

第四十七条　董事会对股东会负责,行使下列职权:

(一)召集股东会会议,并向股东会报告工作;

(二)执行股东会的决议;

(三)决定公司的经营计划和投资方案;

(四)制订公司的年度财务预算方案、决算方案;

（五）制订公司的利润分配方案和弥补亏损方案；

（六）制订公司增加或者减少注册资本以及发行公司债券的方案；

（七）制订公司合并、分立、解散或者变更公司形式的方案；

（八）决定公司内部管理机构的设置；

（九）决定聘任或者解聘公司经理及其报酬事项，并根据经理的提名决定聘任或者解聘公司副经理、财务负责人及其报酬事项；

（十）制定公司的基本管理制度；

（十一）公司章程规定的其他职权。

**第四十八条** 董事会会议由董事长召集和主持；董事长不能履行职务或者不履行职务的，由副董事长召集和主持；副董事长不能履行职务或者不履行职务的，由半数以上董事共同推举一名董事召集和主持。

**第四十九条** 董事会的议事方式和表决程序，除本法有规定的外，由公司章程规定。

董事会应当对所议事项的决定作成会议记录，出席会议的董事应当在会议记录上签名。

董事会决议的表决，实行一人一票。

**第五十条** 有限责任公司可以设经理，由董事会决定聘任或者解聘。经理对董事会负责，行使下列职权：

（一）主持公司的生产经营管理工作，组织实施董事会决议；

（二）组织实施公司年度经营计划和投资方案；

（三）拟订公司内部管理机构设置方案；

（四）拟订公司的基本管理制度；

（五）制定公司的具体规章；

（六）提请聘任或者解聘公司副经理、财务负责人；

（七）决定聘任或者解聘除应由董事会决定聘任或者解聘以外的负责管理人员；

（八）董事会授予的其他职权。

公司章程对经理职权另有规定的，从其规定。

经理列席董事会会议。

**第五十一条** 股东人数较少或者规模较小的有限责任公司，可以设一名执行董事,不设董事会。执行董事可以兼任公司经理。

执行董事的职权由公司章程规定。

**第五十二条** 有限责任公司设监事会,其成员不得少于三人。股东人数较少或者规模较小的有限责任公司,可以设一至二名监事,不设监事会。

监事会应当包括股东代表和适当比例的公司职工代表,其中职工代表的比例不得低于三分之一,具体比例由公司章程规定。监事会中的职工代表由公司职工通过职工代表大会、职工大会或者其他形式民主选举产生。

监事会设主席一人,由全体监事过半数选举产生。监事会主席召集和主持监事会会议;监事会主席不能履行职务或者不履行职务的,由半数以上监事共同推举一名监事召集和主持监事会会议。

董事、高级管理人员不得兼任监事。

**第五十三条** 监事的任期每届为三年。监事任期届满,连选可以连任。

监事任期届满未及时改选,或者监事在任期内辞职导致监事会成员低于法定人数的,在改选出的监事就任前,原监事仍应当依照法律、行政法规和公司章程的规定,履行监事职务。

**第五十四条** 监事会、不设监事会的公司的监事行使下列职权:

(一)检查公司财务;

(二)对董事、高级管理人员执行公司职务的行为进行监督,对违反法律、行政法规、公司章程或者股东会决议的董事、高级管理人员提出罢免的建议;

(三)当董事、高级管理人员的行为损害公司的利益时,要求董事、高级管理人员予以纠正;

(四)提议召开临时股东会会议,在董事会不履行本法规定的召集和主持股东会会议职责时召集和主持股东会会议;

(五)向股东会会议提出提案;

(六)依照本法第一百五十二条的规定,对董事、高级管理人员提起诉讼;

（七）公司章程规定的其他职权。

**第五十五条** 监事可以列席董事会会议，并对董事会决议事项提出质询或者建议。

监事会、不设监事会的公司的监事发现公司经营情况异常，可以进行调查；必要时，可以聘请会计师事务所等协助其工作，费用由公司承担。

**第五十六条** 监事会每年度至少召开一次会议，监事可以提议召开临时监事会会议。

监事会的议事方式和表决程序，除本法有规定的外，由公司章程规定。

监事会决议应当经半数以上监事通过。

监事会应当对所议事项的决定作成会议记录，出席会议的监事应当在会议记录上签名。

**第五十七条** 监事会、不设监事会的公司的监事行使职权所必需的费用，由公司承担。

## 第三节 一人有限责任公司的特别规定

**第五十八条** 一人有限责任公司的设立和组织机构，适用本节规定；本节没有规定的，适用本章第一节、第二节的规定。

本法所称一人有限责任公司，是指只有一个自然人股东或者一个法人股东的有限责任公司。

**第五十九条** 一人有限责任公司的注册资本最低限额为人民币十万元。股东应当一次足额缴纳公司章程规定的出资额。

一个自然人只能投资设立一个一人有限责任公司。该一人有限责任公司不能投资设立新的一人有限责任公司。

**第六十条** 一人有限责任公司应当在公司登记中注明自然人独资或者法人独资，并在公司营业执照中载明。

**第六十一条** 一人有限责任公司章程由股东制定。

**第六十二条** 一人有限责任公司不设股东会。股东作出本法第三十八条第一款所列决定时，应当采用书面形式，并由股东签名后置备于公司。

第六十三条　一人有限责任公司应当在每一会计年度终了时编制财务会计报告,并经会计师事务所审计。

第六十四条　一人有限责任公司的股东不能证明公司财产独立于股东自己的财产的,应当对公司债务承担连带责任。

### 第四节　国有独资公司的特别规定

第六十五条　国有独资公司的设立和组织机构,适用本节规定;本节没有规定的,适用本章第一节、第二节的规定。

本法所称国有独资公司,是指国家单独出资、由国务院或者地方人民政府授权本级人民政府国有资产监督管理机构履行出资人职责的有限责任公司。

第六十六条　国有独资公司章程由国有资产监督管理机构制订,或者由董事会制订报国有资产监督管理机构批准。

第六十七条　国有独资公司不设股东会,由国有资产监督管理机构行使股东会职权。国有资产监督管理机构可以授权公司董事会行使股东会的部分职权,决定公司的重大事项,但公司的合并、分立、解散、增加或者减少注册资本和发行公司债券,必须由国有资产监督管理机构决定;其中,重要的国有独资公司合并、分立、解散、申请破产的,应当由国有资产监督管理机构审核后,报本级人民政府批准。

前款所称重要的国有独资公司,按照国务院的规定确定。

第六十八条　国有独资公司设董事会,依照本法第四十七条、第六十七条的规定行使职权。董事每届任期不得超过三年。董事会成员中应当有公司职工代表。

董事会成员由国有资产监督管理机构委派;但是,董事会成员中的职工代表由公司职工代表大会选举产生。

董事会设董事长一人,可以设副董事长。董事长、副董事长由国有资产监督管理机构从董事会成员中指定。

第六十九条　国有独资公司设经理,由董事会聘任或者解聘。经理依照本法第五十条规定行使职权。

经国有资产监督管理机构同意,董事会成员可以兼任经理。

第七十条　国有独资公司的董事长、副董事长、董事、高级管理人员,未经国有资产监督管理机构同意,不得在其他有限责任公司、股份有限公司或者其他经济组织兼职。

**第七十一条** 国有独资公司监事会成员不得少于五人,其中职工代表的比例不得低于三分之一,具体比例由公司章程规定。

监事会成员由国有资产监督管理机构委派;但是,监事会成员中的职工代表由公司职工代表大会选举产生。监事会主席由国有资产监督管理机构从监事会成员中指定。

监事会行使本法第五十四条第(一)项至第(三)项规定的职权和国务院规定的其他职权。

## 第三章 有限责任公司的股权转让

**第七十二条** 有限责任公司的股东之间可以相互转让其全部或者部分股权。

股东向股东以外的人转让股权,应当经其他股东过半数同意。股东应就其股权转让事项书面通知其他股东征求同意,其他股东自接到书面通知之日起满三十日未答复的,视为同意转让。其他股东半数以上不同意转让的,不同意的股东应当购买该转让的股权;不购买的,视为同意转让。

经股东同意转让的股权,在同等条件下,其他股东有优先购买权。两个以上股东主张行使优先购买权的,协商确定各自的购买比例;协商不成的,按照转让时各自的出资比例行使优先购买权。

公司章程对股权转让另有规定的,从其规定。

**第七十三条** 人民法院依照法律规定的强制执行程序转让股东的股权时,应当通知公司及全体股东,其他股东在同等条件下有优先购买权。其他股东自人民法院通知之日起满二十日不行使优先购买权的,视为放弃优先购买权。

**第七十四条** 依照本法第七十二条、第七十三条转让股权后,公司应当注销原股东的出资证明书,向新股东签发出资证明书,并相应修改公司章程和股东名册中有关股东及其出资额的记载。对公司章程的该项修改不需再由股东会表决。

**第七十五条** 有下列情形之一的,对股东会该项决议投反对票的股东可以请求公司按照合理的价格收购其股权:

(一)公司连续五年不向股东分配利润,而公司该五年连续盈利,并且符合本法规定的分配利润条件的;

(二)公司合并、分立、转让主要财产的;

(三)公司章程规定的营业期限届满或者章程规定的其他解散事由出现,股东会会议通过决议修改章程使公司存续的。

自股东会会议决议通过之日起六十日内,股东与公司不能达成股权收购协议的,股东可以自股东会会议决议通过之日起九十日内向人民法院提起诉讼。

**第七十六条** 自然人股东死亡后,其合法继承人可以继承股东资格;但是,公司章程另有规定的除外。

# 第四章　股份有限公司的设立和组织机构

## 第一节　设　立

**第七十七条** 设立股份有限公司,应当具备下列条件:

(一)发起人符合法定人数;

(二)发起人认购和募集的股本达到法定资本最低限额;

(三)股份发行、筹办事项符合法律规定;

(四)发起人制订公司章程,采用募集方式设立的经创立大会通过;

(五)有公司名称,建立符合股份有限公司要求的组织机构;

(六)有公司住所。

**第七十八条** 股份有限公司的设立,可以采取发起设立或者募集设立的方式。

发起设立,是指由发起人认购公司应发行的全部股份而设立公司。

募集设立,是指由发起人认购公司应发行股份的一部分,其余股份向社会公开募集或者向特定对象募集而设立公司。

**第七十九条** 设立股份有限公司,应当有二人以上二百人以下为发起人,其中须有半数以上的发起人在中国境内有住所。

第八十条　股份有限公司发起人承担公司筹办事务。

发起人应当签订发起人协议,明确各自在公司设立过程中的权利和义务。

第八十一条　股份有限公司采取发起设立方式设立的,注册资本为在公司登记机关登记的全体发起人认购的股本总额。公司全体发起人的首次出资额不得低于注册资本的百分之二十,其余部分由发起人自公司成立之日起两年内缴足;其中,投资公司可以在五年内缴足。在缴足前,不得向他人募集股份。

股份有限公司采取募集方式设立的,注册资本为在公司登记机关登记的实收股本总额。

股份有限公司注册资本的最低限额为人民币五百万元。法律、行政法规对股份有限公司注册资本的最低限额有较高规定的,从其规定。

第八十二条　股份有限公司章程应当载明下列事项:

(一)公司名称和住所;

(二)公司经营范围;

(三)公司设立方式;

(四)公司股份总数、每股金额和注册资本;

(五)发起人的姓名或者名称、认购的股份数、出资方式和出资时间;

(六)董事会的组成、职权和议事规则;

(七)公司法定代表人;

(八)监事会的组成、职权和议事规则;

(九)公司利润分配办法;

(十)公司的解散事由与清算办法;

(十一)公司的通知和公告办法;

(十二)股东大会会议认为需要规定的其他事项。

第八十三条　发起人的出资方式,适用本法第二十七条的规定。

第八十四条　以发起设立方式设立股份有限公司的,发起人应当书面认足公司章程规定其认购的股份;一次缴纳的,应即缴纳全部出资;分期缴纳的,应即缴纳首期出资。以非货币财产出资的,应当依法办理其财产权的转移手续。

发起人不依照前款规定缴纳出资的,应当按照发起人协议承担违约责任。

发起人首次缴纳出资后,应当选举董事会和监事会,由董事会向公司登记机关报送公司章程、由依法设定的验资机构出具的验资证明以及法律、行政法规规定的其他文件,申请设立登记。

**第八十五条** 以募集设立方式设立股份有限公司的,发起人认购的股份不得少于公司股份总数的百分之三十五;但是,法律、行政法规另有规定的,从其规定。

**第八十六条** 发起人向社会公开募集股份,必须公告招股说明书,并制作认股书。认股书应当载明本法第八十七条所列事项,由认股人填写认购股数、金额、住所,并签名、盖章。认股人按照所认购股数缴纳股款。

**第八十七条** 招股说明书应当附有发起人制订的公司章程,并载明下列事项:

(一)发起人认购的股份数;

(二)每股的票面金额和发行价格;

(三)无记名股票的发行总数;

(四)募集资金的用途;

(五)认股人的权利、义务;

(六)本次募股的起止期限及逾期未募足时认股人可以撤回所认股份的说明。

**第八十八条** 发起人向社会公开募集股份,应当由依法设立的证券公司承销,签订承销协议。

**第八十九条** 发起人向社会公开募集股份,应当同银行签订代收股款协议。

代收股款的银行应当按照协议代收和保存股款,向缴纳股款的认股人出具收款单据,并负有向有关部门出具收款证明的义务。

**第九十条** 发行股份的股款缴足后,必须经依法设立的验资机构验资并出具证明。发起人应当自股款缴足之日起三十日内主持召开公司创立大会。创立大会由发起人、认股人组成。

发行的股份超过招股说明书规定的截止期限尚未募足的,或者发行股份的股款缴足后,发起人在三十日内未召开创立大会的,认股人可以按照所缴股款并加算银行同期存款利息,要求发起人返还。

第九十一条　发起人应当在创立大会召开十五日前将会议日期通知各认股人或者予以公告。创立大会应有代表股份总数过半数的发起人、认股人出席,方可举行。

创立大会行使下列职权:

(一)审议发起人关于公司筹办情况的报告;

(二)通过公司章程;

(三)选举董事会成员;

(四)选举监事会成员;

(五)对公司的设立费用进行审核;

(六)对发起人用于抵作股款的财产的作价进行审核;

(七)发生不可抗力或者经营条件发生重大变化直接影响公司设立的,可以作出不设立公司的决议。

创立大会对前款所列事项作出决议,必须经出席会议的认股人所持表决权过半数通过。

第九十二条　发起人、认股人缴纳股款或者交付抵作股款的出资后,除未按期募足股份、发起人未按期召开创立大会或者创立大会决议不设立公司的情形外,不得抽回其股本。

第九十三条　董事会应于创立大会结束后三十日内,向公司登记机关报送下列文件,申请设立登记:

(一)公司登记申请书;

(二)创立大会的会议记录;

(三)公司章程;

(四)验资证明;

(五)法定代表人、董事、监事的任职文件及其身份证明;

(六)发起人的法人资格证明或者自然人身份证明;

(七)公司住所证明。

以募集方式设立股份有限公司公开发行股票的,还应当向公司登记机关报送国务院证券监督管理机构的核准文件。

**第九十四条** 股份有限公司成立后,发起人未按照公司章程的规定缴足出资的,应当补缴;其他发起人承担连带责任。

股份有限公司成立后,发现作为设立公司出资的非货币财产的实际价额显著低于公司章程所定价额的,应当由交付该出资的发起人补足其差额;其他发起人承担连带责任。

**第九十五条** 股份有限公司的发起人应当承担下列责任:

(一)公司不能成立时,对设立行为所产生的债务和费用负连带责任;

(二)公司不能成立时,对认股人已缴纳的股款,负返还股款并加算银行同期存款利息的连带责任;

(三)在公司设立过程中,由于发起人的过失致使公司利益受到损害的,应当对公司承担赔偿责任。

**第九十六条** 有限责任公司变更为股份有限公司时,折合的实收股本总额不得高于公司净资产额。有限责任公司变更为股份有限公司,为增加资本公开发行股份时,应当依法办理。

**第九十七条** 股份有限公司应当将公司章程、股东名册、公司债券存根、股东大会会议记录、董事会会议记录、监事会会议记录、财务会计报告置备于本公司。

**第九十八条** 股东有权查阅公司章程、股东名册、公司债券存根、股东大会会议记录、董事会会议决议、监事会会议决议、财务会计报告,对公司的经营提出建议或者质询。

### 第二节　股东大会

**第九十九条** 股份有限公司股东大会由全体股东组成。股东大会是公司的权力机构,依照本法行使职权。

**第一百条** 本法第三十八条第一款关于有限责任公司股东会职权的规定,适用于股份有限公司股东大会。

**第一百零一条** 股东大会应当每年召开一次年会。有下列情形之一的,应当在两个月内召开临时股东大会:

（一）董事人数不足本法规定人数或者公司章程所定人数的三分之二时；

（二）公司未弥补的亏损达实收股本总额三分之一时；

（三）单独或者合计持有公司百分之十以上股份的股东请求时；

（四）董事会认为必要时；

（五）监事会提议召开时；

（六）公司章程规定的其他情形。

**第一百零二条** 股东大会会议由董事会召集，董事长主持；董事长不能履行职务或者不履行职务的，由副董事长主持；副董事长不能履行职务或者不履行职务的，由半数以上董事共同推举一名董事主持。

董事会不能履行或者不履行召集股东大会会议职责的，监事会应当及时召集和主持；监事会不召集和主持的，连续九十日以上单独或者合计持有公司百分之十以上股份的股东可以自行召集和主持。

**第一百零三条** 召开股东大会会议，应当将会议召开的时间、地点和审议的事项于会议召开二十日前通知各股东；临时股东大会应当于会议召开十五日前通知各股东；发行无记名股票的，应当于会议召开三十日前公告会议召开的时间、地点和审议事项。

单独或者合计持有公司百分之三以上股份的股东，可以在股东大会召开十日前提出临时提案并书面提交董事会；董事会应当在收到提案后二日内通知其他股东，并将该临时提案提交股东大会审议。临时提案的内容应当属于股东大会职权范围，并有明确议题和具体决议事项。

股东大会不得对前两款通知中未列明的事项作出决议。

无记名股票持有人出席股东大会会议的，应当于会议召开五日前至股东大会闭会时将股票交存于公司。

**第一百零四条** 股东出席股东大会会议，所持每一股份有一表决权；但是，公司持有的本公司股份没有表决权。

股东大会作出决议，必须经出席会议的股东所持表决权过半数通过；但是，股东大会作出修改公司章程、增加或者减少注册资本的决议，以及公司合并、分立、解散或者变更公司形式的决议，必须经出席会议的股东所持表决权的三分之二以上通过。

**第一百零五条** 本法和公司章程规定公司转让、受让重大资产或者对外提供担保等事项必须经股东大会作出决议的,董事会应当及时召集股东大会会议,由股东大会就上述事项进行表决。

**第一百零六条** 股东大会选举董事、监事,可以依照公司章程的规定或者股东大会的决议,实行累积投票制。

本法所称累积投票制,是指股东大会选举董事或者监事时,每一股份拥有与应选董事或者监事人数相同的表决权,股东拥有的表决权可以集中使用。

**第一百零七条** 股东可以委托代理人出席股东大会会议,代理人应当向公司提交股东授权委托书,并在授权范围内行使表决权。

**第一百零八条** 股东大会应当对所议事项的决定作成会议记录,主持人、出席会议的董事应当在会议记录上签名。会议记录应当与出席股东的签名册及代理出席的委托书一并保存。

### 第三节 董事会、经理

**第一百零九条** 股份有限公司设董事会,其成员为五人至十九人。

董事会成员中可以有公司职工代表。董事会中的职工代表由公司职工通过职工代表大会、职工大会或者其他形式民主选举产生。

本法第四十六条关于有限责任公司董事任期的规定,适用于股份有限公司董事。

本法第四十七条关于有限责任公司董事会职权的规定,适用于股份有限公司董事会。

**第一百一十条** 董事会设董事长一人,可以设副董事长。董事长和副董事长由董事会以全体董事的过半数选举产生。

董事长召集和主持董事会会议,检查董事会决议的实施情况。副董事长协助董事长工作,董事长不能履行职务或者不履行职务的,由副董事长履行职务;副董事长不能履行职务或者不履行职务的,由半数以上董事共同推举一名董事履行职务。

**第一百一十一条** 董事会每年度至少召开两次会议,每次会议应当于会议召开十日前通知全体董事和监事。

代表十分之一以上表决权的股东、三分之一以上董事或者监事会，可以提议召开董事会临时会议。董事长应当自接到提议后十日内，召集和主持董事会会议。

董事会召开临时会议，可以另定召集董事会的通知方式和通知时限。

**第一百一十二条**　董事会会议应有过半数的董事出席方可举行。董事会作出决议，必须经全体董事的过半数通过。

董事会决议的表决，实行一人一票。

**第一百一十三条**　董事会会议，应由董事本人出席；董事因故不能出席，可以书面委托其他董事代为出席，委托书中应载明授权范围。

董事会应当对会议所议事项的决定作成会议记录，出席会议的董事应当在会议记录上签名。

董事应当对董事会的决议承担责任。董事会的决议违反法律、行政法规或者公司章程、股东大会决议，致使公司遭受严重损失的，参与决议的董事对公司负赔偿责任。但经证明在表决时曾表明异议并记载于会议记录的，该董事可以免除责任。

**第一百一十四条**　股份有限公司设经理，由董事会决定聘任或者解聘。

本法第五十条关于有限责任公司经理职权的规定，适用于股份有限公司经理。

**第一百一十五条**　公司董事会可以决定由董事会成员兼任经理。

**第一百一十六条**　公司不得直接或者通过子公司向董事、监事、高级管理人员提供借款。

**第一百一十七条**　公司应当定期向股东披露董事、监事、高级管理人员从公司获得报酬的情况。

### 第四节　监事会

**第一百一十八条**　股份有限公司设监事会，其成员不得少于三人。

监事会应当包括股东代表和适当比例的公司职工代表，其中职工代表的比例不得低于三分之一，具体比例由公司章程规定。监事会中的职工代表由公司职工通过职工代表大会、职工大会或者其他形式民主选举产生。

监事会设主席一人,可以设副主席。监事会主席和副主席由全体监事过半数选举产生。监事会主席召集和主持监事会会议;监事会主席不能履行职务或者不履行职务的,由监事会副主席召集和主持监事会会议;监事会副主席不能履行职务或者不履行职务的,由半数以上监事共同推举一名监事召集和主持监事会会议。

董事、高级管理人员不得兼任监事。

本法第五十三条关于有限责任公司监事任期的规定,适用于股份有限公司监事。

**第一百一十九条** 本法第五十四条、第五十五条关于有限责任公司监事会职权的规定,适用于股份有限公司监事会。

监事会行使职权所必需的费用,由公司承担。

**第一百二十条** 监事会每六个月至少召开一次会议。监事可以提议召开临时监事会会议。

监事会的议事方式和表决程序,除本法有规定的外,由公司章程规定。

监事会决议应当经半数以上监事通过。

监事会应当对所议事项的决定作成会议记录,出席会议的监事应当在会议记录上签名。

### 第五节 上市公司组织机构的特别规定

**第一百二十一条** 本法所称上市公司,是指其股票在证券交易所上市交易的股份有限公司。

**第一百二十二条** 上市公司在一年内购买、出售重大资产或者担保金额超过公司资产总额百分之三十的,应当由股东大会作出决议,并经出席会议的股东所持表决权的三分之二以上通过。

**第一百二十三条** 上市公司设立独立董事,具体办法由国务院规定。

**第一百二十四条** 上市公司设董事会秘书,负责公司股东大会和董事会会议的筹备、文件保管以及公司股东资料的管理,办理信息披露事务等事宜。

**第一百二十五条** 上市公司董事与董事会会议决议事项所涉及的

企业有关联关系的,不得对该项决议行使表决权,也不得代理其他董事行使表决权。该董事会会议由过半数的无关联关系董事出席即可举行,董事会会议所作决议须经无关联关系董事过半数通过。出席董事会的无关联关系董事人数不足三人的,应将该事项提交上市公司股东大会审议。

# 第五章　股份有限公司的股份发行和转让

## 第一节　股份发行

**第一百二十六条**　股份有限公司的资本划分为股份,每一股的金额相等。

公司的股份采取股票的形式。股票是公司签发的证明股东所持股份的凭证。

**第一百二十七条**　股份的发行,实行公平、公正的原则,同种类的每一股份应当具有同等权利。

同次发行的同种类股票,每股的发行条件和价格应当相同;任何单位或者个人所认购的股份,每股应当支付相同价额。

**第一百二十八条**　股票发行价格可以按票面金额,也可以超过票面金额,但不得低于票面金额。

**第一百二十九条**　股票采用纸面形式或者国务院证券监督管理机构规定的其他形式。

股票应当载明下列主要事项:

(一)公司名称;

(二)公司成立日期;

(三)股票种类、票面金额及代表的股份数;

(四)股票的编号。

股票由法定代表人签名,公司盖章。

发起人的股票,应当标明发起人股票字样。

**第一百三十条**　公司发行的股票,可以为记名股票,也可以为无记名股票。

公司向发起人、法人发行的股票,应当为记名股票,并应当记载该发起人、法人的名称或者姓名,不得另立户名或者以代表人姓名记名。

**第一百三十一条** 公司发行记名股票的,应当置备股东名册,记载下列事项:

（一）股东的姓名或者名称及住所;

（二）各股东所持股份数;

（三）各股东所持股票的编号;

（四）各股东取得股份的日期。

发行无记名股票的,公司应当记载其股票数量、编号及发行日期。

**第一百三十二条** 国务院可以对公司发行本法规定以外的其他种类的股份,另行作出规定。

**第一百三十三条** 股份有限公司成立后,即向股东正式交付股票。公司成立前不得向股东交付股票。

**第一百三十四条** 公司发行新股,股东大会应当对下列事项作出决议:

（一）新股种类及数额;

（二）新股发行价格;

（三）新股发行的起止日期;

（四）向原有股东发行新股的种类及数额。

**第一百三十五条** 公司经国务院证券监督管理机构核准公开发行新股时,必须公告新股招股说明书和财务会计报告,并制作认股书。

本法第八十八条、第八十九条的规定适用于公司公开发行新股。

**第一百三十六条** 公司发行新股,可以根据公司经营情况和财务状况,确定其作价方案。

**第一百三十七条** 公司发行新股募足股款后,必须向公司登记机关办理变更登记,并公告。

### 第二节 股份转让

**第一百三十八条** 股东持有的股份可以依法转让。

**第一百三十九条** 股东转让其股份,应当在依法设立的证券交易场所进行或者按照国务院规定的其他方式进行。

**第一百四十条** 记名股票,由股东以背书方式或者法律、行政法规规定的其他方式转让;转让后由公司将受让人的姓名或者名称及住所记载于股东名册。

股东大会召开前二十日内或者公司决定分配股利的基准日前五日内,不得进行前款规定的股东名册的变更登记。但是,法律对上市公司股东名册变更登记另有规定的,从其规定。

**第一百四十一条** 无记名股票的转让,由股东将该股票交付给受让人后即发生转让的效力。

**第一百四十二条** 发起人持有的本公司股份,自公司成立之日起一年内不得转让。公司公开发行股份前已发行的股份,自公司股票在证券交易所上市交易之日起一年内不得转让。

公司董事、监事、高级管理人员应当向公司申报所持有的本公司的股份及其变动情况,在任职期间每年转让的股份不得超过其所持有本公司股份总数的百分之二十五;所持本公司股份自公司股票上市交易之日起一年内不得转让。上述人员离职后半年内,不得转让其所持有的本公司股份。公司章程可以对公司董事、监事、高级管理人员转让其所持有的本公司股份作出其他限制性规定。

**第一百四十三条** 公司不得收购本公司股份。但是,有下列情形之一的除外:

(一)减少公司注册资本;

(二)与持有本公司股份的其他公司合并;

(三)将股份奖励给本公司职工;

(四)股东因对股东大会作出的公司合并、分立决议持异议,要求公司收购其股份的。

公司因前款第(一)项至第(三)项的原因收购本公司股份的,应当经股东大会决议。公司依照前款规定收购本公司股份后,属于第(一)项情形的,应当自收购之日起十日内注销;属于第(二)项、第(四)项情形的,应当在六个月内转让或者注销。

公司依照第一款第(三)项规定收购的本公司股份,不得超过本公司已发行股份总额的百分之五;用于收购的资金应当从公司的税后利润中支出;所收购的股份应当在一年内转让给职工。

公司不得接受本公司的股票作为质押权的标的。

第一百四十四条　记名股票被盗、遗失或者灭失,股东可以依照《中华人民共和国民事诉讼法》规定的公示催告程序,请求人民法院宣告该股票失效。人民法院宣告该股票失效后,股东可以向公司申请补发股票。

第一百四十五条　上市公司的股票,依照有关法律、行政法规及证券交易所交易规则上市交易。

第一百四十六条　上市公司必须依照法律、行政法规的规定,公开其财务状况、经营情况及重大诉讼,在每会计年度内半年公布一次财务会计报告。

## 第六章　公司董事、监事、高级管理人员的资格和义务

第一百四十七条　有下列情形之一的,不得担任公司的董事、监事、高级管理人员:

(一)无民事行为能力或者限制民事行为能力;

(二)因贪污、贿赂、侵占财产、挪用财产或者破坏社会主义市场经济秩序,被判处刑罚,执行期满未逾五年,或者因犯罪被剥夺政治权利,执行期满未逾五年;

(三)担任破产清算的公司、企业的董事或者厂长、经理,对该公司、企业的破产负有个人责任的,自该公司、企业破产清算完结之日起未逾三年;

(四)担任因违法被吊销营业执照、责令关闭的公司、企业的法定代表人,并负有个人责任的,自该公司、企业被吊销营业执照之日起未逾三年;

(五)个人所负数额较大的债务到期未清偿。

公司违反前款规定选举、委派董事、监事或者聘任高级管理人员的,该选举、委派或者聘任无效。

董事、监事、高级管理人员在任职期间出现本条第一款所列情形的,公司应当解除其职务。

第一百四十八条　董事、监事、高级管理人员应当遵守法律、行政

法规和公司章程,对公司负有忠实义务和勤勉义务。

董事、监事、高级管理人员不得利用职权收受贿赂或者其他非法收入,不得侵占公司的财产。

**第一百四十九条** 董事、高级管理人员不得有下列行为:

(一)挪用公司资金;

(二)将公司资金以其个人名义或者以其他个人名义开立账户存储;

(三)违反公司章程的规定,未经股东会、股东大会或者董事会同意,将公司资金借贷给他人或者以公司财产为他人提供担保;

(四)违反公司章程的规定或者未经股东会、股东大会同意,与本公司订立合同或者进行交易;

(五)未经股东会或者股东大会同意,利用职务便利为自己或者他人谋取属于公司的商业机会,自营或者为他人经营与所任职公司同类的业务;

(六)接受他人与公司交易的佣金归为己有;

(七)擅自披露公司秘密;

(八)违反对公司忠实义务的其他行为。

董事、高级管理人员违反前款规定所得的收入应当归公司所有。

**第一百五十条** 董事、监事、高级管理人员执行公司职务时违反法律、行政法规或者公司章程的规定,给公司造成损失的,应当承担赔偿责任。

**第一百五十一条** 股东会或者股东大会要求董事、监事、高级管理人员列席会议的,董事、监事、高级管理人员应当列席并接受股东的质询。

董事、高级管理人员应当如实向监事会或者不设监事会的有限责任公司的监事提供有关情况和资料,不得妨碍监事会或者监事行使职权。

**第一百五十二条** 董事、高级管理人员有本法第一百五十条规定的情形的,有限责任公司的股东、股份有限公司连续一百八十日以上单独或者合计持有公司百分之一以上股份的股东,可以书面请求监事会或者不设监事会的有限责任公司的监事向人民法院提起诉讼;监事有本法第一百五十条规定的情形的,前述股东可以书面请求董事会或者不设董事会的有限责任公司的执行董事向人民法院提起诉讼。

监事会、不设监事会的有限责任公司的监事,或者董事会、执行董事收到前款规定的股东书面请求后拒绝提起诉讼,或者自收到请求之日起三十日内未提起诉讼,或者情况紧急、不立即提起诉讼将会使公司利益受到难以弥补的损害的,前款规定的股东有权为了公司的利益以自己的名义直接向人民法院提起诉讼。

他人侵犯公司合法权益,给公司造成损失的,本条第一款规定的股东可以依照前两款的规定向人民法院提起诉讼。

第一百五十三条　董事、高级管理人员违反法律、行政法规或者公司章程的规定,损害股东利益的,股东可以向人民法院提起诉讼。

# 第七章　公司债券

第一百五十四条　本法所称公司债券,是指公司依照法定程序发行、约定在一定期限还本付息的有价证券。

公司发行公司债券应当符合《中华人民共和国证券法》规定的发行条件。

第一百五十五条　发行公司债券的申请经国务院授权的部门核准后,应当公告公司债券募集办法。

公司债券募集办法中应当载明下列主要事项:

（一）公司名称;

（二）债券募集资金的用途;

（三）债券总额和债券的票面金额;

（四）债券利率的确定方式;

（五）还本付息的期限和方式;

（六）债券担保情况;

（七）债券的发行价格、发行的起止日期;

（八）公司净资产额;

（九）已发行的尚未到期的公司债券总额;

（十）公司债券的承销机构。

**第一百五十六条** 公司以实物券方式发行公司债券的，必须在债券上载明公司名称、债券票面金额、利率、偿还期限等事项，并由法定代表人签名，公司盖章。

**第一百五十七条** 公司债券，可以为记名债券，也可以为无记名债券。

**第一百五十八条** 公司发行公司债券应当置备公司债券存根簿。

发行记名公司债券的，应当在公司债券存根簿上载明下列事项：

（一）债券持有人的姓名或者名称及住所；

（二）债券持有人取得债券的日期及债券的编号；

（三）债券总额，债券的票面金额、利率、还本付息的期限和方式；

（四）债券的发行日期。

发行无记名公司债券的，应当在公司债券存根簿上载明债券总额、利率、偿还期限和方式、发行日期及债券的编号。

**第一百五十九条** 记名公司债券的登记结算机构应当建立债券登记、存管、付息、兑付等相关制度。

**第一百六十条** 公司债券可以转让，转让价格由转让人与受让人约定。

公司债券在证券交易所上市交易的，按照证券交易所的交易规则转让。

**第一百六十一条** 记名公司债券，由债券持有人以背书方式或者法律、行政法规规定的其他方式转让；转让后由公司将受让人的姓名或者名称及住所记载于公司债券存根簿。

无记名公司债券的转让，由债券持有人将该债券交付给受让人后即发生转让的效力。

**第一百六十二条** 上市公司经股东大会决议可以发行可转换为股票的公司债券，并在公司债券募集办法中规定具体的转换办法。上市公司发行可转换为股票的公司债券，应当报国务院证券监督管理机构核准。

发行可转换为股票的公司债券，应当在债券上标明可转换公司债券字样,并在公司债券存根簿上载明可转换公司债券的数额。

第一百六十三条 发行可转换为股票的公司债券的,公司应当按照其转换办法向债券持有人换发股票,但债券持有人对转换股票或者不转换股票有选择权。

# 第八章 公司财务、会计

第一百六十四条 公司应当依照法律、行政法规和国务院财政部门的规定建立本公司的财务、会计制度。

第一百六十五条 公司应当在每一会计年度终了时编制财务会计报告,并依法经会计师事务所审计。

财务会计报告应当依照法律、行政法规和国务院财政部门的规定制作。

第一百六十六条 有限责任公司应当依照公司章程规定的期限将财务会计报告送交各股东。

股份有限公司的财务会计报告应当在召开股东大会年会的二十日前置备于本公司,供股东查阅;公开发行股票的股份有限公司必须公告其财务会计报告。

第一百六十七条 公司分配当年税后利润时,应当提取利润的百分之十列入公司法定公积金。公司法定公积金累计额为公司注册资本的百分之五十以上的,可以不再提取。

公司的法定公积金不足以弥补以前年度亏损的,在依照前款规定提取法定公积金之前,应当先用当年利润弥补亏损。

公司从税后利润中提取法定公积金后,经股东会或者股东大会决议,还可以从税后利润中提取任意公积金。

公司弥补亏损和提取公积金后所余税后利润,有限责任公司依照本法第三十五条的规定分配;股份有限公司按照股东持有的股份比例分配,但股份有限公司章程规定不按持股比例分配的除外。

股东会、股东大会或者董事会违反前款规定,在公司弥补亏损和提取法定公积金之前向股东分配利润的,股东必须将违反规定分配的利润退还公司。

公司持有的本公司股份不得分配利润。

**第一百六十八条** 股份有限公司以超过股票票面金额的发行价格发行股份所得的溢价款以及国务院财政部门规定列入资本公积金的其他收入,应当列为公司资本公积金。

**第一百六十九条** 公司的公积金用于弥补公司的亏损、扩大公司生产经营或者转为增加公司资本。但是,资本公积金不得用于弥补公司的亏损。

法定公积金转为资本时,所留存的该项公积金不得少于转增前公司注册资本的百分之二十五。

**第一百七十条** 公司聘用、解聘承办公司审计业务的会计师事务所,依照公司章程的规定,由股东会、股东大会或者董事会决定。

公司股东会、股东大会或者董事会就解聘会计师事务所进行表决时,应当允许会计师事务所陈述意见。

**第一百七十一条** 公司应当向聘用的会计师事务所提供真实、完整的会计凭证、会计账簿、财务会计报告及其他会计资料,不得拒绝、隐匿、谎报。

**第一百七十二条** 公司除法定的会计账簿外,不得另立会计账簿。

对公司资产,不得以任何个人名义开立账户存储。

## 第九章 公司合并、分立、增资、减资

**第一百七十三条** 公司合并可以采取吸收合并或者新设合并。

一个公司吸收其他公司为吸收合并,被吸收的公司解散。两个以上公司合并设立一个新的公司为新设合并,合并各方解散。

**第一百七十四条** 公司合并,应当由合并各方签订合并协议,并编制资产负债表及财产清单。公司应当自作出合并决议之日起十日内通知债权人,并于三十日内在报纸上公告。债权人自接到通知书之日起三十日内,未接到通知书的自公告之日起四十五日内,可以要求公司清偿债务或者提供相应的担保。

**第一百七十五条** 公司合并时,合并各方的债权、债务,应当由合并后存续的公司或者新设的公司承继。

第一百七十六条　公司分立,其财产作相应的分割。

公司分立,应当编制资产负债表及财产清单。公司应当自作出分立决议之日起十日内通知债权人,并于三十日内在报纸上公告。

第一百七十七条　公司分立前的债务由分立后的公司承担连带责任。但是,公司在分立前与债权人就债务清偿达成的书面协议另有约定的除外。

第一百七十八条　公司需要减少注册资本时,必须编制资产负债表及财产清单。

公司应当自作出减少注册资本决议之日起十日内通知债权人,并于三十日内在报纸上公告。债权人自接到通知书之日起三十日内,未接到通知书的自公告之日起四十五日内,有权要求公司清偿债务或者提供相应的担保。

公司减资后的注册资本不得低于法定的最低限额。

第一百七十九条　有限责任公司增加注册资本时,股东认缴新增资本的出资,依照本法设立有限责任公司缴纳出资的有关规定执行。

股份有限公司为增加注册资本发行新股时,股东认购新股,依照本法设立股份有限公司缴纳股款的有关规定执行。

第一百八十条　公司合并或者分立,登记事项发生变更的,应当依法向公司登记机关办理变更登记;公司解散的,应当依法办理公司注销登记;设立新公司的,应当依法办理公司设立登记。

公司增加或者减少注册资本,应当依法向公司登记机关办理变更登记。

## 第十章　公司解散和清算

第一百八十一条　公司因下列原因解散:

(一)公司章程规定的营业期限届满或者公司章程规定的其他解散事由出现;

(二)股东会或者股东大会决议解散;

(三)因公司合并或者分立需要解散;

(四)依法被吊销营业执照、责令关闭或者被撤销;

（五）人民法院依照本法第一百八十三条的规定予以解散。

**第一百八十二条** 公司有本法第一百八十一条第（一）项情形的，可以通过修改公司章程而存续。

依照前款规定修改公司章程，有限责任公司须经持有三分之二以上表决权的股东通过，股份有限公司须经出席股东大会会议的股东所持表决权的三分之二以上通过。

**第一百八十三条** 公司经营管理发生严重困难，继续存续会使股东利益受到重大损失，通过其他途径不能解决的，持有公司全部股东表决权百分之十以上的股东，可以请求人民法院解散公司。

**第一百八十四条** 公司因本法第一百八十一条第（一）项、第（二）项、第（四）项、第（五）项规定而解散的，应当在解散事由出现之日起十五日内成立清算组，开始清算。有限责任公司的清算组由股东组成，股份有限公司的清算组由董事或者股东大会确定的人员组成。逾期不成立清算组进行清算的，债权人可以申请人民法院指定有关人员组成清算组进行清算。人民法院应当受理该申请，并及时组织清算组进行清算。

**第一百八十五条** 清算组在清算期间行使下列职权：

（一）清理公司财产，分别编制资产负债表和财产清单；

（二）通知、公告债权人；

（三）处理与清算有关的公司未了结的业务；

（四）清缴所欠税款以及清算过程中产生的税款；

（五）清理债权、债务；

（六）处理公司清偿债务后的剩余财产；

（七）代表公司参与民事诉讼活动。

**第一百八十六条** 清算组应当自成立之日起十日内通知债权人，并于六十日内在报纸上公告。债权人应当自接到通知书之日起三十日内，未接到通知书的自公告之日起四十五日内，向清算组申报其债权。

债权人申报债权，应当说明债权的有关事项，并提供证明材料。清算组应当对债权进行登记。

在申报债权期间，清算组不得对债权人进行清偿。

第一百八十七条　清算组在清理公司财产、编制资产负债表和财产清单后,应当制定清算方案,并报股东会、股东大会或者人民法院确认。

公司财产在分别支付清算费用、职工的工资、社会保险费用和法定补偿金,缴纳所欠税款,清偿公司债务后的剩余财产,有限责任公司按照股东的出资比例分配,股份有限公司按照股东持有的股份比例分配。

清算期间,公司存续,但不得开展与清算无关的经营活动。公司财产在未依照前款规定清偿前,不得分配给股东。

第一百八十八条　清算组在清算公司财产、编制资产负债表和财产清单后,发现公司财产不足清偿债务的,应当依法向人民法院申请宣告破产。

公司经人民法院裁定宣告破产后,清算组应当将清算事务移交给人民法院。

第一百八十九条　公司清算结束后,清算组应当制作清算报告,报股东会、股东大会或者人民法院确认,并报送公司登记机关,申请注销公司登记,公告公司终止。

第一百九十条　清算组成员应当忠于职守,依法履行清算义务。

清算组成员不得利用职权收受贿赂或者其他非法收入,不得侵占公司财产。

清算组成员因故意或者重大过失给公司或者债权人造成损失的,应当承担赔偿责任。

第一百九十一条　公司被依法宣告破产的,依照有关企业破产的法律实施破产清算。

# 第十一章　外国公司的分支机构

第一百九十二条　本法所称外国公司是指依照外国法律在中国境外设立的公司。

第一百九十三条　外国公司在中国境内设立分支机构,必须向中国主管机关提出申请,并提交其公司章程、所属国的公司登记证书等有关文件,经批准后,向公司登记机关依法办理登记,领取营业执照。

外国公司分支机构的审批办法由国务院另行规定。

**第一百九十四条** 外国公司在中国境内设立分支机构,必须在中国境内指定负责该分支机构的代表人或者代理人,并向该分支机构拨付与其所从事的经营活动相适应的资金。

对外国公司分支机构的经营资金需要规定最低限额的,由国务院另行规定。

**第一百九十五条** 外国公司的分支机构应当在其名称中标明该外国公司的国籍及责任形式。

外国公司的分支机构应当在本机构中置备该外国公司章程。

**第一百九十六条** 外国公司在中国境内设立的分支机构不具有中国法人资格。

外国公司对其分支机构在中国境内进行经营活动承担民事责任。

**第一百九十七条** 经批准设立的外国公司分支机构,在中国境内从事业务活动,必须遵守中国的法律,不得损害中国的社会公共利益,其合法权益受中国法律保护。

**第一百九十八条** 外国公司撤销其在中国境内的分支机构时,必须依法清偿债务,依照本法有关公司清算程序的规定进行清算。未清偿债务之前,不得将其分支机构的财产移至中国境外。

# 第十二章　法律责任

**第一百九十九条** 违反本法规定,虚报注册资本、提交虚假材料或者采取其他欺诈手段隐瞒重要事实取得公司登记的,由公司登记机关责令改正,对虚报注册资本的公司,处以虚报注册资本金额百分之五以上百分之十五以下的罚款;对提交虚假材料或者采取其他欺诈手段隐瞒重要事实的公司,处以五万元以上五十万元以下的罚款;情节严重的,撤销公司登记或者吊销营业执照。

**第二百条** 公司的发起人、股东虚假出资,未交付或者未按期交付作为出资的货币或者非货币财产的,由公司登记机关责令改正,处以虚假出资金额百分之五以上百分之十五以下的罚款。

**第二百零一条** 公司的发起人、股东在公司成立后,抽逃其出资的,由公司登记机关责令改正,处以所抽逃出资金额百分之五以上百分之十五以下的罚款。

第二百零二条　公司违反本法规定,在法定的会计账簿以外另立会计账簿的,由县级以上人民政府财政部门责令改正,处以五万元以上五十万元以下的罚款。

第二百零三条　公司在依法向有关主管部门提供的财务会计报告等材料上作虚假记载或者隐瞒重要事实的,由有关主管部门对直接负责的主管人员和其他直接责任人员处以三万元以上三十万元以下的罚款。

第二百零四条　公司不依照本法规定提取法定公积金的,由县级以上人民政府财政部门责令如数补足应当提取的金额,可以对公司处以二十万元以下的罚款。

第二百零五条　公司在合并、分立、减少注册资本或者进行清算时,不依照本法规定通知或者公告债权人的,由公司登记机关责令改正,对公司处以一万元以上十万元以下的罚款。

公司在进行清算时,隐匿财产,对资产负债表或者财产清单作虚假记载或者在未清偿债务前分配公司财产的,由公司登记机关责令改正,对公司处以隐匿财产或者未清偿债务前分配公司财产金额百分之五以上百分之十以下的罚款;对直接负责的主管人员和其他直接责任人员处以一万元以上十万元以下的罚款。

第二百零六条　公司在清算期间开展与清算无关的经营活动的,由公司登记机关予以警告,没收违法所得。

第二百零七条　清算组不依照本法规定向公司登记机关报送清算报告,或者报送清算报告隐瞒重要事实或者有重大遗漏的,由公司登记机关责令改正。

清算组成员利用职权徇私舞弊、谋取非法收入或者侵占公司财产的,由公司登记机关责令退还公司财产,没收违法所得,并可以处以违法所得一倍以上五倍以下的罚款。

第二百零八条　承担资产评估、验资或者验证的机构提供虚假材料的,由公司登记机关没收违法所得,处以违法所得一倍以上五倍以下的罚款,并可以由有关主管部门依法责令该机构停业、吊销直接责任人员的资格证书,吊销营业执照。

承担资产评估、验资或者验证的机构因过失提供有重大遗漏的报告的,由公司登记机关责令改正,情节较重的,处以所得收入一倍以上五倍以下的罚款,并可以由有关主管部门依法责令该机构停业、吊销直接责任人员的资格证书,吊销营业执照。

承担资产评估、验资或者验证的机构因其出具的评估结果、验资或者验证证明不实,给公司债权人造成损失的,除能够证明自己没有过错的外,在其评估或者证明不实的金额范围内承担赔偿责任。

**第二百零九条** 公司登记机关对不符合本法规定条件的登记申请予以登记,或者对符合本法规定条件的登记申请不予登记的,对直接负责的主管人员和其他直接责任人员,依法给予行政处分。

**第二百一十条** 公司登记机关的上级部门强令公司登记机关对不符合本法规定条件的登记申请予以登记,或者对符合本法规定条件的登记申请不予登记的,或者对违法登记进行包庇的,对直接负责的主管人员和其他直接责任人员依法给予行政处分。

**第二百一十一条** 未依法登记为有限责任公司或者股份有限公司,而冒用有限责任公司或者股份有限公司名义的,或者未依法登记为有限责任公司或者股份有限公司的分公司,而冒用有限责任公司或者股份有限公司的分公司名义的,由公司登记机关责令改正或者予以取缔,可以并处十万元以下的罚款。

**第二百一十二条** 公司成立后无正当理由超过六个月未开业的,或者开业后自行停业连续六个月以上的,可以由公司登记机关吊销营业执照。

公司登记事项发生变更时,未依照本法规定办理有关变更登记的,由公司登记机关责令限期登记;逾期不登记的,处以一万元以上十万元以下的罚款。

**第二百一十三条** 外国公司违反本法规定,擅自在中国境内设立分支机构的,由公司登记机关责令改正或者关闭,可以并处五万元以上二十万元以下的罚款。

**第二百一十四条** 利用公司名义从事危害国家安全、社会公共利益的严重违法行为的,吊销营业执照。

**第二百一十五条** 公司违反本法规定,应当承担民事赔偿责任和缴纳罚款、罚金的,其财产不足以支付时,先承担民事赔偿责任。

**第二百一十六条** 违反本法规定,构成犯罪的,依法追究刑事责任。

## 第十三章 附 则

**第二百一十七条** 本法下列用语的含义:

(一)高级管理人员,是指公司的经理、副经理、财务负责人,上市公司董事会秘书和公司章程规定的其他人员。

(二)控股股东,是指其出资额占有限责任公司资本总额百分之五十以上或者其持有的股份占股份有限公司股本总额百分之五十以上的股东;出资额或者持有股份的比例虽然不足百分之五十,但依其出资额或者持有的股份所享有的表决权已足以对股东会、股东大会的决议产生重大影响的股东。

(三)实际控制人,是指虽不是公司的股东,但通过投资关系、协议或者其他安排,能够实际支配公司行为的人。

(四)关联关系,是指公司控股股东、实际控制人、董事、监事、高级管理人员与其直接或者间接控制的企业之间的关系,以及可能导致公司利益转移的其他关系。但是,国家控股的企业之间不仅因为同受国家控股而具有关联关系。

**第二百一十八条** 外商投资的有限责任公司和股份有限公司适用本法;有关外商投资的法律另有规定的,适用其规定。

**第二百一十九条** 本法自 2006 年 1 月 1 日起施行。

# 中华人民共和国水法

（中华人民共和国主席令　第七十四号）

## 第一章　总　则

第一条　为了合理开发、利用、节约和保护水资源，防治水害，实现水资源的可持续利用，适应国民经济和社会发展的需要，制定本法。

第二条　在中华人民共和国领域内开发、利用、节约、保护、管理水资源，防治水害，适用本法。

本法所称水资源，包括地表水和地下水。

第三条　水资源属于国家所有。水资源的所有权由国务院代表国家行使。农村集体经济组织的水塘和由农村集体经济组织修建管理的水库中的水，归各该农村集体经济组织使用。

第四条　开发、利用、节约、保护水资源和防治水害，应当全面规划、统筹兼顾、标本兼治、综合利用、讲求效益，发挥水资源的多种功能，协调好生活、生产经营和生态环境用水。

第五条　县级以上人民政府应当加强水利基础设施建设，并将其纳入本级国民经济和社会发展计划。

第六条　国家鼓励单位和个人依法开发、利用水资源，并保护其合法权益。开发、利用水资源的单位和个人有依法保护水资源的义务。

第七条　国家对水资源依法实行取水许可制度和有偿使用制度。但是，农村集体经济组织及其成员使用本集体经济组织的水塘、水库中的水的除外。国务院水行政主管部门负责全国取水许可制度和水资源有偿使用制度的组织实施。

第八条　国家厉行节约用水，大力推行节约用水措施，推广节约用水新技术、新工艺，发展节水型工业、农业和服务业，建立节水型社会。

各级人民政府应当采取措施，加强对节约用水的管理，建立节约用水技术开发推广体系,培育和发展节约用水产业。

单位和个人有节约用水的义务。

**第九条** 国家保护水资源,采取有效措施,保护植被,植树种草,涵养水源,防治水土流失和水体污染,改善生态环境。

**第十条** 国家鼓励和支持开发、利用、节约、保护、管理水资源和防治水害的先进科学技术的研究、推广和应用。

**第十一条** 在开发、利用、节约、保护、管理水资源和防治水害等方面成绩显著的单位和个人,由人民政府给予奖励。

**第十二条** 国家对水资源实行流域管理与行政区域管理相结合的管理体制。

国务院水行政主管部门负责全国水资源的统一管理和监督工作。

国务院水行政主管部门在国家确定的重要江河、湖泊设立的流域管理机构(以下简称流域管理机构),在所管辖的范围内行使法律、行政法规规定的和国务院水行政主管部门授予的水资源管理和监督职责。

县级以上地方人民政府水行政主管部门按照规定的权限,负责本行政区域内水资源的统一管理和监督工作。

**第十三条** 国务院有关部门按照职责分工,负责水资源开发、利用、节约和保护的有关工作。

县级以上地方人民政府有关部门按照职责分工,负责本行政区域内水资源开发、利用、节约和保护的有关工作。

## 第二章 水资源规划

**第十四条** 国家制定全国水资源战略规划。

开发、利用、节约、保护水资源和防治水害,应当按照流域、区域统一制定规划。规划分为流域规划和区域规划。流域规划包括流域综合规划和流域专业规划;区域规划包括区域综合规划和区域专业规划。

前款所称综合规划,是指根据经济社会发展需要和水资源开发利用现状编制的开发、利用、节约、保护水资源和防治水害的总体部署。

前款所称专业规划,是指防洪、治涝、灌溉、航运、供水、水力发电、竹木流放、渔业、水资源保护、水土保持、防沙治沙、节约用水等规划。

**第十五条** 流域范围内的区域规划应当服从流域规划,专业规划应当服从综合规划。

流域综合规划和区域综合规划以及与土地利用关系密切的专业规划,应当与国民经济和社会发展规划以及土地利用总体规划、城市总体规划和环境保护规划相协调,兼顾各地区、各行业的需要。

**第十六条** 制定规划,必须进行水资源综合科学考察和调查评价。水资源综合科学考察和调查评价,由县级以上人民政府水行政主管部门会同同级有关部门组织进行。

县级以上人民政府应当加强水文、水资源信息系统建设。县级以上人民政府水行政主管部门和流域管理机构应当加强对水资源的动态监测。

基本水文资料应当按照国家有关规定予以公开。

**第十七条** 国家确定的重要江河、湖泊的流域综合规划,由国务院水行政主管部门会同国务院有关部门和有关省、自治区、直辖市人民政府编制,报国务院批准。跨省、自治区、直辖市的其他江河、湖泊的流域综合规划和区域综合规划,由有关流域管理机构会同江河、湖泊所在地的省、自治区、直辖市人民政府水行政主管部门和有关部门编制,分别经有关省、自治区、直辖市人民政府审查提出意见后,报国务院水行政主管部门审核;国务院水行政主管部门征求国务院有关部门意见后,报国务院或者其授权的部门批准。

前款规定以外的其他江河、湖泊的流域综合规划和区域综合规划,由县级以上地方人民政府水行政主管部门会同同级有关部门和有关地方人民政府编制,报本级人民政府或者其授权的部门批准,并报上一级水行政主管部门备案。

专业规划由县级以上人民政府有关部门编制,征求同级其他有关部门意见后,报本级人民政府批准。其中,防洪规划、水土保持规划的编制、批准,依照防洪法、水土保持法的有关规定执行。

**第十八条** 规划一经批准,必须严格执行。

经批准的规划需要修改时,必须按照规划编制程序经原批准机关批准。

**第十九条** 建设水工程,必须符合流域综合规划。在国家确定的重要江河、湖泊和跨省、自治区、直辖市的江河、湖泊上建设水工程,其工程可行性研究报告报请批准前,有关流域管理机构应当对水工程的建设是否符合流域综合规划进行审查并签署意见;在其他江河、湖泊上建设水工程,其工程可行性研究报告报请批准前,县级以上地方人民政府水行政主管部门应当按照管理权限对水工程的建设是否符合流域综合规划进行审查并签署意见。水工程建设涉及防洪的,依照防洪法的有关规定执行;涉及其他地区和行业的,建设单位应当事先征求有关地区和部门的意见。

# 第三章 水资源开发利用

**第二十条** 开发、利用水资源,应当坚持兴利与除害相结合,兼顾上下游、左右岸和有关地区之间的利益,充分发挥水资源的综合效益,并服从防洪的总体安排。

**第二十一条** 开发、利用水资源,应当首先满足城乡居民生活用水,并兼顾农业、工业、生态环境用水以及航运等需要。

在干旱和半干旱地区开发、利用水资源,应当充分考虑生态环境用水需要。

**第二十二条** 跨流域调水,应当进行全面规划和科学论证,统筹兼顾调出和调入流域的用水需要,防止对生态环境造成破坏。

**第二十三条** 地方各级人民政府应当结合本地区水资源的实际情况,按照地表水与地下水统一调度开发、开源与节流相结合、节流优先和污水处理再利用的原则,合理组织开发、综合利用水资源。

国民经济和社会发展规划以及城市总体规划的编制、重大建设项目的布局,应当与当地水资源条件和防洪要求相适应,并进行科学论证;在水资源不足的地区,应当对城市规模和建设耗水量大的工业、农业和服务业项目加以限制。

**第二十四条** 在水资源短缺的地区,国家鼓励对雨水和微咸水的收集、开发、利用和对海水的利用、淡化。

第二十五条 地方各级人民政府应当加强对灌溉、排涝、水土保持工作的领导,促进农业生产发展;在容易发生盐碱化和渍害的地区,应当采取措施,控制和降低地下水的水位。

农村集体经济组织或者其成员依法在本集体经济组织所有的集体土地或者承包土地上投资兴建水工程设施的,按照谁投资建设谁管理和谁受益的原则,对水工程设施及其蓄水进行管理和合理使用。

农村集体经济组织修建水库应当经县级以上地方人民政府水行政主管部门批准。

第二十六条 国家鼓励开发、利用水能资源。在水能丰富的河流,应当有计划地进行多目标梯级开发。

建设水力发电站,应当保护生态环境,兼顾防洪、供水、灌溉、航运、竹木流放和渔业等方面的需要。

第二十七条 国家鼓励开发、利用水运资源。在水生生物洄游通道、通航或者竹木流放的河流上修建永久性拦河闸坝,建设单位应当同时修建过鱼、过船、过木设施,或者经国务院授权的部门批准采取其他补救措施,并妥善安排施工和蓄水期间的水生生物保护、航运和竹木流放,所需费用由建设单位承担。

在不通航的河流或者人工水道上修建闸坝后可以通航的,闸坝建设单位应当同时修建过船设施或者预留过船设施位置。

第二十八条 任何单位和个人引水、截(蓄)水、排水,不得损害公共利益和他人的合法权益。

第二十九条 国家对水工程建设移民实行开发性移民的方针,按照前期补偿、补助与后期扶持相结合的原则,妥善安排移民的生产和生活,保护移民的合法权益。

移民安置应当与工程建设同步进行。建设单位应当根据安置地区的环境容量和可持续发展的原则,因地制宜,编制移民安置规划,经依法批准后,由有关地方人民政府组织实施。所需移民经费列入工程建设投资计划。

## 第四章　水资源、水域和水工程的保护

**第三十条**　县级以上人民政府水行政主管部门、流域管理机构以及其他有关部门在制定水资源开发、利用规划和调度水资源时,应当注意维持江河的合理流量和湖泊、水库以及地下水的合理水位,维护水体的自然净化能力。

**第三十一条**　从事水资源开发、利用、节约、保护和防治水害等水事活动,应当遵守经批准的规划;因违反规划造成江河和湖泊水域使用功能降低、地下水超采、地面沉降、水体污染的,应当承担治理责任。

开采矿藏或者建设地下工程,因疏干排水导致地下水水位下降、水源枯竭或者地面塌陷,采矿单位或者建设单位应当采取补救措施;对他人生活和生产造成损失的,依法给予补偿。

**第三十二条**　国务院水行政主管部门会同国务院环境保护行政主管部门、有关部门和有关省、自治区、直辖市人民政府,按照流域综合规划、水资源保护规划和经济社会发展要求,拟定国家确定的重要江河、湖泊的水功能区划,报国务院批准。跨省、自治区、直辖市的其他江河、湖泊的水功能区划,由有关流域管理机构会同江河、湖泊所在地的省、自治区、直辖市人民政府水行政主管部门、环境保护行政主管部门和其他有关部门拟定,分别经有关省、自治区、直辖市人民政府审查提出意见后,由国务院水行政主管部门会同国务院环境保护行政主管部门审核,报国务院或者其授权的部门批准。

前款规定以外的其他江河、湖泊的水功能区划,由县级以上地方人民政府水行政主管部门会同同级人民政府环境保护行政主管部门和有关部门拟定,报同级人民政府或者其授权的部门批准,并报上一级水行政主管部门和环境保护行政主管部门备案。

县级以上人民政府水行政主管部门或者流域管理机构应当按照水功能区对水质的要求和水体的自然净化能力,核定该水域的纳污能力,向环境保护行政主管部门提出该水域的限制排污总量意见。

县级以上地方人民政府水行政主管部门和流域管理机构应当对水功能区的水质状况进行监测,发现重点污染物排放总量超过控制指标

的，或者水功能区的水质未达到水域使用功能对水质的要求的，应当及时报告有关人民政府采取治理措施，并向环境保护行政主管部门通报。

第三十三条　国家建立饮用水水源保护区制度。省、自治区、直辖市人民政府应当划定饮用水水源保护区，并采取措施，防止水源枯竭和水体污染，保证城乡居民饮用水安全。

第三十四条　禁止在饮用水水源保护区内设置排污口。

在江河、湖泊新建、改建或者扩大排污口，应当经过有管辖权的水行政主管部门或者流域管理机构同意，由环境保护行政主管部门负责对该建设项目的环境影响报告书进行审批。

第三十五条　从事工程建设，占用农业灌溉水源、灌排工程设施，或者对原有灌溉用水、供水水源有不利影响的，建设单位应当采取相应的补救措施；造成损失的，依法给予补偿。

第三十六条　在地下水超采地区，县级以上地方人民政府应当采取措施，严格控制开采地下水。在地下水严重超采地区，经省、自治区、直辖市人民政府批准，可以划定地下水禁止开采或者限制开采区。在沿海地区开采地下水，应当经过科学论证，并采取措施，防止地面沉降和海水入侵。

第三十七条　禁止在江河、湖泊、水库、运河、渠道内弃置、堆放阻碍行洪的物体和种植阻碍行洪的林木及高秆作物。

禁止在河道管理范围内建设妨碍行洪的建筑物、构筑物以及从事影响河势稳定、危害河岸堤防安全和其他妨碍河道行洪的活动。

第三十八条　在河道管理范围内建设桥梁、码头和其他拦河、跨河、临河建筑物、构筑物，铺设跨河管道、电缆，应当符合国家规定的防洪标准和其他有关的技术要求，工程建设方案应当依照防洪法的有关规定报经有关水行政主管部门审查同意。

因建设前款工程设施，需要扩建、改建、拆除或者损坏原有水工程设施的，建设单位应当负担扩建、改建的费用和损失补偿。但是，原有工程设施属于违法工程的除外。

第三十九条　国家实行河道采砂许可制度。河道采砂许可制度实施办法，由国务院规定。

在河道管理范围内采砂,影响河势稳定或者危及堤防安全的,有关县级以上人民政府水行政主管部门应当划定禁采区和规定禁采期,并予以公告。

**第四十条** 禁止围湖造地。已经围垦的,应当按照国家规定的防洪标准有计划地退地还湖。

禁止围垦河道。确需围垦的,应当经过科学论证,经省、自治区、直辖市人民政府水行政主管部门或者国务院水行政主管部门同意后,报本级人民政府批准。

**第四十一条** 单位和个人有保护水工程的义务,不得侵占、毁坏堤防、护岸、防汛、水文监测、水文地质监测等工程设施。

**第四十二条** 县级以上地方人民政府应当采取措施,保障本行政区域内水工程,特别是水坝和堤防的安全,限期消除险情。水行政主管部门应当加强对水工程安全的监督管理。

**第四十三条** 国家对水工程实施保护。国家所有的水工程应当按照国务院的规定划定工程管理和保护范围。

国务院水行政主管部门或者流域管理机构管理的水工程,由主管部门或者流域管理机构商有关省、自治区、直辖市人民政府划定工程管理和保护范围。

前款规定以外的其他水工程,应当按照省、自治区、直辖市人民政府的规定,划定工程保护范围和保护职责。

在水工程保护范围内,禁止从事影响水工程运行和危害水工程安全的爆破、打井、采石、取土等活动。

## 第五章　水资源配置和节约使用

**第四十四条** 国务院发展计划主管部门和国务院水行政主管部门负责全国水资源的宏观调配。全国的和跨省、自治区、直辖市的水中长期供求规划,由国务院水行政主管部门会同有关部门制订,经国务院发展计划主管部门审查批准后执行。地方的水中长期供求规划,由县级以上地方人民政府水行政主管部门会同同级有关部门依据上一级水中长期供求规划和本地区的实际情况制订,经本级人民政府发展计划主管部门审查批准后执行。

水中长期供求规划应当依据水的供求现状、国民经济和社会发展规划、流域规划、区域规划，按照水资源供需协调、综合平衡、保护生态、厉行节约、合理开源的原则制定。

**第四十五条** 调蓄径流和分配水量，应当依据流域规划和水中长期供求规划，以流域为单元制订水量分配方案。

跨省、自治区、直辖市的水量分配方案和旱情紧急情况下的水量调度预案，由流域管理机构商有关省、自治区、直辖市人民政府制订，报国务院或者其授权的部门批准后执行。其他跨行政区域的水量分配方案和旱情紧急情况下的水量调度预案，由共同的上一级人民政府水行政主管部门商有关地方人民政府制订，报本级人民政府批准后执行。

水量分配方案和旱情紧急情况下的水量调度预案经批准后，有关地方人民政府必须执行。

在不同行政区域之间的边界河流上建设水资源开发、利用项目，应当符合该流域经批准的水量分配方案，由有关县级以上地方人民政府报共同的上一级人民政府水行政主管部门或者有关流域管理机构批准。

**第四十六条** 县级以上地方人民政府水行政主管部门或者流域管理机构应当根据批准的水量分配方案和年度预测来水量，制订年度水量分配方案和调度计划，实施水量统一调度；有关地方人民政府必须服从。

国家确定的重要江河、湖泊的年度水量分配方案，应当纳入国家的国民经济和社会发展年度计划。

**第四十七条** 国家对用水实行总量控制和定额管理相结合的制度。

省、自治区、直辖市人民政府有关行业主管部门应当制订本行政区域内行业用水定额，报同级水行政主管部门和质量监督检验行政主管部门审核同意后，由省、自治区、直辖市人民政府公布，并报国务院水行政主管部门和国务院质量监督检验行政主管部门备案。

县级以上地方人民政府发展计划主管部门会同同级水行政主管部

门,根据用水定额、经济技术条件以及水量分配方案确定的可供本行政区域使用的水量,制订年度用水计划,对本行政区域内的年度用水实行总量控制。

第四十八条　直接从江河、湖泊或者地下取用水资源的单位和个人,应当按照国家取水许可制度和水资源有偿使用制度的规定,向水行政主管部门或者流域管理机构申请领取取水许可证,并缴纳水资源费,取得取水权。但是,家庭生活和零星散养、圈养畜禽饮用等少量取水的除外。

实施取水许可制度和征收管理水资源费的具体办法,由国务院规定。

第四十九条　用水应当计量,并按照批准的用水计划用水。

用水实行计量收费和超定额累进加价制度。

第五十条　各级人民政府应当推行节水灌溉方式和节水技术,对农业蓄水、输水工程采取必要的防渗漏措施,提高农业用水效率。

第五十一条　工业用水应当采用先进技术、工艺和设备,增加循环用水次数,提高水的重复利用率。

国家逐步淘汰落后的、耗水量高的工艺、设备和产品,具体名录由国务院经济综合主管部门会同国务院水行政主管部门和有关部门制定并公布。生产者、销售者或者生产经营中的使用者应当在规定的时间内停止生产、销售或者使用列入名录的工艺、设备和产品。

第五十二条　城市人民政府应当因地制宜采取有效措施,推广节水型生活用水器具,降低城市供水管网漏失率,提高生活用水效率;加强城市污水集中处理,鼓励使用再生水,提高污水再生利用率。

第五十三条　新建、扩建、改建建设项目,应当制订节水措施方案,配套建设节水设施。节水设施应当与主体工程同时设计、同时施工、同时投产。

供水企业和自建供水设施的单位应当加强供水设施的维护管理,减少水的漏失。

第五十四条　各级人民政府应当积极采取措施,改善城乡居民的饮用水条件。

**第五十五条** 使用水工程供应的水,应当按照国家规定向供水单位缴纳水费。供水价格应当按照补偿成本、合理收益、优质优价、公平负担的原则确定。具体办法由省级以上人民政府价格主管部门会同同级水行政主管部门或者其他供水行政主管部门依据职权制定。

## 第六章 水事纠纷处理与执法监督检查

**第五十六条** 不同行政区域之间发生水事纠纷的,应当协商处理;协商不成的,由上一级人民政府裁决,有关各方必须遵照执行。在水事纠纷解决前,未经各方达成协议或者共同的上一级人民政府批准,在行政区域交界线两侧一定范围内,任何一方不得修建排水、阻水、取水和截(蓄)水工程,不得单方面改变水的现状。

**第五十七条** 单位之间、个人之间、单位与个人之间发生的水事纠纷,应当协商解决;当事人不愿协商或者协商不成的,可以申请县级以上地方人民政府或者其授权的部门调解,也可以直接向人民法院提起民事诉讼。县级以上地方人民政府或者其授权的部门调解不成的,当事人可以向人民法院提起民事诉讼。

在水事纠纷解决前,当事人不得单方面改变现状。

**第五十八条** 县级以上人民政府或者其授权的部门在处理水事纠纷时,有权采取临时处置措施,有关各方或者当事人必须服从。

**第五十九条** 县级以上人民政府水行政主管部门和流域管理机构应当对违反本法的行为加强监督检查并依法进行查处。

水政监督检查人员应当忠于职守,秉公执法。

**第六十条** 县级以上人民政府水行政主管部门、流域管理机构及其水政监督检查人员履行本法规定的监督检查职责时,有权采取下列措施:

(一)要求被检查单位提供有关文件、证照、资料;

(二)要求被检查单位就执行本法的有关问题作出说明;

(三)进入被检查单位的生产场所进行调查;

(四)责令被检查单位停止违反本法的行为,履行法定义务。

**第六十一条** 有关单位或者个人对水政监督检查人员的监督检查

工作应当给予配合,不得拒绝或者阻碍水政监督检查人员依法执行职务。

第六十二条　水政监督检查人员在履行监督检查职责时,应当向被检查单位或者个人出示执法证件。

第六十三条　县级以上人民政府或者上级水行政主管部门发现本级或者下级水行政主管部门在监督检查工作中有违法或者失职行为的,应当责令其限期改正。

## 第七章　法律责任

第六十四条　水行政主管部门或者其他有关部门以及水工程管理单位及其工作人员,利用职务上的便利收取他人财物、其他好处或者玩忽职守,对不符合法定条件的单位或者个人核发许可证、签署审查同意意见,不按照水量分配方案分配水量,不按照国家有关规定收取水资源费,不履行监督职责,或者发现违法行为不予查处,造成严重后果,构成犯罪的,对负有责任的主管人员和其他直接责任人员依照刑法的有关规定追究刑事责任;尚不够刑事处罚的,依法给予行政处分。

第六十五条　在河道管理范围内建设妨碍行洪的建筑物、构筑物,或者从事影响河势稳定、危害河岸堤防安全和其他妨碍河道行洪的活动的,由县级以上人民政府水行政主管部门或者流域管理机构依据职权,责令停止违法行为,限期拆除违法建筑物、构筑物,恢复原状;逾期不拆除、不恢复原状的,强行拆除,所需费用由违法单位或者个人负担,并处一万元以上十万元以下的罚款。

未经水行政主管部门或者流域管理机构同意,擅自修建水工程,或者建设桥梁、码头和其他拦河、跨河、临河建筑物、构筑物,铺设跨河管道、电缆,且防洪法未作规定的,由县级以上人民政府水行政主管部门或者流域管理机构依据职权,责令停止违法行为,限期补办有关手续;逾期不补办或者补办未被批准的,责令限期拆除违法建筑物、构筑物;逾期不拆除的,强行拆除,所需费用由违法单位或者个人负担,并处一万元以上十万元以下的罚款。

虽经水行政主管部门或者流域管理机构同意,但未按照要求修建前款所列工程设施的,由县级以上人民政府水行政主管部门或者流域管理机构依据职权,责令限期改正,按照情节轻重,处一万元以上十万元以下的罚款。

第六十六条 有下列行为之一,且防洪法未作规定的,由县级以上人民政府水行政主管部门或者流域管理机构依据职权,责令停止违法行为,限期清除障碍或者采取其他补救措施,处一万元以上五万元以下的罚款:

(一)在江河、湖泊、水库、运河、渠道内弃置、堆放阻碍行洪的物体和种植阻碍行洪的林木及高秆作物的;

(二)围湖造地或者未经批准围垦河道的。

第六十七条 在饮用水水源保护区内设置排污口的,由县级以上地方人民政府责令限期拆除、恢复原状;逾期不拆除、不恢复原状的,强行拆除、恢复原状,并处五万元以上十万元以下的罚款。

未经水行政主管部门或者流域管理机构审查同意,擅自在江河、湖泊新建、改建或者扩大排污口的,由县级以上人民政府水行政主管部门或者流域管理机构依据职权,责令停止违法行为,限期恢复原状,处五万元以上十万元以下的罚款。

第六十八条 生产、销售或者在生产经营中使用国家明令淘汰的落后的、耗水量高的工艺、设备和产品的,由县级以上地方人民政府经济综合主管部门责令停止生产、销售或者使用,处二万元以上十万元以下的罚款。

第六十九条 有下列行为之一的,由县级以上人民政府水行政主管部门或者流域管理机构依据职权,责令停止违法行为,限期采取补救措施,处二万元以上十万元以下的罚款;情节严重的,吊销其取水许可证:

(一)未经批准擅自取水的;

(二)未依照批准的取水许可规定条件取水的。

第七十条 拒不缴纳、拖延缴纳或者拖欠水资源费的,由县级以上人民政府水行政主管部门或者流域管理机构依据职权,责令限期缴纳;逾期不缴纳的,从滞纳之日起按日加收滞纳部分千分之二的滞纳金,并处应缴或者补缴水资源费一倍以上五倍以下的罚款。

第七十一条 建设项目的节水设施没有建成或者没有达到国家规定的要求,擅自投入使用的,由县级以上人民政府有关部门或者流域管理机构依据职权,责令停止使用,限期改正,处五万元以上十万元以下的罚款。

第七十二条 有下列行为之一,构成犯罪的,依照刑法的有关规定追究刑事责任;尚不够刑事处罚,且防洪法未作规定的,由县级以上地方人民政府水行政主管部门或者流域管理机构依据职权,责令停止违法行为,采取补救措施,处一万元以上五万元以下的罚款;违反治安管理处罚条例的,由公安机关依法给予治安管理处罚;给他人造成损失的,依法承担赔偿责任:

(一)侵占、毁坏水工程及堤防、护岸等有关设施,毁坏防汛、水文监测、水文地质监测设施的;

(二)在水工程保护范围内,从事影响水工程运行和危害水工程安全的爆破、打井、采石、取土等活动的。

第七十三条 侵占、盗窃或者抢夺防汛物资,防洪排涝、农田水利、水文监测和测量以及其他水工程设备和器材,贪污或者挪用国家救灾、抢险、防汛、移民安置和补偿及其他水利建设款物,构成犯罪的,依照刑法的有关规定追究刑事责任。

第七十四条 在水事纠纷发生及其处理过程中煽动闹事、结伙斗殴、抢夺或者损坏公私财物、非法限制他人人身自由,构成犯罪的,依照刑法的有关规定追究刑事责任;尚不够刑事处罚的,由公安机关依法给予治安管理处罚。

第七十五条 不同行政区域之间发生水事纠纷,有下列行为之一的,对负有责任的主管人员和其他直接责任人员依法给予行政处分:

(一)拒不执行水量分配方案和水量调度预案的;

(二)拒不服从水量统一调度的;

(三)拒不执行上一级人民政府的裁决的;

(四)在水事纠纷解决前,未经各方达成协议或者上一级人民政府批准,单方面违反本法规定改变水的现状的。

**第七十六条** 引水、截(蓄)水、排水,损害公共利益或者他人合法权益的,依法承担民事责任。

**第七十七条** 对违反本法第三十九条有关河道采砂许可制度规定的行政处罚,由国务院规定。

# 第八章 附 则

**第七十八条** 中华人民共和国缔结或者参加的与国际或者国境边界河流、湖泊有关的国际条约、协定与中华人民共和国法律有不同规定的,适用国际条约、协定的规定。但是,中华人民共和国声明保留的条款除外。

**第七十九条** 本法所称水工程,是指在江河、湖泊和地下水源上开发、利用、控制、调配和保护水资源的各类工程。

**第八十条** 海水的开发、利用、保护和管理,依照有关法律的规定执行。

**第八十一条** 从事防洪活动,依照防洪法的规定执行。

水污染防治,依照水污染防治法的规定执行。

**第八十二条** 本法自 2002 年 10 月 1 日起施行。

# 中华人民共和国防洪法

（中华人民共和国主席令　第八十八号）

## 第一章　总　则

**第一条**　为了防治洪水，防御、减轻洪涝灾害，维护人民的生命和财产安全，保障社会主义现代化建设顺利进行，制定本法。

**第二条**　防洪工作实行全面规划、统筹兼顾、预防为主、综合治理、局部利益服从全局利益的原则。

**第三条**　防洪工程设施建设，应当纳入国民经济和社会发展计划。防洪费用按照政府投入同受益者合理承担相结合的原则筹集。

**第四条**　开发利用和保护水资源，应当服从防洪总体安排，实行兴利与除害相结合的原则。

江河、湖泊治理以及防洪工程设施建设，应当符合流域综合规划，与流域水资源的综合开发相结合。

本法所称综合规划是指开发利用水资源和防治水害的综合规划。

**第五条**　防洪工作按照流域或者区域实行统一规划、分级实施和流域管理与行政区域管理相结合的制度。

**第六条**　任何单位和个人都有保护防洪工程设施和依法参加防汛抗洪的义务。

**第七条**　各级人民政府应当加强对防洪工作的统一领导，组织有关部门、单位，动员社会力量，依靠科技进步，有计划地进行江河、湖泊治理，采取措施加强防洪工程设施建设，巩固、提高防洪能力。

各级人民政府应当组织有关部门、单位，动员社会力量，做好防汛抗洪和洪涝灾害后的恢复与救济工作。

各级人民政府应当对蓄滞洪区予以扶持；蓄滞洪后，应当依照国家规定予以补偿或者救助。

第八条　国务院水行政主管部门在国务院的领导下,负责全国防洪的组织、协调、监督、指导等日常工作。国务院水行政主管部门在国家确定的重要江河、湖泊设立的流域管理机构,在所管辖的范围内行使法律、行政法规规定和国务院水行政主管部门授权的防洪协调和监督管理职责。

国务院建设行政主管部门和其他有关部门在国务院的领导下,按照各自的职责,负责有关的防洪工作。

县级以上地方人民政府水行政主管部门在本级人民政府的领导下,负责本行政区域内防洪的组织、协调、监督、指导等日常工作。县级以上地方人民政府建设行政主管部门和其他有关部门在本级人民政府的领导下,按照各自的职责,负责有关的防洪工作。

## 第二章　防洪规划

第九条　防洪规划是指为防治某一流域、河段或者区域的洪涝灾害而制订的总体部署,包括国家确定的重要江河、湖泊的流域防洪规划,其他江河、河段、湖泊的防洪规划以及区域防洪规划。

防洪规划应当服从所在流域、区域的综合规划;区域防洪规划应当服从所在流域的流域防洪规划。

防洪规划是江河、湖泊治理和防洪工程设施建设的基本依据。

第十条　国家确定的重要江河、湖泊的防洪规划,由国务院水行政主管部门依据该江河、湖泊的流域综合规划,会同有关部门和有关省、自治区、直辖市人民政府编制,报国务院批准。

其他江河、河段、湖泊的防洪规划或者区域防洪规划,由县级以上地方人民政府水行政主管部门分别依据流域综合规划、区域综合规划,会同有关部门和有关地区编制,报本级人民政府批准,并报上一级人民政府水行政主管部门备案;跨省、自治区、直辖市的江河、河段、湖泊的防洪规划由有关流域管理机构会同江河、河段、湖泊所在地的省、自治区、直辖市人民政府水行政主管部门、有关主管部门拟定,分别经有关省、自治区、直辖市人民政府审查提出意见后,报国务院水行政主管部门批准。

城市防洪规划,由城市人民政府组织水行政主管部门、建设行政主管部门和其他有关部门依据流域防洪规划、上一级人民政府区域防洪规划编制,按照国务院规定的审批程序批准后纳入城市总体规划。

修改防洪规划,应当报经原批准机关批准。

第十一条　编制防洪规划,应当遵循确保重点、兼顾一般,以及防汛和抗旱相结合、工程措施和非工程措施相结合的原则,充分考虑洪涝规律和上下游、左右岸的关系以及国民经济对防洪的要求,并与国土规划和土地利用总体规划相协调。

防洪规划应当确定防护对象、治理目标和任务、防洪措施和实施方案,划定洪泛区、蓄滞洪区和防洪保护区的范围,规定蓄滞洪区的使用原则。

第十二条　受风暴潮威胁的沿海地区的县级以上地方人民政府,应当把防御风暴潮纳入本地区的防洪规划,加强海堤(海塘)、挡潮闸和沿海防护林等防御风暴潮工程体系建设,监督建筑物、构筑物的设计和施工符合防御风暴潮的需要。

第十三条　山洪可能诱发山体滑坡、崩塌和泥石流的地区以及其他山洪多发地区的县级以上地方人民政府,应当组织负责地质矿产管理工作的部门、水行政主管部门和其他有关部门对山体滑坡、崩塌和泥石流隐患进行全面调查,划定重点防治区,采取防治措施。

城市、村镇和其他居民点以及工厂、矿山、铁路和公路干线的布局,应当避开山洪威胁;已经建在受山洪威胁的地方的,应当采取防御措施。

第十四条　平原、洼地、水网圩区、山谷、盆地等易涝地区的有关地方人民政府,应当制订除涝治涝规划,组织有关部门、单位采取相应的治理措施,完善排水系统,发展耐涝农作物种类和品种,开展洪涝、干旱、盐碱综合治理。

城市人民政府应当加强对城区排涝管网、泵站的建设和管理。

第十五条　国务院水行政主管部门应当会同有关部门和省、自治区、直辖市人民政府制定长江、黄河、珠江、辽河、淮河、海河入海河口的整治规划。

在前款入海河口围海造地,应当符合河口整治规划。

第十六条 防洪规划确定的河道整治计划用地和规划建设的堤防用地范围内的土地,经土地管理部门和水行政主管部门会同有关地区核定,报经县级以上人民政府按照国务院规定的权限批准后,可以划定为规划保留区;该规划保留区范围内的土地涉及其他项目用地的,有关土地管理部门和水行政主管部门核定时,应当征求有关部门的意见。

规划保留区依照前款规定划定后,应当公告。

前款规划保留区内不得建设与防洪无关的工矿工程设施;在特殊情况下,国家工矿建设项目确需占用前款规划保留区内的土地的,应当按照国家规定的基本建设程序报请批准,并征求有关水行政主管部门的意见。

防洪规划确定的扩大或者开辟的人工排洪道用地范围内的土地,经省级以上人民政府土地管理部门和水行政主管部门会同有关部门、有关地区核定,报省级以上人民政府按照国务院规定的权限批准后,可以划定为规划保留区,适用前款规定。

第十七条 在江河、湖泊上建设防洪工程和其他水工程、水电站等,应当符合防洪规划的要求;水库应当按照防洪规划的要求留足防洪库容。

前款规定的防洪工程和其他水工程、水电站的可行性研究报告按照国家规定的基本建设程序报请批准时,应当附具有关水行政主管部门签署的符合防洪规划要求的规划同意书。

# 第三章 治理与防护

第十八条 防治江河洪水,应当蓄泄兼施,充分发挥河道行洪能力和水库、洼淀、湖泊调蓄洪水的功能,加强河道防护,因地制宜地采取定期清淤疏浚等措施,保持行洪畅通。

防治江河洪水,应当保护、扩大流域林草植被,涵养水源,加强流域水土保持综合治理。

第十九条 整治河道和修建控制引导河水流向、保护堤岸等工程,应当兼顾上下游、左右岸的关系,按照规划治导线实施,不得任意改变河水流向。

国家确定的重要江河的规划治导线由流域管理机构拟定,报国务院水行政主管部门批准。

其他江河、河段的规划治导线由县级以上地方人民政府水行政主管部门拟定,报本级人民政府批准;跨省、自治区、直辖市的江河、河段和省、自治区、直辖市之间的省界河道的规划治导线由有关流域管理机构组织江河、河段所在地的省、自治区、直辖市人民政府水行政主管部门拟定,经有关省、自治区、直辖市人民政府审查提出意见后,报国务院水行政主管部门批准。

**第二十条**　整治河道、湖泊,涉及航道的,应当兼顾航运需要,并事先征求交通主管部门的意见。整治航道,应当符合江河、湖泊防洪安全要求,并事先征求水行政主管部门的意见。

在竹木流放的河流和渔业水域整治河道的,应当兼顾竹木水运和渔业发展的需要,并事先征求林业、渔业行政主管部门的意见。在河道中流放竹木,不得影响行洪和防洪工程设施的安全。

**第二十一条**　河道、湖泊管理实行按水系统一管理和分级管理相结合的原则,加强防护,确保畅通。

国家确定的重要江河、湖泊的主要河段,跨省、自治区、直辖市的重要河段、湖泊,省、自治区、直辖市之间的省界河道、湖泊以及国(边)界河道、湖泊,由流域管理机构和江河、湖泊所在地的省、自治区、直辖市人民政府水行政主管部门按照国务院水行政主管部门的划定依法实施管理。其他河道、湖泊,由县级以上地方人民政府水行政主管部门按照国务院水行政主管部门或者国务院水行政主管部门授权的机构的划定依法实施管理。

有堤防的河道、湖泊,其管理范围为两岸堤防之间的水域、沙洲、滩地、行洪区和堤防及护堤地;无堤防的河道、湖泊,其管理范围为历史最高洪水位或者设计洪水位之间的水域、沙洲、滩地和行洪区。

流域管理机构直接管理的河道、湖泊管理范围,由流域管理机构会同有关县级以上地方人民政府依照前款规定界定;其他河道、湖泊管理范围,由有关县级以上地方人民政府依照前款规定界定。

第二十二条 河道、湖泊管理范围内的土地和岸线的利用,应当符合行洪、输水的要求。

禁止在河道、湖泊管理范围内建设妨碍行洪的建筑物、构筑物,倾倒垃圾、渣土,从事影响河势稳定、危害河岸堤防安全和其他妨碍河道行洪的活动。

禁止在行洪河道内种植阻碍行洪的林木和高秆作物。

在船舶航行可能危及堤岸安全的河段,应当限定航速。限定航速的标志,由交通主管部门与水行政主管部门商定后设置。

第二十三条 禁止围湖造地。已经围垦的,应当按照国家规定的防洪标准进行治理,有计划地退地还湖。

禁止围垦河道。确需围垦的,应当进行科学论证,经水行政主管部门确认不妨碍行洪、输水后,报省级以上人民政府批准。

第二十四条 对居住在行洪河道内的居民,当地人民政府应当有计划地组织外迁。

第二十五条 护堤护岸的林木,由河道、湖泊管理机构组织营造和管理。护堤护岸林木,不得任意砍伐。采伐护堤护岸林木的,须经河道、湖泊管理机构同意后,依法办理采伐许可手续,并完成规定的更新补种任务。

第二十六条 对壅水、阻水严重的桥梁、引道、码头和其他跨河工程设施,根据防洪标准,有关水行政主管部门可以报请县级以上人民政府按照国务院规定的权限责令建设单位限期改建或者拆除。

第二十七条 建设跨河、穿河、穿堤、临河的桥梁、码头、道路、渡口、管道、缆线、取水、排水等工程设施,应当符合防洪标准、岸线规划、航运要求和其他技术要求,不得危害堤防安全,影响河势稳定、妨碍行洪畅通;其可行性研究报告按照国家规定的基本建设程序报请批准前,其中的工程建设方案应当经有关水行政主管部门根据前述防洪要求审查同意。

前款工程设施需要占用河道、湖泊管理范围内土地,跨越河道、湖泊空间或者穿越河床的,建设单位应当经有关水行政主管部门对该工程设施建设的位置和界限审查批准后,方可依法办理开工手续;安排施工时,应当按照水行政主管部门审查批准的位置和界限进行。

第二十八条 对于河道、湖泊管理范围内依照本法规定建设的工程设施,水行政主管部门有权依法检查;水行政主管部门检查时,被检查者应当如实提供有关的情况和资料。

前款规定的工程设施竣工验收时,应当有水行政主管部门参加。

## 第四章 防洪区和防洪工程设施的管理

第二十九条 防洪区是指洪水泛滥可能淹及的地区,分为洪泛区、蓄滞洪区和防洪保护区。

洪泛区是指尚无工程设施保护的洪水泛滥所及的地区。

蓄滞洪区是指包括分洪口在内的河堤背水面以外临时贮存洪水的低洼地区及湖泊等。

防洪保护区是指在防洪标准内受防洪工程设施保护的地区。

洪泛区、蓄滞洪区和防洪保护区的范围,在防洪规划或者防御洪水方案中划定,并报请省级以上人民政府按照国务院规定的权限批准后予以公告。

第三十条 各级人民政府应当按照防洪规划对防洪区内的土地利用实行分区管理。

第三十一条 地方各级人民政府应当加强对防洪区安全建设工作的领导,组织有关部门、单位对防洪区内的单位和居民进行防洪教育,普及防洪知识,提高水患意识;按照防洪规划和防御洪水方案建立并完善防洪体系和水文、气象、通信、预警以及洪涝灾害监测系统,提高防御洪水能力;组织防洪区内的单位和居民积极参加防洪工作,因地制宜地采取防洪避洪措施。

第三十二条 洪泛区、蓄滞洪区所在地的省、自治区、直辖市人民政府应当组织有关地区和部门,按照防洪规划的要求,制定洪泛区、蓄滞洪区安全建设计划,控制蓄滞洪区人口增长,对居住在经常使用的蓄滞洪区的居民,有计划地组织外迁,并采取其他必要的安全保护措施。

因蓄滞洪区而直接受益的地区和单位,应当对蓄滞洪区承担国家规定的补偿、救助义务。国务院和有关的省、自治区、直辖市人民政府应当建立对蓄滞洪区的扶持和补偿、救助制度。

国务院和有关的省、自治区、直辖市人民政府可以制定洪泛区、蓄滞洪区安全建设管理办法以及对蓄滞洪区的扶持和补偿、救助办法。

第三十三条　在洪泛区、蓄滞洪区内建设非防洪建设项目,应当就洪水对建设项目可能产生的影响和建设项目对防洪可能产生的影响作出评价,编制洪水影响评价报告,提出防御措施。建设项目可行性研究报告按照国家规定的基本建设程序报请批准时,应当附具有关水行政主管部门审查批准的洪水影响评价报告。

在蓄滞洪区内建设的油田、铁路、公路、矿山、电厂、电信设施和管道,其洪水影响评价报告应当包括建设单位自行安排的防洪避洪方案。建设项目投入生产或者使用时,其防洪工程设施应当经水行政主管部门验收。

在蓄滞洪区内建造房屋应当采用平顶式结构。

第三十四条　大中城市,重要的铁路、公路干线,大型骨干企业,应当列为防洪重点,确保安全。

受洪水威胁的城市、经济开发区、工矿区和国家重要的农业生产基地等,应当重点保护,建设必要的防洪工程设施。

城市建设不得擅自填堵原有河道沟汊、贮水湖塘洼淀和废除原有防洪围堤;确需填堵或者废除的,应当经水行政主管部门审查同意,并报城市人民政府批准。

第三十五条　属于国家所有的防洪工程设施,应当按照经批准的设计,在竣工验收前由县级以上人民政府按照国家规定,划定管理和保护范围。

属于集体所有的防洪工程设施,应当按照省、自治区、直辖市人民政府的规定,划定保护范围。

在防洪工程设施保护范围内,禁止进行爆破、打井、采石、取土等危害防洪工程设施安全的活动。

第三十六条　各级人民政府应当组织有关部门加强对水库大坝的定期检查和监督管理。对未达到设计洪水标准、抗震设防要求或者有严重质量缺陷的险坝,大坝主管部门应当组织有关单位采取除险加固措施,限期消除危险或者重建,有关人民政府应当优先安排所需资金。对可能出现垮坝的水库,应当事先制订应急抢险和居民临时撤离方案。

各级人民政府和有关主管部门应当加强对尾矿坝的监督管理,采取措施,避免因洪水导致垮坝。

**第三十七条** 任何单位和个人不得破坏、侵占、毁损水库大坝、堤防、水闸、护岸、抽水站、排水渠系等防洪工程和水文、通信设施以及防汛备用的器材、物料等。

## 第五章 防汛抗洪

**第三十八条** 防汛抗洪工作实行各级人民政府行政首长负责制,统一指挥,分级分部门负责。

**第三十九条** 国务院设立国家防汛指挥机构,负责领导、组织全国的防汛抗洪工作,其办事机构设在国务院水行政主管部门。

在国家确定的重要江河、湖泊可以设立由有关省、自治区、直辖市人民政府和该江河、湖泊的流域管理机构负责人等组成的防汛指挥机构,指挥所管辖范围内的防汛抗洪工作,其办事机构设在流域管理机构。

有防汛抗洪任务的县级以上地方人民政府设立由有关部门、当地驻军、人民武装部负责人等组成的防汛指挥机构,在上级防汛指挥机构和本级人民政府的领导下,指挥本地区的防汛抗洪工作,其办事机构设在同级水行政主管部门;必要时,经城市人民政府决定,防汛指挥机构也可以在建设行政主管部门设城市市区办事机构,在防汛指挥机构的统一领导下,负责城市市区的防汛抗洪日常工作。

**第四十条** 有防汛抗洪任务的县级以上地方人民政府根据流域综合规划、防洪工程实际状况和国家规定的防洪标准,制订防御洪水方案(包括对特大洪水的处置措施)。

长江、黄河、淮河、海河的防御洪水方案,由国家防汛指挥机构制订,报国务院批准;跨省、自治区、直辖市的其他江河的防御洪水方案,由有关流域管理机构会同有关省、自治区、直辖市人民政府制订,报国务院或者国务院授权的有关部门批准。防御洪水方案经批准后,有关地方人民政府必须执行。

各级防汛指挥机构和承担防汛抗洪任务的部门和单位,必须根据防御洪水方案做好防汛抗洪准备工作。

**第四十一条** 省、自治区、直辖市人民政府防汛指挥机构根据当地的洪水规律,规定汛期起止日期。

当江河、湖泊的水情接近保证水位或者安全流量,水库水位接近设计洪水位,或者防洪工程设施发生重大险情时,有关县级以上人民政府防汛指挥机构可以宣布进入紧急防汛期。

**第四十二条** 对河道、湖泊范围内阻碍行洪的障碍物,按照"谁设障、谁清除"的原则,由防汛指挥机构责令限期清除;逾期不清除的,由防汛指挥机构组织强行清除,所需费用由设障者承担。

在紧急防汛期,国家防汛指挥机构或者其授权的流域、省、自治区、直辖市防汛指挥机构有权对壅水、阻水严重的桥梁、引道、码头和其他跨河工程设施作出紧急处置。

**第四十三条** 在汛期,气象、水文、海洋等有关部门应当按照各自的职责,及时向有关防汛指挥机构提供天气、水文等实时信息和风暴潮预报;电信部门应当优先提供防汛抗洪通信的服务;运输、电力、物资材料供应等有关部门应当优先为防汛抗洪服务。

中国人民解放军、中国人民武装警察部队和民兵应当执行国家赋予的抗洪抢险任务。

**第四十四条** 在汛期,水库、闸坝和其他水工程设施的运用,必须服从有关的防汛指挥机构的调度指挥和监督。在汛期,水库不得擅自在汛期限制水位以上蓄水,其汛期限制水位以上的防洪库容的运用,必须服从防汛指挥机构的调度指挥和监督。

在凌汛期,有防凌汛任务的江河的上游水库的下泄水量必须征得有关的防汛指挥机构的同意,并接受其监督。

**第四十五条** 在紧急防汛期,防汛指挥机构根据防汛抗洪的需要,有权在其管辖范围内调用物资、设备、交通运输工具和人力,决定采取取土占地、砍伐林木、清除阻水障碍物和其他必要的紧急措施;必要时,公安、交通等有关部门按照防汛指挥机构的决定,依法实施陆地和水面交通管制。

依照前款规定调用的物资、设备、交通运输工具等,在汛期结束后应当及时归还;造成损坏或者无法归还的,按照国务院有关规定给予适当补偿或者作其他处理。取土占地、砍伐林木的,在汛期结束后依法向有关部门补办手续;有关地方人民政府对取土后的土地组织复垦,对砍伐的林木组织补种。

**第四十六条** 江河、湖泊水位或者流量达到国家规定的分洪标准,需要启用蓄滞洪区时,国务院,国家防汛指挥机构,流域防汛指挥机构,省、自治区、直辖市人民政府,省、自治区、直辖市防汛指挥机构,按照依法经批准的防御洪水方案中规定的启用条件和批准程序,决定启用蓄滞洪区。依法启用蓄滞洪区,任何单位和个人不得阻拦、拖延;遇到阻拦、拖延时,由有关县级以上地方人民政府强制实施。

**第四十七条** 发生洪涝灾害后,有关人民政府应当组织有关部门、单位做好灾区的生活供给、卫生防疫、救灾物资供应、治安管理、学校复课、恢复生产和重建家园等救灾工作以及所管辖地区的各项水毁工程设施修复工作。水毁防洪工程设施的修复,应当优先列入有关部门的年度建设计划。

国家鼓励、扶持开展洪水保险。

## 第六章 保障措施

**第四十八条** 各级人民政府应当采取措施,提高防洪投入的总体水平。

**第四十九条** 江河、湖泊的治理和防洪工程设施的建设和维护所需投资,按照事权和财权相统一的原则,分级负责,由中央和地方财政承担。城市防洪工程设施的建设和维护所需投资,由城市人民政府承担。

受洪水威胁地区的油田、管道、铁路、公路、矿山、电力、电信等企业、事业单位应当自筹资金,兴建必要的防洪自保工程。

**第五十条** 中央财政应当安排资金,用于国家确定的重要江河、湖泊的堤坝遭受特大洪涝灾害时的抗洪抢险和水毁防洪工程修复。省、自治区、直辖市人民政府应当在本级财政预算中安排资金,用于本行政区域内遭受特大洪涝灾害地区的抗洪抢险和水毁防洪工程修复。

**第五十一条** 国家设立水利建设基金,用于防洪工程和水利工程的维护和建设。具体办法由国务院规定。

受洪水威胁的省、自治区、直辖市为加强本行政区域内防洪工程设施建设,提高防御洪水能力,按照国务院的有关规定,可以规定在防洪保护区范围内征收河道工程修建维护管理费。

**第五十二条** 有防洪任务的地方各级人民政府应当根据国务院的有关规定,安排一定比例的农村义务工和劳动积累工,用于防洪工程设施的建设、维护。

**第五十三条** 任何单位和个人不得截留、挪用防洪、救灾资金和物资。

各级人民政府审计机关应当加强对防洪、救灾资金使用情况的审计监督。

# 第七章 法律责任

**第五十四条** 违反本法第十七条规定,未经水行政主管部门签署规划同意书,擅自在江河、湖泊上建设防洪工程和其他水工程、水电站的,责令停止违法行为,补办规划同意书手续;违反规划同意书的要求,严重影响防洪的,责令限期拆除;违反规划同意书的要求,影响防洪但尚可采取补救措施的,责令限期采取补救措施,可以处一万元以上十万元以下的罚款。

**第五十五条** 违反本法第十九条规定,未按照规划治导线整治河道和修建控制引导河水流向、保护堤岸等工程,影响防洪的,责令停止违法行为,恢复原状或者采取其他补救措施,可以处一万元以上十万元以下的罚款。

**第五十六条** 违反本法第二十二条第二款、第三款规定,有下列行为之一的,责令停止违法行为,排除阻碍或者采取其他补救措施,可以处五万元以下的罚款:

(一)在河道、湖泊管理范围内建设妨碍行洪的建筑物、构筑物的;

（二）在河道、湖泊管理范围内倾倒垃圾、渣土，从事影响河势稳定、危害河岸堤防安全和其他妨碍河道行洪的活动的；

（三）在行洪河道内种植阻碍行洪的林木和高秆作物的。

第五十七条　违反本法第十五条第二款、第二十三条规定，围海造地、围湖造地、围垦河道的，责令停止违法行为，恢复原状或者采取其他补救措施，可以处五万元以下的罚款；既不恢复原状也不采取其他补救措施的，代为恢复原状或者采取其他补救措施，所需费用由违法者承担。

第五十八条　违反本法第二十七条规定，未经水行政主管部门对其工程建设方案审查同意或者未按照有关水行政主管部门审查批准的位置、界限，在河道、湖泊管理范围内从事工程设施建设活动的，责令停止违法行为，补办审查同意或者审查批准手续；工程设施建设严重影响防洪的，责令限期拆除，逾期不拆除的，强行拆除，所需费用由建设单位承担；影响行洪但尚可采取补救措施的，责令限期采取补救措施，可以处一万元以上十万元以下的罚款。

第五十九条　违反本法第三十三条第一款规定，在洪泛区、蓄滞洪区内建设非防洪建设项目，未编制洪水影响评价报告的，责令限期改正；逾期不改正的，处五万元以下的罚款。

违反本法第三十三条第二款规定，防洪工程设施未经验收，即将建设项目投入生产或者使用的，责令停止生产或者使用，限期验收防洪工程设施，可以处五万元以下的罚款。

第六十条　违反本法第三十四条规定，因城市建设擅自填堵原有河道沟汊、贮水湖塘洼淀和废除原有防洪围堤的，城市人民政府应当责令停止违法行为，限期恢复原状或者采取其他补救措施。

第六十一条　违反本法规定，破坏、侵占、毁损堤防、水闸、护岸、抽水站、排水渠系等防洪工程和水文、通信设施以及防汛备用的器材、物料的，责令停止违法行为，采取补救措施，可以处五万元以下的罚款；造成损坏的，依法承担民事责任；应当给予治安管理处罚的，依照治安管理处罚条例的规定处罚；构成犯罪的，依法追究刑事责任。

第六十二条　阻碍、威胁防汛指挥机构、水行政主管部门或者流域管理机构的工作人员依法执行职务,构成犯罪的,依法追究刑事责任;尚不构成犯罪,应当给予治安管理处罚的,依照治安管理处罚条例的规定处罚。

**第六十三条** 截留、挪用防洪、救灾资金和物资,构成犯罪的,依法追究刑事责任;尚不构成犯罪的,给予行政处分。

**第六十四条** 除本法第六十条的规定外,本章规定的行政处罚和行政措施,由县级以上人民政府水行政主管部门决定,或者由流域管理机构按照国务院水行政主管部门规定的权限决定。但是,本法第六十一条、第六十二条规定的治安管理处罚的决定机关,按照治安管理处罚条例的规定执行。

**第六十五条** 国家工作人员,有下列行为之一,构成犯罪的,依法追究刑事责任;尚不构成犯罪的,给予行政处分:

(一)违反本法第十七条、第十九条、第二十二条第二款、第二十二条第三款、第二十七条或者第三十四条规定,严重影响防洪的;

(二)滥用职权,玩忽职守,徇私舞弊,致使防汛抗洪工作遭受重大损失的;

(三)拒不执行防御洪水方案、防汛抢险指令或者蓄滞洪方案、措施、汛期调度运用计划等防汛调度方案的;

(四)违反本法规定,导致或者加重毗邻地区或者其他单位洪灾损失的。

## 第八章 附 则

**第六十六条** 本法自1998年1月1日起施行。

# 中华人民共和国企业国有资产法

(2008 年 10 月 28 日第十一届全国人民代表大会
常务委员会第五次会议通过)

## 第一章 总 则

**第一条** 为了维护国家基本经济制度,巩固和发展国有经济,加强对国有资产的保护,发挥国有经济在国民经济中的主导作用,促进社会主义市场经济发展,制定本法。

**第二条** 本法所称企业国有资产(以下称国有资产),是指国家对企业各种形式的出资所形成的权益。

**第三条** 国有资产属于国家所有即全民所有。国务院代表国家行使国有资产所有权。

**第四条** 国务院和地方人民政府依照法律、行政法规的规定,分别代表国家对国家出资企业履行出资人职责,享有出资人权益。

国务院确定的关系国民经济命脉和国家安全的大型国家出资企业,重要基础设施和重要自然资源等领域的国家出资企业,由国务院代表国家履行出资人职责。其他的国家出资企业,由地方人民政府代表国家履行出资人职责。

**第五条** 本法所称国家出资企业,是指国家出资的国有独资企业、国有独资公司,以及国有资本控股公司、国有资本参股公司。

**第六条** 国务院和地方人民政府应当按照政企分开、社会公共管理职能与国有资产出资人职能分开、不干预企业依法自主经营的原则,依法履行出资人职责。

**第七条** 国家采取措施,推动国有资本向关系国民经济命脉和国家安全的重要行业和关键领域集中,优化国有经济布局和结构,推进国有企业的改革和发展,提高国有经济的整体素质,增强国有经济的控制力、影响力。

第八条　国家建立健全与社会主义市场经济发展要求相适应的国有资产管理与监督体制，建立健全国有资产保值增值考核和责任追究制度，落实国有资产保值增值责任。

第九条　国家建立健全国有资产基础管理制度。具体办法按照国务院的规定制定。

第十条　国有资产受法律保护，任何单位和个人不得侵害。

## 第二章　履行出资人职责的机构

第十一条　国务院国有资产监督管理机构和地方人民政府按照国务院的规定设立的国有资产监督管理机构，根据本级人民政府的授权，代表本级人民政府对国家出资企业履行出资人职责。

国务院和地方人民政府根据需要，可以授权其他部门、机构代表本级人民政府对国家出资企业履行出资人职责。

代表本级人民政府履行出资人职责的机构、部门，以下统称履行出资人职责的机构。

第十二条　履行出资人职责的机构代表本级人民政府对国家出资企业依法享有资产收益、参与重大决策和选择管理者等出资人权利。

履行出资人职责的机构依照法律、行政法规的规定，制定或者参与制定国家出资企业的章程。

履行出资人职责的机构对法律、行政法规和本级人民政府规定须经本级人民政府批准的履行出资人职责的重大事项，应当报请本级人民政府批准。

第十三条　履行出资人职责的机构委派的股东代表参加国有资本控股公司、国有资本参股公司召开的股东会会议、股东大会会议，应当按照委派机构的指示提出提案、发表意见、行使表决权，并将其履行职责的情况和结果及时报告委派机构。

第十四条　履行出资人职责的机构应当依照法律、行政法规以及企业章程履行出资人职责，保障出资人权益，防止国有资产损失。

履行出资人职责的机构应当维护企业作为市场主体依法享有的权

利,除依法履行出资人职责外,不得干预企业经营活动。

第十五条　履行出资人职责的机构对本级人民政府负责,向本级人民政府报告履行出资人职责的情况,接受本级人民政府的监督和考核,对国有资产的保值增值负责。

履行出资人职责的机构应当按照国家有关规定,定期向本级人民政府报告有关国有资产总量、结构、变动、收益等汇总分析的情况。

## 第三章　国家出资企业

第十六条　国家出资企业对其动产、不动产和其他财产依照法律、行政法规以及企业章程享有占有、使用、收益和处分的权利。

国家出资企业依法享有的经营自主权和其他合法权益受法律保护。

第十七条　国家出资企业从事经营活动,应当遵守法律、行政法规,加强经营管理,提高经济效益,接受人民政府及其有关部门、机构依法实施的管理和监督,接受社会公众的监督,承担社会责任,对出资人负责。

国家出资企业应当依法建立和完善法人治理结构,建立健全内部监督管理和风险控制制度。

第十八条　国家出资企业应当依照法律、行政法规和国务院财政部门的规定,建立健全财务、会计制度,设置会计账簿,进行会计核算,依照法律、行政法规以及企业章程的规定向出资人提供真实、完整的财务、会计信息。

国家出资企业应当依照法律、行政法规以及企业章程的规定,向出资人分配利润。

第十九条　国有独资公司、国有资本控股公司和国有资本参股公司依照《中华人民共和国公司法》的规定设立监事会。国有独资企业由履行出资人职责的机构按照国务院的规定委派监事组成监事会。

国家出资企业的监事会依照法律、行政法规以及企业章程的规定,对董事、高级管理人员执行职务的行为进行监督,对企业财务进行监督检查。

第二十条　国家出资企业依照法律规定,通过职工代表大会或者其他形式,实行民主管理。

第二十一条　国家出资企业对其所出资企业依法享有资产收益、参与重大决策和选择管理者等出资人权利。

国家出资企业对其所出资企业,应当依照法律、行政法规的规定,通过制定或者参与制定所出资企业的章程,建立权责明确、有效制衡的企业内部监督管理和风险控制制度,维护其出资人权益。

## 第四章　国家出资企业管理者的选择与考核

第二十二条　履行出资人职责的机构依照法律、行政法规以及企业章程的规定,任免或者建议任免国家出资企业的下列人员:

(一)任免国有独资企业的经理、副经理、财务负责人和其他高级管理人员;

(二)任免国有独资公司的董事长、副董事长、董事、监事会主席和监事;

(三)向国有资本控股公司、国有资本参股公司的股东会、股东大会提出董事、监事人选。

国家出资企业中应当由职工代表出任的董事、监事,依照有关法律、行政法规的规定由职工民主选举产生。

第二十三条　履行出资人职责的机构任命或者建议任命的董事、监事、高级管理人员,应当具备下列条件:

(一)有良好的品行;

(二)有符合职位要求的专业知识和工作能力;

(三)有能够正常履行职责的身体条件;

(四)法律、行政法规规定的其他条件。

董事、监事、高级管理人员在任职期间出现不符合前款规定情形或者出现《中华人民共和国公司法》规定的不得担任公司董事、监事、高级管理人员情形的,履行出资人职责的机构应当依法予以免职或者提出免职建议。

第二十四条　履行出资人职责的机构对拟任命或者建议任命的董

事、监事、高级管理人员的人选,应当按照规定的条件和程序进行考察。考察合格的,按照规定的权限和程序任命或者建议任命。

第二十五条　未经履行出资人职责的机构同意,国有独资企业、国有独资公司的董事、高级管理人员不得在其他企业兼职。未经股东会、股东大会同意,国有资本控股公司、国有资本参股公司的董事、高级管理人员不得在经营同类业务的其他企业兼职。

未经履行出资人职责的机构同意,国有独资公司的董事长不得兼任经理。未经股东会、股东大会同意,国有资本控股公司的董事长不得兼任经理。

董事、高级管理人员不得兼任监事。

第二十六条　国家出资企业的董事、监事、高级管理人员,应当遵守法律、行政法规以及企业章程,对企业负有忠实义务和勤勉义务,不得利用职权收受贿赂或者取得其他非法收入和不当利益,不得侵占、挪用企业资产,不得超越职权或者违反程序决定企业重大事项,不得有其他侵害国有资产出资人权益的行为。

第二十七条　国家建立国家出资企业管理者经营业绩考核制度。履行出资人职责的机构应当对其任命的企业管理者进行年度和任期考核,并依据考核结果决定对企业管理者的奖惩。

履行出资人职责的机构应当按照国家有关规定,确定其任命的国家出资企业管理者的薪酬标准。

第二十八条　国有独资企业、国有独资公司和国有资本控股公司的主要负责人,应当接受依法进行的任期经济责任审计。

第二十九条　本法第二十二条第一款第一项、第二项规定的企业管理者,国务院和地方人民政府规定由本级人民政府任免的,依照其规定。履行出资人职责的机构依照本章规定对上述企业管理者进行考核、奖惩并确定其薪酬标准。

## 第五章　关系国有资产出资人权益的重大事项

### 第一节　一般规定

第三十条　国家出资企业合并、分立、改制、上市,增加或者减少注册资本,发行债券,进行重大投资,为他人提供大额担保,转让重大财产,进行大额捐赠,分配利润,以及解散、申请破产等重大事项,应当遵守法律、行政法规以及企业章程的规定,不得损害出资人和债权人的权益。

第三十一条 国有独资企业、国有独资公司合并、分立,增加或者减少注册资本,发行债券,分配利润,以及解散、申请破产,由履行出资人职责的机构决定。

第三十二条 国有独资企业、国有独资公司有本法第三十条所列事项的,除依照本法第三十一条和有关法律、行政法规以及企业章程的规定,由履行出资人职责的机构决定的以外,国有独资企业由企业负责人集体讨论决定,国有独资公司由董事会决定。

第三十三条 国有资本控股公司、国有资本参股公司有本法第三十条所列事项的,依照法律、行政法规以及公司章程的规定,由公司股东会、股东大会或者董事会决定。由股东会、股东大会决定的,履行出资人职责的机构委派的股东代表应当依照本法第十三条的规定行使权利。

第三十四条 重要的国有独资企业、国有独资公司、国有资本控股公司的合并、分立、解散、申请破产以及法律、行政法规和本级人民政府规定应当由履行出资人职责的机构报经本级人民政府批准的重大事项,履行出资人职责的机构在作出决定或者向其委派参加国有资本控股公司股东会会议、股东大会会议的股东代表作出指示前,应当报请本级人民政府批准。

本法所称的重要的国有独资企业、国有独资公司和国有资本控股公司,按照国务院的规定确定。

第三十五条 国家出资企业发行债券、投资等事项,有关法律、行政法规规定应当报经人民政府或者人民政府有关部门、机构批准、核准或者备案的,依照其规定。

第三十六条 国家出资企业投资应当符合国家产业政策,并按照国家规定进行可行性研究;与他人交易应当公平、有偿,取得合理对价。

第三十七条 国家出资企业的合并、分立、改制、解散、申请破产等重大事项,应当听取企业工会的意见,并通过职工代表大会或者其他形式听取职工的意见和建议。

**第三十八条** 国有独资企业、国有独资公司、国有资本控股公司对其所出资企业的重大事项参照本章规定履行出资人职责。具体办法由国务院规定。

### 第二节 企业改制

**第三十九条** 本法所称企业改制是指:

(一)国有独资企业改为国有独资公司;

(二)国有独资企业、国有独资公司改为国有资本控股公司或者非国有资本控股公司;

(三)国有资本控股公司改为非国有资本控股公司。

**第四十条** 企业改制应当依照法定程序,由履行出资人职责的机构决定或者由公司股东会、股东大会决定。

重要的国有独资企业、国有独资公司、国有资本控股公司的改制,履行出资人职责的机构在作出决定或者向其委派参加国有资本控股公司股东会会议、股东大会会议的股东代表作出指示前,应当将改制方案报请本级人民政府批准。

**第四十一条** 企业改制应当制订改制方案,载明改制后的企业组织形式、企业资产和债权债务处理方案、股权变动方案、改制的操作程序、资产评估和财务审计等中介机构的选聘等事项。

企业改制涉及重新安置企业职工的,还应当制订职工安置方案,并经职工代表大会或者职工大会审议通过。

**第四十二条** 企业改制应当按照规定进行清产核资、财务审计、资产评估,准确界定和核实资产,客观、公正地确定资产的价值。

企业改制涉及以企业的实物、知识产权、土地使用权等非货币财产折算为国有资本出资或者股份的,应当按照规定对折价财产进行评估,以评估确认价格作为确定国有资本出资额或者股份数额的依据。不得将财产低价折股或者有其他损害出资人权益的行为。

### 第三节 与关联方的交易

**第四十三条** 国家出资企业的关联方不得利用与国家出资企业之间的交易,谋取不当利益,损害国家出资企业利益。

本法所称关联方,是指本企业的董事、监事、高级管理人员及其近亲属,以及这些人员所有或者实际控制的企业。

第四十四条 国有独资企业、国有独资公司、国有资本控股公司不得无偿向关联方提供资金、商品、服务或者其他资产,不得以不公平的价格与关联方进行交易。

第四十五条 未经履行出资人职责的机构同意,国有独资企业、国有独资公司不得有下列行为:

(一)与关联方订立财产转让、借款的协议;

(二)为关联方提供担保;

(三)与关联方共同出资设立企业,或者向董事、监事、高级管理人员或者其近亲属所有或者实际控制的企业投资。

第四十六条 国有资本控股公司、国有资本参股公司与关联方的交易,依照《中华人民共和国公司法》和有关行政法规以及公司章程的规定,由公司股东会、股东大会或者董事会决定。由公司股东会、股东大会决定的,履行出资人职责的机构委派的股东代表,应当依照本法第十三条的规定行使权利。

公司董事会对公司与关联方的交易作出决议时,该交易涉及的董事不得行使表决权,也不得代理其他董事行使表决权。

### 第四节 资产评估

第四十七条 国有独资企业、国有独资公司和国有资本控股公司合并、分立、改制,转让重大财产,以非货币财产对外投资,清算或者有法律、行政法规以及企业章程规定应当进行资产评估的其他情形的,应当按照规定对有关资产进行评估。

第四十八条 国有独资企业、国有独资公司和国有资本控股公司应当委托依法设立的符合条件的资产评估机构进行资产评估;涉及应当报经履行出资人职责的机构决定的事项的,应当将委托资产评估机构的情况向履行出资人职责的机构报告。

第四十九条 国有独资企业、国有独资公司、国有资本控股公司及其董事、监事、高级管理人员应当向资产评估机构如实提供有关情况和资料,不得与资产评估机构串通评估作价。

第五十条 资产评估机构及其工作人员受托评估有关资产,应当遵守法律、行政法规以及评估执业准则,独立、客观、公正地对受托评估的资产进行评估。资产评估机构应当对其出具的评估报告负责。

### 第五节　国有资产转让

**第五十一条**　本法所称国有资产转让,是指依法将国家对企业的出资所形成的权益转移给其他单位或者个人的行为;按照国家规定无偿划转国有资产的除外。

**第五十二条**　国有资产转让应当有利于国有经济布局和结构的战略性调整,防止国有资产损失,不得损害交易各方的合法权益。

**第五十三条**　国有资产转让由履行出资人职责的机构决定。履行出资人职责的机构决定转让全部国有资产的,或者转让部分国有资产致使国家对该企业不再具有控股地位的,应当报请本级人民政府批准。

**第五十四条**　国有资产转让应当遵循等价有偿和公开、公平、公正的原则。

除按照国家规定可以直接协议转让的以外,国有资产转让应当在依法设立的产权交易场所公开进行。转让方应当如实披露有关信息,征集受让方;征集产生的受让方为两个以上的,转让应当采用公开竞价的交易方式。

转让上市交易的股份依照《中华人民共和国证券法》的规定进行。

**第五十五条**　国有资产转让应当以依法评估的、经履行出资人职责的机构认可或者由履行出资人职责的机构报经本级人民政府核准的价格为依据,合理确定最低转让价格。

**第五十六条**　法律、行政法规或者国务院国有资产监督管理机构规定可以向本企业的董事、监事、高级管理人员或者其近亲属,或者这些人员所有或者实际控制的企业转让的国有资产,在转让时,上述人员或者企业参与受让的,应当与其他受让参与者平等竞买;转让方应当按照国家有关规定,如实披露有关信息;相关的董事、监事和高级管理人员不得参与转让方案的制订和组织实施的各项工作。

**第五十七条**　国有资产向境外投资者转让的,应当遵守国家有关规定,不得危害国家安全和社会公共利益。

# 第六章　国有资本经营预算

**第五十八条**　国家建立健全国有资本经营预算制度,对取得的国有资本收入及其支出实行预算管理。

**第五十九条**　国家取得的下列国有资本收入,以及下列收入的支出,应当编制国有资本经营预算:

(一)从国家出资企业分得的利润;

(二)国有资产转让收入;

(三)从国家出资企业取得的清算收入;

(四)其他国有资本收入。

**第六十条**　国有资本经营预算按年度单独编制,纳入本级人民政府预算,报本级人民代表大会批准。

国有资本经营预算支出按照当年预算收入规模安排,不列赤字。

**第六十一条**　国务院和有关地方人民政府财政部门负责国有资本经营预算草案的编制工作,履行出资人职责的机构向财政部门提出由其履行出资人职责的国有资本经营预算建议草案。

**第六十二条**　国有资本经营预算管理的具体办法和实施步骤,由国务院规定,报全国人民代表大会常务委员会备案。

# 第七章　国有资产监督

**第六十三条**　各级人民代表大会常务委员会通过听取和审议本级人民政府履行出资人职责的情况和国有资产监督管理情况的专项工作报告,组织对本法实施情况的执法检查等,依法行使监督职权。

**第六十四条**　国务院和地方人民政府应当对其授权履行出资人职责的机构履行职责的情况进行监督。

**第六十五条**　国务院和地方人民政府审计机关依照《中华人民共和国审计法》的规定,对国有资本经营预算的执行情况和属于审计监督对象的国家出资企业进行审计监督。

**第六十六条**　国务院和地方人民政府应当依法向社会公布国有资产状况和国有资产监督管理工作情况,接受社会公众的监督。

任何单位和个人有权对造成国有资产损失的行为进行检举和控告。

第六十七条　履行出资人职责的机构根据需要，可以委托会计师事务所对国有独资企业、国有独资公司的年度财务会计报告进行审计，或者通过国有资本控股公司的股东会、股东大会决议，由国有资本控股公司聘请会计师事务所对公司的年度财务会计报告进行审计，维护出资人权益。

# 第八章　法律责任

第六十八条　履行出资人职责的机构有下列行为之一的，对其直接负责的主管人员和其他直接责任人员依法给予处分：

（一）不按照法定的任职条件，任命或者建议任命国家出资企业管理者的；

（二）侵占、截留、挪用国家出资企业的资金或者应当上缴的国有资本收入的；

（三）违反法定的权限、程序，决定国家出资企业重大事项，造成国有资产损失的；

（四）有其他不依法履行出资人职责的行为，造成国有资产损失的。

第六十九条　履行出资人职责的机构的工作人员玩忽职守、滥用职权、徇私舞弊，尚不构成犯罪的，依法给予处分。

第七十条　履行出资人职责的机构委派的股东代表未按照委派机构的指示履行职责，造成国有资产损失的，依法承担赔偿责任；属于国家工作人员的，并依法给予处分。

第七十一条　国家出资企业的董事、监事、高级管理人员有下列行为之一，造成国有资产损失的，依法承担赔偿责任；属于国家工作人员的，并依法给予处分：

（一）利用职权收受贿赂或者取得其他非法收入和不当利益的；

（二）侵占、挪用企业资产的；

（三）在企业改制、财产转让等过程中，违反法律、行政法规和公平交易规则，将企业财产低价转让、低价折股的；

（四）违反本法规定与本企业进行交易的；

（五）不如实向资产评估机构、会计师事务所提供有关情况和资料，或者与资产评估机构、会计师事务所串通出具虚假资产评估报告、审计报告的；

（六）违反法律、行政法规和企业章程规定的决策程序，决定企业重大事项的；

（七）有其他违反法律、行政法规和企业章程执行职务行为的。

国家出资企业的董事、监事、高级管理人员因前款所列行为取得的收入，依法予以追缴或者归国家出资企业所有。

履行出资人职责的机构任命或者建议任命的董事、监事、高级管理人员有本条第一款所列行为之一，造成国有资产重大损失的，由履行出资人职责的机构依法予以免职或者提出免职建议。

第七十二条　在涉及关联方交易、国有资产转让等交易活动中，当事人恶意串通，损害国有资产权益的，该交易行为无效。

第七十三条　国有独资企业、国有独资公司、国有资本控股公司的董事、监事、高级管理人员违反本法规定，造成国有资产重大损失，被免职的，自免职之日起五年内不得担任国有独资企业、国有独资公司、国有资本控股公司的董事、监事、高级管理人员；造成国有资产特别重大损失，或者因贪污、贿赂、侵占财产、挪用财产或者破坏社会主义市场经济秩序被判处刑罚的，终身不得担任国有独资企业、国有独资公司、国有资本控股公司的董事、监事、高级管理人员。

第七十四条　接受委托对国家出资企业进行资产评估、财务审计的资产评估机构、会计师事务所违反法律、行政法规的规定和执业准则，出具虚假的资产评估报告或者审计报告的，依照有关法律、行政法规的规定追究法律责任。

第七十五条　违反本法规定，构成犯罪的，依法追究刑事责任。

# 第九章　附　则

第七十六条　金融企业国有资产的管理与监督，法律、行政法规另有规定的，依照其规定。

第七十七条　本法自 2009 年 5 月 1 日起施行。

# 国务院关于调整固定资产投资项目资本金比例的通知

## （国发〔2009〕27号）

各省、自治区、直辖市人民政府，国务院各部委、各直属机构：

固定资产投资项目资本金制度既是宏观调控手段，也是风险约束机制。该制度自1996年建立以来，对改善宏观调控、促进结构调整、控制企业投资风险、保障金融机构稳健经营、防范金融风险发挥了积极作用。为应对国际金融危机，扩大国内需求，有保有压，促进结构调整，有效防范金融风险，保持国民经济平稳较快增长，国务院决定对固定资产投资项目资本金比例进行适当调整。现就有关事项通知如下。

一、各行业固定资产投资项目的最低资本金比例按以下规定执行：

钢铁、电解铝项目，最低资本金比例为40%。

水泥项目，最低资本金比例为35%。

煤炭、电石、铁合金、烧碱、焦炭、黄磷、玉米深加工、机场、港口、沿海及内河航运项目，最低资本金比例为30%。

铁路、公路、城市轨道交通、化肥（钾肥除外）项目，最低资本金比例为25%。

保障性住房和普通商品住房项目的最低资本金比例为20%，其他房地产开发项目的最低资本金比例为30%。

其他项目的最低资本金比例为20%。

二、经国务院批准，对个别情况特殊的国家重大建设项目，可以适当降低最低资本金比例要求。属于国家支持的中小企业自主创新、高新技术投资项目，最低资本金比例可以适当降低。外商投资项目按现行有关法规执行。

三、金融机构在提供信贷支持和服务时，要坚持独立审贷，切实防范金融风险。要根据借款主体和项目实际情况，参照国家规定的资本金比例要求,对资本金的真实性、投资收益和贷款风险进行全面审查和评估,自主决定是否发放贷款以及具体的贷款数量和比例。

四、自本通知发布之日起,凡尚未审批可行性研究报告、核准项目申请报告、办理备案手续的投资项目,以及金融机构尚未贷款的投资项目,均按照本通知执行。已经办理相关手续但尚未开工建设的投资项目,参照本通知执行。

五、国家将根据经济形势发展和宏观调控需要,适时调整固定资产投资项目最低资本金比例。

六、本通知自发布之日起执行。

# 国务院办公厅转发国务院体改办

# 关于水利工程管理体制改革实施意见的通知

## （国办发〔2002〕45号）

各省、自治区、直辖市人民政府，国务院各部委、各直属机构：

国务院体改办关于《水利工程管理体制改革实施意见》已经国务院同意，现转发给你们，请认真贯彻执行。

中华人民共和国国务院办公厅<br>二○○二年九月十七日

# 水利工程管理体制改革实施意见

## （国务院体改办　二○○二年九月三日）

为了保证水利工程的安全运行，充分发挥水利工程的效益，促进水资源的可持续利用，保障经济社会的可持续发展，现就水利工程管理体制改革（以下简称水管体制改革）提出以下实施意见。

**一、水管体制改革的必要性和紧迫性**

水利工程是国民经济和社会发展的重要基础设施。50多年来，我国兴建了一大批水利工程，形成了数千亿元的水利固定资产，初步建成了防洪、排涝、灌溉、供水、发电等工程体系，在抗御水旱灾害，保障经济社会安全，促进工农业生产持续稳定发展，保护水土资源和改善生态环境等方面发挥了重要作用。

但是，水利工程管理中存在的问题也日趋突出，主要是：水利工程管理体制不顺,水利工程管理单位(以下简称水管单位)机制不活,水利工程运行管理和维修养护经费不足,供水价格形成机制不合理,国有水利经营性资产管理运营体制不完善等。这些问题不仅导致大量水利工程得不到正常的维修养护,效益严重衰减,而且对国民经济和人民生命财产安全带来极大的隐患,如不尽快从根本上解决,国家近年来相继投入巨资新建的大量水利设施也将老化失修、积病成险。因此,推进水管体制改革势在必行。

## 二、水管体制改革的目标和原则

(一)水管体制改革的目标。

通过深化改革,力争在 3~5 年内,初步建立符合我国国情、水情和社会主义市场经济要求的水利工程管理体制和运行机制:

——建立职能清晰、权责明确的水利工程管理体制;

——建立管理科学、经营规范的水管单位运行机制;

——建立市场化、专业化和社会化的水利工程维修养护体系;

——建立合理的水价形成机制和有效的水费计收方式;

——建立规范的资金投入、使用、管理与监督机制;

——建立较为完善的政策、法律支撑体系。

(二)水管体制改革的原则。

1.正确处理水利工程的社会效益与经济效益的关系。既要确保水利工程社会效益的充分发挥,又要引入市场竞争机制,降低水利工程的运行管理成本,提高管理水平和经济效益。

2.正确处理水利工程建设与管理的关系。既要重视水利工程建设,又要重视水利工程管理,在加大工程建设投资的同时加大工程管理的投入,从根本上解决"重建轻管"问题。

3.正确处理责、权、利的关系。既要明确政府各有关部门和水管单位的权利和责任,又要在水管单位内部建立有效的约束和激励机制,使管理责任、工作效绩和职工的切身利益紧密挂钩。

4.正确处理改革、发展与稳定的关系。既要从水利行业的实际出发,大胆探索,勇于创新,又要积极稳妥,充分考虑各方面的承受能力,把握好改革的时机与步骤,确保改革顺利进行。

5. 正确处理近期目标与长远发展的关系。既要努力实现水管体制改革的近期目标，又要确保新的管理体制有利于水资源的可持续利用和生态环境的协调发展。

### 三、水管体制改革的主要内容和措施

(一)明确权责,规范管理。

水行政主管部门对各类水利工程负有行业管理责任,负责监督检查水利工程的管理养护和安全运行,对其直接管理的水利工程负有监督资金使用和资产管理责任。对国民经济有重大影响的水资源综合利用及跨流域(指全国七大流域)引水等水利工程,原则上由国务院水行政主管部门负责管理;一个流域内,跨省(自治区、直辖市)的骨干水利工程原则上由流域机构负责管理;一省(自治区、直辖市)内,跨行政区划的水利工程原则上由上一级水行政主管部门负责管理;同一行政区划内的水利工程,由当地水行政主管部门负责管理。各级水行政主管部门要按照政企分开、政事分开的原则,转变职能,改善管理方式,提高管理水平。

水管单位具体负责水利工程的管理、运行和维护,保证工程安全和发挥效益。

水行政主管部门管理的水利工程出现安全事故的,要依法追究水行政主管部门、水管单位和当地政府负责人的责任;其他单位管理的水利工程出现安全事故的,要依法追究业主责任和水行政主管部门的行业管理责任。

(二)划分水管单位类别和性质,严格定编定岗。

1. 划分水管单位类别和性质。根据水管单位承担的任务和收益状况,将现有水管单位分为三类:

第一类是指承担防洪、排涝等水利工程管理运行维护任务的水管单位,称为纯公益性水管单位,定性为事业单位。

第二类是指承担既有防洪、排涝等公益性任务,又有供水、水力发电等经营性功能的水利工程管理运行维护任务的水管单位,称为准公益性水管单位。准公益性水管单位依其经营收益情况确定性质,不具备自收自支条件的,定性为事业单位;具备自收自支条件的,定性为企

业。目前已转制为企业的,维持企业性质不变。

第三类是指承担城市供水、水力发电等水利工程管理运行维护任务的水管单位,称为经营性水管单位,定性为企业。

水管单位的具体性质由机构编制部门会同同级财政和水行政主管部门负责确定。

2. 严格定编定岗。事业性质的水管单位,其编制由机构编制部门会同同级财政部门和水行政主管部门核定。实行水利工程运行管理和维修养护分离(以下简称管养分离)后的维修养护人员、准公益性水管单位中从事经营性资产运营和其他经营活动的人员,不再核定编制。各水管单位要根据国务院水行政主管部门和财政部门共同制定的《水利工程管理单位定岗标准》,在批准的编制总额内合理定岗。

(三)全面推进水管单位改革,严格资产管理。

1. 根据水管单位的性质和特点,分类推进人事、劳动、工资等内部制度改革。事业性质的水管单位,要按照精简、高效的原则,撤并不合理的管理机构,严格控制人员编制;全面实行聘用制,按岗聘人,职工竞争上岗,并建立严格的目标责任制度;水管单位负责人由主管部门通过竞争方式选任,定期考评,实行优胜劣汰。事业性质的水管单位仍执行国家统一的事业单位工资制度,同时鼓励在国家政策指导下,探索符合市场经济规则、灵活多样的分配机制,把职工收入与工作责任和绩效紧密结合起来。

企业性质的水管单位,要按照产权清晰、权责明确、政企分开、管理科学的原则建立现代企业制度,构建有效的法人治理结构,做到自主经营,自我约束,自负盈亏,自我发展;水管单位负责人由企业董事会或上级机构依照相关规定聘任,其他职工由水管单位择优聘用,并依法实行劳动合同制度,与职工签订劳动合同;要积极推行以岗位工资为主的基本工资制度,明确职责,以岗定薪,合理拉开各类人员收入差距。

要努力探索多样化的水利工程管理模式,逐步实行社会化和市场化。对于新建工程,应积极探索通过市场方式,委托符合条件的单位管理水利工程。

2. 规范水管单位的经营活动,严格资产管理。由财政全额拨款的纯公益性水管单位不得从事经营性活动。准公益性水管单位要在科学划分公益性和经营性资产的基础上,对内部承担防洪、排涝等公益职能部门和承担供水、发电及多种经营职能部门进行严格划分,将经营部门转制为水管单位下属企业,做到事企分开、财务独立核算。事业性质的准公益性水管单位在核定的财政资金到位情况下,不得兴办与水利工程无关的多种经营项目,已经兴办的要限期脱钩。企业性质的准公益性水管单位和经营性水管单位的投资经营活动,原则上应围绕与水利工程相关的项目进行,并保证水利工程日常维修养护经费的足额到位。

加强国有水利资产管理,明确国有资产出资人代表。积极培育具有一定规模的国有或国有控股的企业集团,负责水利经营性项目的投资和运营,承担国有资产的保值增值责任。

(四)积极推行管养分离。

积极推行水利工程管养分离,精简管理机构,提高养护水平,降低运行成本。

在对水管单位科学定岗和核定管理人员编制基础上,将水利工程维修养护业务和养护人员从水管单位剥离出来,独立或联合组建专业化的养护企业,以后逐步通过招标方式择优确定维修养护企业。

为确保水利工程管养分离的顺利实施,各级财政部门应保证经核定的水利工程维修养护资金足额到位;国务院水行政主管部门要尽快制定水利工程维修养护企业的资质标准;各级政府和水行政主管部门及有关部门应当努力创造条件,培育维修养护市场主体,规范维修养护市场环境。

(五)建立合理的水价形成机制,强化计收管理。

1.逐步理顺水价。水利工程供水水费为经营性收费,供水价格要按照补偿成本、合理收益、节约用水、公平负担的原则核定,对农业用水和非农业用水要区别对待,分类定价。农业用水水价按补偿供水成本的原则核定,不计利润;非农业用水(不含水力发电用水)价格在补偿供水成本、费用、计提合理利润的基础上确定。水价要根据水资源状况、供水成本及市场供求变化适时调整,分步到位。

除中央直属及跨省级水利工程供水价格由国务院价格主管部门管

理外,地方水价制定和调整工作由省级价格主管部门直接负责,或由市县价格主管部门提出调整方案报省级价格主管部门批准。国务院价格主管部门要尽快出台《水利工程供水价格管理办法》。

2.强化计收管理。要改进农业用水计量设施和方法,逐步推广按立方米计量。积极培育农民用水合作组织,改进收费办法,减少收费环节,提高缴费率。严格禁止乡村两级在代收水费中任意加码和截留。

供水经营者与用水户要通过签订供水合同,规范双方的责任和权利。要充分发挥用水户的监督作用,促进供水经营者降低供水成本。

(六)规范财政支付范围和方式,严格资金管理。

1.根据水管单位的类别和性质的不同,采取不同的财政支付政策。纯公益性水管单位,其编制内在职人员经费、离退休人员经费、公用经费等基本支出由同级财政负担。工程日常维修养护经费在水利工程维修养护岁修资金中列支。工程更新改造费用纳入基本建设投资计划,由计划部门在非经营性资金中安排。

事业性质的准公益性水管单位,其编制内承担公益性任务的在职人员经费、离退休人员经费、公用经费等基本支出以及公益性部分的工程日常维修养护经费等项支出,由同级财政负担,更新改造费用纳入基本建设投资计划,由计划部门在非经营性资金中安排;经营性部分的工程日常维修养护经费由企业负担,更新改造费用在折旧资金中列支,不足部分由计划部门在非经营性资金中安排。事业性质的准公益性水管单位的经营性资产收益和其他投资收益要纳入单位的经费预算。各级水行政主管部门应及时向同级财政部门报告该类水管单位各种收益的变化情况,以便财政部门实行动态核算,并适时调整财政补贴额度。

企业性质的水管单位,其所管理的水利工程的运行、管理和日常维修养护资金由水管单位自行筹集,财政不予补贴。企业性质的水管单位要加强资金积累,提高抗风险能力,确保水利工程维修养护资金的足额到位,保证水利工程的安全运行。

水利工程日常维修养护经费数额,由财政部门会同同级水行政主管部门依据《水利工程维修养护定额标准》确定。《水利工程维修养护定额标准》由国务院水行政主管部门会同财政部门共同制定。

2. 积极筹集水利工程维修养护岁修资金。为保障水管体制改革的顺利推进,各级政府要合理调整水利支出结构,积极筹集水利工程维修养护岁修资金。中央水利工程维修养护岁修资金来源为中央水利建设基金的30%(调整后的中央水利建设基金使用结构为:55%用于水利工程建设,30%用于水利工程维护,15%用于应急度汛),不足部分由中央财政给予安排。地方水利工程维修养护岁修资金来源为地方水利建设基金和河道工程修建维护管理费,不足部分由地方财政给予安排。

中央维修养护岁修资金用于中央所属水利工程的维修养护。省级水利工程维修养护岁修资金主要用于省属水利工程的维修养护,以及对贫困地区、县所属的非经营性水利工程的维修养护经费的补贴。

3. 严格资金管理。所有水利行政事业性收费均实行"收支两条线"管理。经营性水管单位和准公益性水管单位所属企业必须按规定提取工程折旧。工程折旧资金、维修养护经费、更新改造经费要做到专款专用,严禁挪作他用。各有关部门要加强对水管单位各项资金使用情况的审计和监督。

(七)妥善安置分流人员,落实社会保障政策。

1. 妥善安置分流人员。水行政主管部门和水管单位要在定编定岗的基础上,广开渠道,妥善安置分流人员。支持和鼓励分流人员大力开展多种经营,特别是旅游、水产养殖、农林畜产和建筑施工等具有行业和自身优势的项目。利用水利工程的管理和保护区域内的水土资源进行生产或经营的企业,要优先安排水管单位分流人员。在清理水管单位现有经营性项目的基础上,要把部分经营性项目的剥离与分流人员的安置结合起来。

剥离水管单位兴办的社会职能机构,水管单位所属的学校、医院原则上移交当地政府管理,人员成建制划转。在分流人员的安置过程中,各级政府和水行政主管部门要积极做好统筹安排和协调工作。

2. 落实社会保障政策。各类水管单位应按照有关法律、法规和政策参加所在地的基本医疗、失业、工伤、生育等社会保险。在全国统一的事业单位养老保险改革方案出台前,保留事业性质的水管单位仍维持现行养老制度。

转制为中央企业的水管单位的基本养老保险,可参照国家对转制科研机构、工程勘察设计单位的有关政策规定执行。各地应做好转制前后离退休人员养老保险待遇的衔接工作。

(八)税收扶持政策。

在实行水利工程管理体制改革中,为安置水管单位分流人员而兴办的多种经营企业,符合国家有关税法规定的,经税务部门核准,执行相应的税收优惠政策。

(九)完善新建水利工程管理体制。

进一步完善新建水利工程的建设管理体制。全面实行建设项目法人责任制、招标投标制和工程监理制,落实工程质量终身责任制,确保工程质量。

要实现新建水利工程建设与管理的有机结合。在制订建设方案的同时制订管理方案,核算管理成本,明确工程的管理体制、管理机构和运行管理经费来源,对没有管理方案的工程不予立项。要在工程建设过程中将管理设施与主体工程同步实施,管理设施不健全的工程不予验收。

(十)改革小型农村水利工程管理体制。

小型农村水利工程要明晰所有权,探索建立以各种形式农村用水合作组织为主的管理体制,因地制宜,采用承包、租赁、拍卖、股份合作等灵活多样的经营方式和运行机制,具体办法另行制定。

(十一)加强水利工程的环境与安全管理。

1. 加强环境保护。水利工程的建设和管理要遵守国家环保法律法规,符合环保要求,着眼于水资源的可持续利用。进行水利工程建设,要严格执行环境影响评价制度和环境保护"三同时"制度。水管单位要做好水利工程管理范围内的防护林(草)建设和水土保持工作,并采取有效措施,保障下游生态用水需要。水管单位开展多种经营活动应当避免污染水源和破坏生态环境。环保部门要组织开展有关环境监测工作,加强对水利工程及周边区域环境保护的监督管理。

2. 强化安全管理。水管单位要强化安全意识,加强对水利工程的安全保卫工作。利用水利工程的管理和保护区域内的水土资源开展的旅游等经营项目,要在确保水利工程安全的前提下进行。

原则上不得将水利工程作为主要交通通道;大坝坝顶、河道堤顶或戗台确需兼作公路的,需经科学论证和有关主管部门批准,并采取相应的安全维护措施;未经批准,已作为主要交通通道的,对大坝要限期实行坝路分离,对堤防要限制交通流量。

地方各级政府要按照国家有关规定,支持水管单位尽快完成水利工程的确权划界工作,明确水利工程的管理和保护范围。

(十二)加快法制建设,严格依法行政。

要尽快修订《水库大坝安全管理条例》,完善水利工程管理的有关法律、法规。各省、自治区、直辖市要加快制定相关的地方法规和实施细则。各级水行政主管部门要按照管理权限严格依法行政,加大水行政执法的力度。

### 四、加强组织领导

水管体制改革的有关工作由国务院水行政主管部门会同有关部门负责。各有关部门要高度重视,统一思想,密切配合。要加强对各地改革工作的指导,选择典型进行跟踪调研。对改革中出现的问题,要及时研究,提出解决措施。

各省、自治区、直辖市人民政府要加强对水管体制改革工作的领导,依据本实施意见,结合本地实际,制订具体实施方案并组织实施。

各级水行政主管部门和水管单位要认真组织落实改革方案,并做好职工的思想政治工作,确保水管体制改革的顺利进行和水利工程的安全运行。

# 国家计委、财政部、水利部、建设部
# 关于加强公益性水利工程建设管理的若干意见

## （二〇〇〇年五月二十日）

为了加强公益性水利工程(以下简称水利工程)的建设管理,进一步明确水利工程建设的项目法人及各个环节的责任,提高水利工程建设质量,现提出以下意见:

一、建立健全水利工程建设项目法人责任制

（一）按照《水利产业政策》,根据作用和受益范围,水利工程建设项目划分为中央项目和地方项目。中央项目由水利部(或流域机构)负责组织建设并承担相应责任,地方项目由地方人民政府组织建设并承担相应责任。项目的类别在审批项目建议书或可行性研究报告时确定。已安排中央投资进行建设的项目,由水利部与有关地方人民政府协商确定类别,报国家计委备案。

（二）中央项目由水利部(或流域机构)负责组建项目法人(即项目责任主体,下同),任命法人代表。地方项目由项目所在地的县级以上人民政府组建项目法人,任命法人代表,其中总投资在2亿元以上的地方大型水利工程项目,由项目所在地的省(自治区、直辖市及计划单列市,下同)人民政府负责或委托组建项目法人,任命法人代表。

（三）项目法人对项目建设的全过程负责,对项目的工程质量、工程进度和资金管理负总责。其主要职责为:负责组建项目法人在现场的建设管理机构;负责落实工程建设计划和资金;负责对工程质量、进度、资金等进行管理、检查和监督;负责协调项目的外部关系。

（四）项目法人应当按照《中华人民共和国合同法》和《建设工程质量管理条例》的有关规定,与勘察设计单位、施工单位、工程监理单位签订合同,并明确项目法人、勘察设计单位、施工单位、工程监理单位质量终身责任人及其所应负的责任。

（五）在长江中下游堤防工程项目中，长江水利委员会负责组织建设的一、二级堤防等重点堤防中的穿堤建筑物、基础加固、防渗处理、抛石固基等施工难度大、技术要求高的工程，由长江水利委员会负责组建项目法人，任命法人代表。工程建设的征地、拆迁、移民、施工影响补偿、防汛抢险、与地方实施工程的衔接、竣工验收和工程移交等与地方有关的事宜，由长江水利委员会与工程项目所在地的省人民政府（或授权部门）签订协议，并明确双方的责权关系，保证互相配合，防止互相推诿，以免影响工程施工和防汛。

二、加强水利工程项目的前期工作

（一）大江大河的综合治理规划及重大专项规划，由水利部负责组织编制，在充分听取有关部门、地方和专家意见的基础上，报国务院审批。尚未经过审批和需要进行修订的规划，要抓紧做好修订和报审工作。

（二）水利工程项目应符合流域规划要求，工程建设必须履行基本建设程序。水利工程项目的项目建议书、可行性研究报告、初步设计、开工报告或施工许可（按照国务院规定的权限和程序批准开工报告的建筑工程，不再领取施工许可证）等前期工作文件的审批，按照现行的基本建设程序办理。

（三）水利工程勘察设计单位承担水利工程的勘察设计任务，必须具备相应的水利水电设计资质，严禁无证或越级承担勘察设计任务。各级建设行政主管部门在审批勘察设计单位的水利水电勘察设计资质前，须征得水利行政主管部门的同意。

（四）地质、水文、气象、社会经济等水利工程设计的基础资料，凡不涉密的，要向社会公开，实行资料共享。

（五）水利工程项目的安排必须符合流域规划所确定的轻重缓急建设要求，既要考虑需要，也要充分研究投资方向、投资可能、前期工作深度等多种因素，严格按照基本建设程序审批。水利部门、受委托的咨询机构要对有关技术、经济问题严格把关，提出明确意见。不具备条件的项目不予审批。

（六）前期工作费用按照项目类别分别由中央和地方承担，其中用于规划和跨流域、跨地区、跨行业的基础性工作的，在中央和地方基本建设财政性投资中列支，严格按照基本建设程序进行管理；用于建设项目的，按规定纳入工程概算。中央和地方在安排建设计划和建设资金时，应优先保证用于项目建设的前期工作费用，并要合理安排资金进行勘察设计工作。

（七）年度计划中安排的水利工程项目，必须符合经过批准的可行性研究报告所确定的建设方案。工程施工必须具备施工图纸，完备各项校核、审核手续。

三、加强水利工程建设的施工组织

（一）水利工程建设必须按照有关规定认真执行项目法人责任制、招标投标制、工程监理制、合同管理制等管理制度。未按规定执行上述制度的，计划部门不安排计划，财政部门停止拨付资金。

（二）各级水利部门对水利工程质量和建设资金负行业管理责任。

（三）承建水利工程的施工企业必须具备相应的水利水电工程施工资质，并由项目法人按照《中华人民共和国招标投标法》的规定通过招标择优选定，严禁无证或越级承建水利工程。各级建设行政主管部门在审批施工企业的水利水电施工资质前，须征得水利行政主管部门的同意。工程施工不得分标过细或化整为零，严禁违法分包及层层转包。需组织群众进行土料运输、平整土地等单纯的工序和以群众投工投劳为主的堤防工程，必须采取相应的保证质量的措施，具体措施由水利部负责制定。

（四）承担水利工程监理的监理单位必须具备与所监理工程相应资质等级，并由项目法人按照《中华人民共和国招标投标法》的规定通过招标择优选定。堤防工程中，长江一、二级堤防工程的监理由长江水利委员会负责归口管理，其中一级堤防工程的监理由其所属的具备资质条件的监理公司承担；二级堤防工程依法通过招标方式择优选定监理单位，报长江水利委员会批准。其他流域一、二级堤防工程的监理，属流域机构直接负责建设的堤防工程，由流域机构通过招标方式择优选定监理单位，报水利部批准；不属流域机构直接负责建设的堤防工程,由项目法人依法通过招标方式择优选定监理单位,报流域机构批准。三级堤防等其他水利工程的监理单位,也要依法通过招标方式择优选择。

（五）进一步完善合同管理制。由水利部商有关部门,尽快组织制定《堤防工程施工合同范本》,并严格要求组织实施。

四、严格水利工程项目验收制度

（一）水利工程建设必须执行国家水利工程验收规程和规范。水利工程验收包括分部工程验收、阶段验收、单位工程验收和竣工验收。堤防工程的分部工程验收由项目法人主持。竣工验收,一级堤防由水利部（或委托流域机构）主持;二级堤防由流域机构主持;三级及三级以下堤防由地方水利部门主持。工程验收必须有专家参加,充分听取专家的意见。

（二）水利工程竣工验收前,质量监督单位要按水利工程质量评定规定提出质量监督意见报告,项目法人要按照财政部关于基本建设财务管理的规定提出工程竣工财务决算报告。在以上工作基础上,验收委员会鉴定工程质量等级,对工程进行验收。

（三）要充分考虑堤防工程应急度汛的特点,当工程具备验收条件时,要及时组织验收。验收中发现不符合施工质量要求的,由项目法人责成施工单位限期返工处理,直至达到质量要求;对未经验收不合格就交付使用或进行后续工程施工的,要追究项目法人的责任。未经验收而参与度汛的工程,由项目法人负责组织研究制订度汛方案,保证安全度汛。

五、加强水利工程建设项目的计划与资金管理

（一）水利工程建设项目法人必须按照国家批准的建设方案和投资规模编制年度计划,严格控制工程概算。

（二）中央项目的年度计划由水利部报国家计委,地方项目的年度计划由省计划和水利部门进行初审,其中一、二级堤防和列入国家计划的年度计划,须报送流域机构审核,由省计划和水利部门联合报送国家计委、水利部,同时抄送流域机构备案。

（三）地方要求审批项目或在年度计划中要求中央安排投资的,要

在申请报告中说明地方资金的具体来源,并出具出资证明。凡不通过规定渠道报送的项目,一律不予受理。地方资金不落实的项目,不予审批,不得安排中央资金。地方已承诺安排资金,但实际执行中到位不足的,中央计划、财政、水利等部门要督促地方补足,必要时可采取停止审批其他项目、调整计划、停止拨付中央资金等措施,督促地方将建设资金落实到位。

(四)完善协商和制约机制,减少计划下达和资金拨付的层次和环节。中央项目的计划和基本建设支出预算分别由国家计委和财政部下达到水利部,地方项目的计划由国家计委和水利部联合下达到省计划和水利部门。地方项目的基本建设支出预算,由财政部下达到省财政部门。国家计划和基本建设支出预算下达后,省计划、财政和水利部门应及时办理相应手续,凡可将计划和基本建设支出预算直接下达到项目法人的,要直接下达到项目法人。项目法人应根据国家下达的投资计划和基本建设支出预算,合理安排各项建设任务。

(五)各级计划、水利部门要根据规划,按项目的轻重缓急安排计划,对特别急需的项目尤其是起关键作用的工程(如重要干堤的重点段、重点病险水库的度汛应急工程等)应优先安排。

(六)水利基本建设资金管理要严格执行国家水利基本建设资金管理办法的规定,开设专户,专户存储,专款专用,严禁挤占、挪用和滞留。水利基本建设资金必须按规定用于经过批准的水利工程,任何单位和个人不得以任何名义改变基本建设支出预算,不得改变资金使用的性质和使用方向。

(七)各级计划(稽查)、财政、水利等部门下达计划、预算、稽查情况的文件要同时抄送各有关部门,做到互相监督,互相配合,及时通气,堵塞漏洞。对查处问题的责任单位,有关部门要采取有效措施督促整改,追究有关人员的责任并按规定严肃处理。

(八)设计变更、子项目调整、建设标准调整、概算预算调整等,须按程序上报原审批单位审批。由以上原因形成中央投资节余的,应按国家有关规定报国家计委、财政部、水利部审批后,将节余资金用于其他经过批准的水利工程建设项目。

（九）任何单位和个人，不得以任何借口和理由收取概算外的工程管理费。

六、加强对水利工程建设的检查监督

（一）各级计划、财政、水利及建设部门要充实检查监督力量，对水利工程建设项目及移民建镇项目的工程质量、建设进度和资金管理使用情况经常进行稽查、检查和监督，发现问题及时提出整改意见，按管理权限查处，并及时将有关情况向同级人民政府和上级主管部门报告。上级主管部门要定期和不定期地对项目执行情况进行检查和稽查。

（二）地方水利部门负责对地方投资的水利工程检查监督，定期将工程进度、工程质量、资金管理、工程监理和工程施工队伍等情况的检查和抽样检测结果，向上一级水利部门作出书面报告。水利部（或流域机构）负责对中央投资的水利工程进行检查监督，发现问题要及时查处，督促有关项目法人进行整改。

（三）加强专家对项目前期工作和项目实施过程的监督。对重大项目和关键问题，要组织专家进行充分论证。对专家提出的意见和建议要认真研究，对合理可行的意见要及时采纳。

（四）欢迎新闻媒体、人民群众和社会各方面的监督。各有关部门要设立举报电话，完善举报制度。对群众用各种形式提出的意见和建议，要认真分析，及时处理。

七、其他

（一）各地区和各有关部门可根据本意见制定相应的实施细则。

（二）本意见由国家计委商财政部、水利部、建设部负责解释。

发布单位：国务院
发文名称：国务院批转国家计委、财政部、水利部、建设部关于加强公益性水利工程建设管理若干意见的通知（国发[2000]20号）

# 中华人民共和国水文条例

（中华人民共和国国务院令　第496号）

## 第一章　总　则

**第一条**　为了加强水文管理,规范水文工作,为开发、利用、节约、保护水资源和防灾减灾服务,促进经济社会的可持续发展,根据《中华人民共和国水法》和《中华人民共和国防洪法》,制定本条例。

**第二条**　在中华人民共和国领域内从事水文站网规划与建设,水文监测与预报,水资源调查评价,水文监测资料汇交、保管与使用,水文设施与水文监测环境的保护等活动,应当遵守本条例。

**第三条**　水文事业是国民经济和社会发展的基础性公益事业。县级以上人民政府应当将水文事业纳入本级国民经济和社会发展规划,所需经费纳入本级财政预算,保障水文监测工作的正常开展,充分发挥水文工作在政府决策、经济社会发展和社会公众服务中的作用。

县级以上人民政府应当关心和支持少数民族地区、边远贫困地区和艰苦地区水文基础设施的建设和运行。

**第四条**　国务院水行政主管部门主管全国的水文工作,其直属的水文机构具体负责组织实施管理工作。

国务院水行政主管部门在国家确定的重要江河、湖泊设立的流域管理机构(以下简称流域管理机构),在所管辖范围内按照法律、本条例规定和国务院水行政主管部门规定的权限,组织实施管理有关水文工作。

省、自治区、直辖市人民政府水行政主管部门主管本行政区域内的水文工作,其直属的水文机构接受上级业务主管部门的指导,并在当地人民政府的领导下具体负责组织实施管理工作。

**第五条**　国家鼓励和支持水文科学技术的研究、推广和应用,保护水文科技成果,培养水文科技人才,加强水文国际合作与交流。

第六条　县级以上人民政府对在水文工作中作出突出贡献的单位和个人，按照国家有关规定给予表彰和奖励。

第七条　外国组织或者个人在中华人民共和国领域内从事水文活动的，应当经国务院水行政主管部门会同有关部门批准，并遵守中华人民共和国的法律、法规；在中华人民共和国与邻国交界的跨界河流上从事水文活动的，应当遵守中华人民共和国与相关国家缔结的有关条约、协定。

## 第二章　规划与建设

第八条　国务院水行政主管部门负责编制全国水文事业发展规划，在征求国务院有关部门意见后，报国务院或者其授权的部门批准实施。

流域管理机构根据全国水文事业发展规划编制流域水文事业发展规划，报国务院水行政主管部门批准实施。

省、自治区、直辖市人民政府水行政主管部门根据全国水文事业发展规划和流域水文事业发展规划编制本行政区域的水文事业发展规划，报本级人民政府批准实施，并报国务院水行政主管部门备案。

第九条　水文事业发展规划是开展水文工作的依据。修改水文事业发展规划，应当按照规划编制程序经原批准机关批准。

第十条　水文事业发展规划主要包括水文事业发展目标、水文站网建设、水文监测和情报预报设施建设、水文信息网络和业务系统建设以及保障措施等内容。

第十一条　国家对水文站网建设实行统一规划。水文站网建设应当坚持流域与区域相结合、区域服从流域，布局合理、防止重复，兼顾当前和长远需要的原则。

第十二条　水文站网的建设应当依据水文事业发展规划，按照国家固定资产投资项目建设程序组织实施。

为国家水利、水电等基础工程设施提供服务的水文站网的建设和运行管理经费，应当分别纳入工程建设概算和运行管理经费。

本条例所称水文站网，是指在流域或者区域内，由适当数量的各类水文测站构成的水文监测资料收集系统。

**第十三条** 国家对水文测站实行分类分级管理。

水文测站分为国家基本水文测站和专用水文测站。国家基本水文测站分为国家重要水文测站和一般水文测站。

**第十四条** 国家重要水文测站和流域管理机构管理的一般水文测站的设立和调整,由省、自治区、直辖市人民政府水行政主管部门或者流域管理机构报国务院水行政主管部门直属水文机构批准。其他一般水文测站的设立和调整,由省、自治区、直辖市人民政府水行政主管部门批准,报国务院水行政主管部门直属水文机构备案。

**第十五条** 设立专用水文测站,不得与国家基本水文测站重复;在国家基本水文测站覆盖的区域,确需设立专用水文测站的,应当按照管理权限报流域管理机构或者省、自治区、直辖市人民政府水行政主管部门直属水文机构批准。其中,因交通、航运、环境保护等需要设立专用水文测站的,有关主管部门批准前,应当征求流域管理机构或者省、自治区、直辖市人民政府水行政主管部门直属水文机构的意见。

撤销专用水文测站,应当报原批准机关批准。

**第十六条** 专用水文测站和从事水文活动的其他单位,应当接受水行政主管部门直属水文机构的行业管理。

**第十七条** 省、自治区、直辖市人民政府水行政主管部门管理的水文测站,对流域水资源管理和防灾减灾有重大作用的,业务上应当同时接受流域管理机构的指导和监督。

## 第三章 监测与预报

**第十八条** 从事水文监测活动应当遵守国家水文技术标准、规范和规程,保证监测质量。未经批准,不得中止水文监测。

国家水文技术标准、规范和规程,由国务院水行政主管部门会同国务院标准化行政主管部门制定。

**第十九条** 水文监测所使用的专用技术装备应当符合国务院水行政主管部门规定的技术要求。

水文监测所使用的计量器具应当依法经检定合格。水文监测所使用的计量器具的检定规程,由国务院水行政主管部门制定,报国务院计量行政主管部门备案。

第二十条　水文机构应当加强水资源的动态监测工作,发现被监测水体的水量、水质等情况发生变化可能危及用水安全的,应当加强跟踪监测和调查,及时将监测、调查情况和处理建议报所在地人民政府及其水行政主管部门;发现水质变化,可能发生突发性水体污染事件的,应当及时将监测、调查情况报所在地人民政府水行政主管部门和环境保护行政主管部门。

有关单位和个人对水资源动态监测工作应当予以配合。

第二十一条　承担水文情报预报任务的水文测站,应当及时、准确地向县级以上人民政府防汛抗旱指挥机构和水行政主管部门报告有关水文情报预报。

第二十二条　水文情报预报由县级以上人民政府防汛抗旱指挥机构、水行政主管部门或者水文机构按照规定权限向社会统一发布。禁止任何其他单位和个人向社会发布水文情报预报。

广播、电视、报纸和网络等新闻媒体,应当按照国家有关规定和防汛抗旱要求,及时播发、刊登水文情报预报,并标明发布机构和发布时间。

第二十三条　信息产业部门应当根据水文工作的需要,按照国家有关规定提供通信保障。

第二十四条　县级以上人民政府水行政主管部门应当根据经济社会的发展要求,会同有关部门组织相关单位开展水资源调查评价工作。

从事水文、水资源调查评价的单位,应当具备下列条件,并取得国务院水行政主管部门或者省、自治区、直辖市人民政府水行政主管部门颁发的资质证书:

(一)具有法人资格和固定的工作场所;

(二)具有与所从事水文活动相适应并经考试合格的专业技术人员;

(三)具有与所从事水文活动相适应的专业技术装备;

(四)具有健全的管理制度;

（五）符合国务院水行政主管部门规定的其他条件。

# 第四章　资料的汇交保管与使用

**第二十五条**　国家对水文监测资料实行统一汇交制度。从事地表水和地下水资源、水量、水质监测的单位以及其他从事水文监测的单位，应当按照资料管理权限向有关水文机构汇交监测资料。

重要地下水源地、超采区的地下水资源监测资料和重要引（退）水口、在江河和湖泊设置的排污口、重要断面的监测资料，由从事水文监测的单位向流域管理机构或者省、自治区、直辖市人民政府水行政主管部门直属水文机构汇交。

取用水工程的取（退）水、蓄（泄）水资料，由取用水工程管理单位向工程所在地水文机构汇交。

**第二十六条**　国家建立水文监测资料共享制度。水文机构应当妥善存储和保管水文监测资料，根据国民经济建设和社会发展需要对水文监测资料进行加工整理形成水文监测成果，予以刊印。国务院水行政主管部门直属的水文机构应当建立国家水文数据库。

基本水文监测资料应当依法公开，水文监测资料属于国家秘密的，对其密级的确定、变更、解密以及对资料的使用、管理，依照国家有关规定执行。

**第二十七条**　编制重要规划、进行重点项目建设和水资源管理等使用的水文监测资料，应当经国务院水行政主管部门直属水文机构、流域管理机构或者省、自治区、直辖市人民政府水行政主管部门直属水文机构审查，确保其完整、可靠、一致。

**第二十八条**　国家机关决策和防灾减灾、国防建设、公共安全、环境保护等公益事业需要使用水文监测资料和成果的，应当无偿提供。

除前款规定的情形外，需要使用水文监测资料和成果的，按照国家有关规定收取费用，并实行收支两条线管理。

因经营性活动需要提供水文专项咨询服务的，当事人双方应当签订有偿服务合同，明确双方的权利和义务。

# 第五章　设施与监测环境保护

**第二十九条**　国家依法保护水文监测设施。任何单位和个人不得侵占、毁坏、擅自移动或者擅自使用水文监测设施，不得干扰水文监测。

国家基本水文测站因不可抗力遭受破坏的，所在地人民政府和有关水行政主管部门应当采取措施，组织力量修复，确保其正常运行。

**第三十条**　未经批准，任何单位和个人不得迁移国家基本水文测站；因重大工程建设确需迁移的，建设单位应当在建设项目立项前，报请对该站有管理权限的水行政主管部门批准，所需费用由建设单位承担。

**第三十一条**　国家依法保护水文监测环境。县级人民政府应当按照国务院水行政主管部门确定的标准划定水文监测环境保护范围，并在保护范围边界设立地面标志。

任何单位和个人都有保护水文监测环境的义务。

**第三十二条**　禁止在水文监测环境保护范围内从事下列活动：

（一）种植高秆作物、堆放物料、修建建筑物、停靠船只；

（二）取土、挖砂、采石、淘金、爆破和倾倒废弃物；

（三）在监测断面取水、排污或者在过河设备、气象观测场、监测断面的上空架设线路；

（四）其他对水文监测有影响的活动。

**第三十三条**　在国家基本水文测站上下游建设影响水文监测的工程，建设单位应当采取相应措施，在征得对该站有管理权限的水行政主管部门同意后方可建设。因工程建设致使水文测站改建的，所需费用由建设单位承担。

**第三十四条**　在通航河道中或者桥上进行水文监测作业时，应当依法设置警示标志。

**第三十五条**　水文机构依法取得的无线电频率使用权和通信线路使用权受国家保护。任何单位和个人不得挤占、干扰水文机构使用的无线电频率，不得破坏水文机构使用的通信线路。

# 第六章  法律责任

**第三十六条**  违反本条例规定,有下列行为之一的,对直接负责的主管人员和其他直接责任人员依法给予处分;构成犯罪的,依法追究刑事责任:

(一)错报水文监测信息造成严重经济损失的;

(二)汛期漏报、迟报水文监测信息的;

(三)擅自发布水文情报预报的;

(四)丢失、毁坏、伪造水文监测资料的;

(五)擅自转让、转借水文监测资料的;

(六)不依法履行职责的其他行为。

**第三十七条**  未经批准擅自设立水文测站或者未经同意擅自在国家基本水文测站上下游建设影响水文监测的工程的,责令停止违法行为,限期采取补救措施,补办有关手续;无法采取补救措施、逾期不补办或者补办未被批准的,责令限期拆除违法建筑物;逾期不拆除的,强行拆除,所需费用由违法单位或者个人承担。

**第三十八条**  违反本条例规定,未取得水文、水资源调查评价资质证书从事水文活动的,责令停止违法行为,没收违法所得,并处 5 万元以上 10 万元以下罚款。

**第三十九条**  违反本条例规定,超出水文、水资源调查评价资质证书确定的范围从事水文活动的,责令停止违法行为,没收违法所得,并处 3 万元以上 5 万元以下罚款;情节严重的,由发证机关吊销资质证书。

**第四十条**  违反本条例规定,使用不符合规定的水文专用技术装备和水文计量器具的,责令限期改正。

**第四十一条**  违反本条例规定,有下列行为之一的,责令停止违法行为,处 1 万元以上 5 万元以下罚款:

(一)拒不汇交水文监测资料的;

(二)使用未经审定的水文监测资料的;

(三)非法向社会传播水文情报预报,造成严重经济损失和不良影响的。

第四十二条　违反本条例规定,侵占、毁坏水文监测设施或者未经批准擅自移动、擅自使用水文监测设施的,责令停止违法行为,限期恢复原状或者采取其他补救措施,可以处 5 万元以下罚款;构成违反治安管理行为的,依法给予治安管理处罚;构成犯罪的,依法追究刑事责任。

第四十三条　违反本条例规定,从事本条例第三十二条所列活动的,责令停止违法行为,限期恢复原状或者采取其他补救措施,可以处 1 万元以下罚款;构成违反治安管理行为的,依法给予治安管理处罚;构成犯罪的,依法追究刑事责任。

第四十四条　本条例规定的行政处罚,由县级以上人民政府水行政主管部门或者流域管理机构依据职权决定。

# 第七章　附　则

第四十五条　本条例中下列用语的含义是:

水文监测,是指通过水文站网对江河、湖泊、渠道、水库的水位、流量、水质、水温、泥沙、冰情、水下地形和地下水资源,以及降水量、蒸发量、墒情、风暴潮等实施监测,并进行分析和计算的活动。

水文测站,是指为收集水文监测资料在江河、湖泊、渠道、水库和流域内设立的各种水文观测场所的总称。

国家基本水文测站,是指为公益目的统一规划设立的对江河、湖泊、渠道、水库和流域基本水文要素进行长期连续观测的水文测站。

国家重要水文测站,是指对防灾减灾或者对流域和区域水资源管理等有重要作用的基本水文测站。

专用水文测站,是指为特定目的设立的水文测站。

基本水文监测资料,是指由国家基本水文测站监测并经过整编后的资料。

水文情报预报,是指对江河、湖泊、渠道、水库和其他水体的水文要素实时情况的报告和未来情况的预告。

水文监测设施,是指水文站房、水文缆道、测船、测船码头、监测场地、监测井、监测标志、专用道路、仪器设备、水文通信设施以及附属设施等。

水文监测环境,是指为确保监测到准确水文信息所必需的区域构成的立体空间。

**第四十六条** 中国人民解放军的水文工作,按照中央军事委员会的规定执行。

**第四十七条** 本条例自 2007 年 6 月 1 日起施行。

# 大中型水利水电工程建设征地补偿和移民安置条例

## 第一章 总 则

**第一条** 为了做好大中型水利水电工程建设征地补偿和移民安置工作,维护移民合法权益,保障工程建设的顺利进行,根据《中华人民共和国土地管理法》和《中华人民共和国水法》,制定本条例。

**第二条** 大中型水利水电工程的征地补偿和移民安置,适用本条例。

**第三条** 国家实行开发性移民方针,采取前期补偿、补助与后期扶持相结合的办法,使移民生活达到或者超过原有水平。

**第四条** 大中型水利水电工程建设征地补偿和移民安置应当遵循下列原则:

(一)以人为本,保障移民的合法权益,满足移民生存与发展的需求;

(二)顾全大局,服从国家整体安排,兼顾国家、集体、个人利益;

(三)节约利用土地,合理规划工程占地,控制移民规模;

(四)可持续发展,与资源综合开发利用、生态环境保护相协调;

(五)因地制宜,统筹规划。

**第五条** 移民安置工作实行政府领导、分级负责、县为基础、项目法人参与的管理体制。

国务院水利水电工程移民行政管理机构(以下简称国务院移民管理机构)负责全国大中型水利水电工程移民安置工作的管理和监督。

县级以上地方人民政府负责本行政区域内大中型水利水电工程移民安置工作的组织和领导;省、自治区、直辖市人民政府规定的移民管理机构,负责本行政区域内大中型水利水电工程移民安置工作的管理和监督。

## 第二章  移民安置规划

**第六条**  已经成立项目法人的大中型水利水电工程,由项目法人编制移民安置规划大纲,按照审批权限报省、自治区、直辖市人民政府或者国务院移民管理机构审批;省、自治区、直辖市人民政府或者国务院移民管理机构在审批前应当征求移民区和移民安置区县级以上地方人民政府的意见。

没有成立项目法人的大中型水利水电工程,项目主管部门应当会同移民区和移民安置区县级以上地方人民政府编制移民安置规划大纲,按照审批权限报省、自治区、直辖市人民政府或者国务院移民管理机构审批。

**第七条**  移民安置规划大纲应当根据工程占地和淹没区实物调查结果以及移民区、移民安置区经济社会情况和资源环境承载能力编制。

工程占地和淹没区实物调查,由项目主管部门或者项目法人会同工程占地和淹没区所在地的地方人民政府实施;实物调查应当全面准确,调查结果经调查者和被调查者签字认可并公示后,由有关地方人民政府签署意见。实物调查工作开始前,工程占地和淹没区所在地的省级人民政府应当发布通告,禁止在工程占地和淹没区新增建设项目和迁入人口,并对实物调查工作作出安排。

**第八条**  移民安置规划大纲应当主要包括移民安置的任务、去向、标准和农村移民生产安置方式以及移民生活水平评价和搬迁后生活水平预测、水库移民后期扶持政策、淹没线以上受影响范围的划定原则、移民安置规划编制原则等内容。

**第九条**  编制移民安置规划大纲应当广泛听取移民和移民安置区居民的意见;必要时,应当采取听证的方式。

经批准的移民安置规划大纲是编制移民安置规划的基本依据,应当严格执行,不得随意调整或者修改;确需调整或者修改的,应当报原批准机关批准。

**第十条**  已经成立项目法人的,由项目法人根据经批准的移民安置规划大纲编制移民安置规划;没有成立项目法人的,项目主管部门应当会同移民区和移民安置区县级以上地方人民政府,根据经批准的移民安置规划大纲编制移民安置规划。

大中型水利水电工程的移民安置规划,按照审批权限经省、自治区、直辖市人民政府移民管理机构或者国务院移民管理机构审核后,由项目法人或者项目主管部门报项目审批或者核准部门,与可行性研究报告或者项目申请报告一并审批或者核准。

省、自治区、直辖市人民政府移民管理机构或者国务院移民管理机构审核移民安置规划,应当征求本级人民政府有关部门以及移民区和移民安置区县级以上地方人民政府的意见。

**第十一条** 编制移民安置规划应当以资源环境承载能力为基础,遵循本地安置与异地安置、集中安置与分散安置、政府安置与移民自找门路安置相结合的原则。

编制移民安置规划应当尊重少数民族的生产、生活方式和风俗习惯。

移民安置规划应当与国民经济和社会发展规划以及土地利用总体规划、城市总体规划、村庄和集镇规划相衔接。

**第十二条** 移民安置规划应当对农村移民安置、城(集)镇迁建、工矿企业迁建、专项设施迁建或者复建、防护工程建设、水库水域开发利用、水库移民后期扶持措施、征地补偿和移民安置资金概(估)算等作出安排。

对淹没线以上受影响范围内因水库蓄水造成的居民生产、生活困难问题,应当纳入移民安置规划,按照经济合理的原则,妥善处理。

**第十三条** 对农村移民安置进行规划,应当坚持以农业生产安置为主,遵循因地制宜、有利生产、方便生活、保护生态的原则,合理规划农村移民安置点;有条件的地方,可以结合小城镇建设进行。

农村移民安置后,应当使移民拥有与移民安置区居民基本相当的土地等农业生产资料。

**第十四条** 对城(集)镇移民安置进行规划,应当以城(集)镇现状为基础,节约用地,合理布局。

工矿企业的迁建,应当符合国家的产业政策,结合技术改造和结构调整进行;对技术落后、浪费资源、产品质量低劣、污染严重、不具备安全生产条件的企业,应当依法关闭。

**第十五条** 编制移民安置规划应当广泛听取移民和移民安置区居民的意见;必要时,应当采取听证的方式。

经批准的移民安置规划是组织实施移民安置工作的基本依据,应当严格执行,不得随意调整或者修改;确需调整或者修改的,应当依照本条例第十条的规定重新报批。

未编制移民安置规划或者移民安置规划未经审核的大中型水利水电工程建设项目,有关部门不得批准或者核准其建设,不得为其办理用地等有关手续。

**第十六条** 征地补偿和移民安置资金、依法应当缴纳的耕地占用税和耕地开垦费以及依照国务院有关规定缴纳的森林植被恢复费等应当列入大中型水利水电工程概算。

征地补偿和移民安置资金包括土地补偿费、安置补助费,农村居民点迁建、城(集)镇迁建、工矿企业迁建以及专项设施迁建或者复建补偿费(含有关地上附着物补偿费),移民个人财产补偿费(含地上附着物和青苗补偿费)和搬迁费,库底清理费,淹没区文物保护费和国家规定的其他费用。

**第十七条** 农村移民集中安置的农村居民点、城(集)镇、工矿企业以及专项设施等基础设施的迁建或者复建选址,应当依法做好环境影响评价、水文地质与工程地质勘察、地质灾害防治和地质灾害危险性评估。

**第十八条** 对淹没区内的居民点、耕地等,具备防护条件的,应当在经济合理的前提下,采取修建防护工程等防护措施,减少淹没损失。

防护工程的建设费用由项目法人承担,运行管理费用由大中型水利水电工程管理单位负责。

**第十九条** 对工程占地和淹没区内的文物,应当查清分布,确认保护价值,坚持保护为主、抢救第一的方针,实行重点保护、重点发掘。

## 第三章 征地补偿

**第二十条** 依法批准的流域规划中确定的大中型水利水电工程建设项目的用地,应当纳入项目所在地的土地利用总体规划。

大中型水利水电工程建设项目核准或者可行性研究报告批准后,项目用地应当列入土地利用年度计划。

属于国家重点扶持的水利、能源基础设施的大中型水利水电工程建设项目,其用地可以以划拨方式取得。

**第二十一条** 大中型水利水电工程建设项目用地,应当依法申请并办理审批手续,实行一次报批、分期征收,按期支付征地补偿费。

对于应急的防洪、治涝等工程,经有批准权的人民政府决定,可以先行使用土地,事后补办用地手续。

**第二十二条** 大中型水利水电工程建设征收耕地的,土地补偿费和安置补助费之和为该耕地被征收前三年平均年产值的 16 倍。土地补偿费和安置补助费不能使需要安置的移民保持原有生活水平、需要提高标准的,由项目法人或者项目主管部门报项目审批或者核准部门批准。征收其他土地的土地补偿费和安置补助费标准,按照工程所在省、自治区、直辖市规定的标准执行。

被征收土地上的零星树木、青苗等补偿标准,按照工程所在省、自治区、直辖市规定的标准执行。

被征收土地上的附着建筑物按照其原规模、原标准或者恢复原功能的原则补偿;对补偿费用不足以修建基本用房的贫困移民,应当给予适当补助。

使用其他单位或者个人依法使用的国有耕地,参照征收耕地的补偿标准给予补偿;使用未确定给单位或者个人使用的国有未利用地,不予补偿。

移民远迁后,在水库周边淹没线以上属于移民个人所有的零星树木、房屋等应当分别依照本条第三款、第四款规定的标准给予补偿。

**第二十三条** 大中型水利水电工程建设临时用地,由县级以上人民政府土地主管部门批准。

第二十四条　工矿企业和交通、电力、电信、广播电视等专项设施以及中小学的迁建或者复建，应当按照其原规模、原标准或者恢复原功能的原则补偿。

第二十五条　大中型水利水电工程建设占用耕地的，应当执行占补平衡的规定。为安置移民开垦的耕地、因大中型水利水电工程建设而进行土地整理新增的耕地、工程施工新造的耕地可以抵扣或者折抵建设占用耕地的数量。

大中型水利水电工程建设占用25度以上坡耕地的，不计入需要补充耕地的范围。

## 第四章　移民安置

第二十六条　移民区和移民安置区县级以上地方人民政府负责移民安置规划的组织实施。

第二十七条　大中型水利水电工程开工前，项目法人应当根据经批准的移民安置规划，与移民区和移民安置区所在的省、自治区、直辖市人民政府或者市、县人民政府签订移民安置协议；签订协议的省、自治区、直辖市人民政府或者市人民政府，可以与下一级有移民或者移民安置任务的人民政府签订移民安置协议。

第二十八条　项目法人应当根据大中型水利水电工程建设的要求和移民安置规划，在每年汛期结束后60日内，向与其签订移民安置协议的地方人民政府提出下年度移民安置计划建议；签订移民安置协议的地方人民政府，应当根据移民安置规划和项目法人的年度移民安置计划建议，在与项目法人充分协商的基础上，组织编制并下达本行政区域的下年度移民安置年度计划。

第二十九条　项目法人应当根据移民安置年度计划，按照移民安置实施进度将征地补偿和移民安置资金支付给与其签订移民安置协议的地方人民政府。

第三十条　农村移民在本县通过新开发土地或者调剂土地集中安置的，县级人民政府应当将土地补偿费、安置补助费和集体财产补偿费直接全额兑付给该村集体经济组织或者村民委员会。

农村移民分散安置到本县内其他村集体经济组织或者村民委员会的,应当由移民安置村集体经济组织或者村民委员会与县级人民政府签订协议,按照协议安排移民的生产和生活。

**第三十一条** 农村移民在本省行政区域内其他县安置的,与项目法人签订移民安置协议的地方人民政府,应当及时将相应的征地补偿和移民安置资金交给移民安置区县级人民政府,用于安排移民的生产和生活。

农村移民跨省安置的,项目法人应当及时将相应的征地补偿和移民安置资金交给移民安置区省、自治区、直辖市人民政府,用于安排移民的生产和生活。

**第三十二条** 搬迁费以及移民个人房屋和附属建筑物、个人所有的零星树木、青苗、农副业设施等个人财产补偿费,由移民区县级人民政府直接全额兑付给移民。

**第三十三条** 移民自愿投亲靠友的,应当由本人向移民区县级人民政府提出申请,并提交接收地县级人民政府出具的接收证明;移民区县级人民政府确认其具有土地等农业生产资料后,应当与接收地县级人民政府和移民共同签订协议,将土地补偿费、安置补助费交给接收地县级人民政府,统筹安排移民的生产和生活,将个人财产补偿费和搬迁费发给移民个人。

**第三十四条** 城(集)镇迁建、工矿企业迁建、专项设施迁建或者复建补偿费,由移民区县级以上地方人民政府交给当地人民政府或者有关单位。因扩大规模、提高标准增加的费用,由有关地方人民政府或者有关单位自行解决。

**第三十五条** 农村移民集中安置的农村居民点应当按照经批准的移民安置规划确定的规模和标准迁建。

农村移民集中安置的农村居民点的道路、供水、供电等基础设施,由乡(镇)、村统一组织建设。

农村移民住房,应当由移民自主建造。有关地方人民政府或者村民委员会应当统一规划宅基地,但不得强行规定建房标准。

**第三十六条** 农村移民安置用地应当依照《中华人民共和国土地

管理法》和《中华人民共和国农村土地承包法》办理有关手续。

第三十七条 移民安置达到阶段性目标和移民安置工作完毕后,省、自治区、直辖市人民政府或者国务院移民管理机构应当组织有关单位进行验收;移民安置未经验收或者验收不合格的,不得对大中型水利水电工程进行阶段性验收和竣工验收。

# 第五章 后期扶持

第三十八条 移民安置区县级以上地方人民政府应当编制水库移民后期扶持规划,报上一级人民政府或者其移民管理机构批准后实施。

编制水库移民后期扶持规划应当广泛听取移民的意见;必要时,应当采取听证的方式。

经批准的水库移民后期扶持规划是水库移民后期扶持工作的基本依据,应当严格执行,不得随意调整或者修改;确需调整或者修改的,应当报原批准机关批准。

未编制水库移民后期扶持规划或者水库移民后期扶持规划未经批准,有关单位不得拨付水库移民后期扶持资金。

第三十九条 水库移民后期扶持规划应当包括后期扶持的范围、期限、具体措施和预期达到的目标等内容。水库移民安置区县级以上地方人民政府应当采取建立责任制等有效措施,做好后期扶持规划的落实工作。

第四十条 水库移民后期扶持资金应当按照水库移民后期扶持规划,主要作为生产生活补助发放给移民个人;必要时可以实行项目扶持,用于解决移民村生产生活中存在的突出问题,或者采取生产生活补助和项目扶持相结合的方式。具体扶持标准、期限和资金的筹集、使用管理依照国务院有关规定执行。

省、自治区、直辖市人民政府根据国家规定的原则,结合本行政区域实际情况,制定水库移民后期扶持具体实施办法,报国务院批准后执行。

第四十一条 各级人民政府应当加强移民安置区的交通、能源、水利、环保、通信、文化、教育、卫生、广播电视等基础设施建设,扶持移民安置区发展。

移民安置区地方人民政府应当将水库移民后期扶持纳入本级人民政府国民经济和社会发展规划。

第四十二条　国家在移民安置区和大中型水利水电工程受益地区兴办的生产建设项目,应当优先吸收符合条件的移民就业。

第四十三条　大中型水利水电工程建成后形成的水面和水库消落区土地属于国家所有,由该工程管理单位负责管理,并可以在服从水库统一调度和保证工程安全、符合水土保持和水质保护要求的前提下,通过当地县级人民政府优先安排给当地农村移民使用。

第四十四条　国家在安排基本农田和水利建设资金时,应当对移民安置区所在县优先予以扶持。

第四十五条　各级人民政府及其有关部门应当加强对移民的科学文化知识和实用技术的培训,加强法制宣传教育,提高移民素质,增强移民就业能力。

第四十六条　大中型水利水电工程受益地区的各级地方人民政府及其有关部门应当按照优势互补、互惠互利、长期合作、共同发展的原则,采取多种形式对移民安置区给予支持。

# 第六章　监督管理

第四十七条　国家对移民安置和水库移民后期扶持实行全过程监督。省、自治区、直辖市人民政府和国务院移民管理机构应当加强对移民安置和水库移民后期扶持的监督,发现问题应当及时采取措施。

第四十八条　国家对征地补偿和移民安置资金、水库移民后期扶持资金的拨付、使用和管理实行稽查制度,对拨付、使用和管理征地补偿和移民安置资金、水库移民后期扶持资金的有关地方人民政府及其有关部门的负责人依法实行任期经济责任审计。

第四十九条　县级以上人民政府应当加强对下级人民政府及其财政、发展改革、移民等有关部门或者机构拨付、使用和管理征地补偿和移民安置资金、水库移民后期扶持资金的监督。

县级以上地方人民政府或者其移民管理机构应当加强对征地补偿

和移民安置资金、水库移民后期扶持资金的管理,定期向上一级人民政府或者其移民管理机构报告并向项目法人通报有关资金拨付、使用和管理情况。

第五十条　各级审计、监察机关应当依法加强对征地补偿和移民安置资金、水库移民后期扶持资金拨付、使用和管理情况的审计和监察。

县级以上人民政府财政部门应当加强对征地补偿和移民安置资金、水库移民后期扶持资金拨付、使用和管理情况的监督。

审计、监察机关和财政部门进行审计、监察和监督时,有关单位和个人应当予以配合,及时提供有关资料。

第五十一条　国家对移民安置实行全过程监督评估。签订移民安置协议的地方人民政府和项目法人应当采取招标的方式,共同委托有移民安置监督评估专业技术能力的单位对移民搬迁进度、移民安置质量、移民资金的拨付和使用情况以及移民生活水平的恢复情况进行监督评估;被委托方应当将监督评估的情况及时向委托方报告。

从事移民安置规划编制和移民安置监督评估的专业技术人员,应当通过国家考试,取得相应的资格。

第五十二条　征地补偿和移民安置资金应当专户存储、专账核算,存储期间的孳息,应当纳入征地补偿和移民安置资金,不得挪作他用。

第五十三条　移民区和移民安置区县级人民政府,应当以村为单位将大中型水利水电工程征收的土地数量、土地种类和实物调查结果、补偿范围、补偿标准和金额以及安置方案等向群众公布。群众提出异议的,县级人民政府应当及时核查,并对统计调查结果不准确的事项进行改正;经核查无误的,应当及时向群众解释。

有移民安置任务的乡(镇)、村应当建立健全征地补偿和移民安置资金的财务管理制度,并将征地补偿和移民安置资金收支情况张榜公布,接受群众监督;土地补偿费和集体财产补偿费的使用方案应当经村民会议或者村民代表会议讨论通过。

移民安置区乡(镇)人民政府、村(居)民委员会应当采取有效措施帮助移民适应当地的生产、生活,及时调处矛盾纠纷。

第五十四条　县级以上地方人民政府或者其移民管理机构以及项目法人应当建立移民工作档案,并按照国家有关规定进行管理。

第五十五条　国家切实维护移民的合法权益。

在征地补偿和移民安置过程中,移民认为其合法权益受到侵害的,可以依法向县级以上人民政府或者其移民管理机构反映,县级以上人民政府或者其移民管理机构应当对移民反映的问题进行核实并妥善解决。移民也可以依法向人民法院提起诉讼。

移民安置后,移民与移民安置区当地居民享有同等的权利,承担同等的义务。

第五十六条　按照移民安置规划必须搬迁的移民,无正当理由不得拖延搬迁或者拒迁。已经安置的移民不得返迁。

# 第七章　法律责任

第五十七条　违反本条例规定,有关地方人民政府、移民管理机构、项目审批部门及其他有关部门有下列行为之一的,对直接负责的主管人员和其他直接责任人员依法给予行政处分;造成严重后果,有关责任人员构成犯罪的,依法追究刑事责任:

(一)违反规定批准移民安置规划大纲、移民安置规划或者水库移民后期扶持规划的;

(二)违反规定批准或者核准未编制移民安置规划或者移民安置规划未经审核的大中型水利水电工程建设项目的;

(三)移民安置未经验收或者验收不合格而对大中型水利水电工程进行阶段性验收或者竣工验收的;

(四)未编制水库移民后期扶持规划,有关单位拨付水库移民后期扶持资金的;

(五)移民安置管理、监督和组织实施过程中发现违法行为不予查处的;

(六)在移民安置过程中发现问题不及时处理,造成严重后果以及有其他滥用职权、玩忽职守等违法行为的。

第五十八条　违反本条例规定,项目主管部门或者有关地方人民政府及其有关部门调整或者修改移民安置规划大纲、移民安置规划或者水库移民后期扶持规划的，由批准该规划大纲、规划的有关人民政府或者其有关部门、机构责令改正，对直接负责的主管人员和其他直接责任人员依法给予行政处分；造成重大损失，有关责任人员构成犯罪的，依法追究刑事责任。

违反本条例规定，项目法人调整或者修改移民安置规划大纲、移民安置规划的，由批准该规划大纲、规划的有关人民政府或者其有关部门、机构责令改正，处 10 万元以上 50 万元以下的罚款；对直接负责的主管人员和其他直接责任人员处 1 万元以上 5 万元以下的罚款；造成重大损失，有关责任人员构成犯罪的，依法追究刑事责任。

第五十九条　违反本条例规定，在编制移民安置规划大纲、移民安置规划、水库移民后期扶持规划，或者进行实物调查、移民安置监督评估中弄虚作假的，由批准该规划大纲、规划的有关人民政府或者其有关部门、机构责令改正，对有关单位处 10 万元以上 50 万元以下的罚款；对直接负责的主管人员和其他直接责任人员处 1 万元以上 5 万元以下的罚款；给他人造成损失的，依法承担赔偿责任。

第六十条　违反本条例规定，侵占、截留、挪用征地补偿和移民安置资金、水库移民后期扶持资金的，责令退赔，并处侵占、截留、挪用资金额 3 倍以下的罚款，对直接负责的主管人员和其他责任人员依法给予行政处分；构成犯罪的，依法追究有关责任人员的刑事责任。

第六十一条　违反本条例规定，拖延搬迁或者拒迁的，当地人民政府或者其移民管理机构可以申请人民法院强制执行；违反治安管理法律、法规的，依法给予治安管理处罚；构成犯罪的，依法追究有关责任人员的刑事责任。

# 第八章　附　则

第六十二条　长江三峡工程的移民工作，依照《长江三峡工程建设移民条例》执行。

南水北调工程的征地补偿和移民安置工作，依照本条例执行。但是，南水北调工程中线、东线一期工程的移民安置规划的编制审批，依照国务院的规定执行。

第六十三条　本条例自 2006 年 9 月 1 日起施行。1991 年 2 月 15 日国务院发布的《大中型水利水电工程建设征地补偿和移民安置条例》同时废止。

# 中华人民共和国河道管理条例

## 第一章 总 则

**第一条** 为加强河道管理,保障防洪安全,发挥江河湖泊的综合效益,根据《中华人民共和国水法》,制定本条例。

**第二条** 本条例适用于中华人民共和国领域内的河道(包括湖泊、人工水道,行洪区、蓄洪区、滞洪区)。

河道内的航道,同时适用《中华人民共和国航道管理条例》。

**第三条** 开发利用江河湖泊水资源和防治水害,应当全面规划、统筹兼顾、综合利用、讲求效益,服从防洪的总体安排,促进各项事业的发展。

**第四条** 国务院水利行政主管部门是全国河道的主管机关。

各省、自治区、直辖市的水利行政主管部门是该行政区域的河道主管机关。

**第五条** 国家对河道实行按水系统一管理和分级管理相结合的原则。

长江、黄河、淮河、海河、珠江、松花江、辽河等大江大河的主要河段,跨省、自治区、直辖市的重要河段,省、自治区、直辖市之间的边界河道以及国境边界河道,由国家授权的江河流域管理机构实施管理,或者由上述江河所在省、自治区、直辖市的河道主管机关根据流域统一规划实施管理。其他河道由省、自治区、直辖市或者市、县的河道主管机关实施管理。

**第六条** 河道划分等级。河道等级标准由国务院水利行政主管部门制定。

**第七条** 河道防汛和清障工作实行地方人民政府行政首长负责制。

**第八条** 各级人民政府河道主管机关以及河道监理人员,必须按照国家法律、法规,加强河道管理,执行供水计划和防洪调度命令,维护水工程和人民生命财产安全。

**第九条** 一切单位和个人都有保护河道堤防安全和参加防汛抢险的义务。

# 第二章 河道整治与建设

**第十条** 河道的整治与建设,应当服从流域综合规划,符合国家规定的防洪标准、通航标准和其他有关技术要求,维护堤防安全,保持河势稳定和行洪、航运通畅。

**第十一条** 修建开发水利、防治水害、整治河道的各类工程和跨河、穿河、穿堤、临河的桥梁、码头、道路、渡口、管道、缆线等建筑物及设施,建设单位必须按照河道管理权限,将工程建设方案报送河道主管机关审查同意后,方可按照基本建设程序履行审批手续。

建设项目经批准后,建设单位应当将施工安排告知河道主管机关。

**第十二条** 修建桥梁、码头和其他设施,必须按照国家规定的防洪标准所确定的河宽进行,不得缩窄行洪通道。

桥梁和栈桥的梁底必须高于设计洪水位,并按照防洪和航运的要求,留有一定的超高。设计洪水位由河道主管机关根据防洪规划确定。

跨越河道的管道、线路的净空高度必须符合防洪和航运的要求。

**第十三条** 交通部门进行航道整治,应当符合防洪安全要求,并事先征求河道主管机关对有关设计和计划的意见。

水利部门进行河道整治,涉及航道的,应当兼顾航运的需要,并事先征求交通部门对有关设计和计划的意见。

在国家规定可以流放竹木的河流和重要的渔业水域进行河道、航道整治,建设单位应当兼顾竹木水运和渔业发展的需要,并事先将有关设计和计划送同级林业、渔业主管部门征求意见。

**第十四条** 堤防上已修建的涵闸、泵站和埋设的穿堤管道、缆线等建筑物及设施,河道主管机关应当定期检查,对不符合工程安全要求的,限期改建。

在堤防上新建前款所指建筑物及设施,必须经河道主管机关验收合格后方可启用,并服从河道主管机关的安全管理。

第十五条　确需利用堤顶或者戗台兼作公路的,须经上级河道主管机关批准。堤身和堤顶公路的管理和维护办法,由河道主管机关商交通部门制定。

第十六条　城镇建设和发展不得占用河道滩地。城镇规划的临河界限,由河道主管机关会同城镇规划等有关部门确定。沿河城镇在编制和审查城镇规划时,应当事先征求河道主管机关的意见。

第十七条　河道岸线的利用和建设,应当服从河道整治规划和航道整治规划。计划部门在审批利用河道岸线的建设项目时,应当事先征求河道主管机关的意见。

河道岸线的界限,由河道主管机关会同交通等有关部门报县级以上地方人民政府划定。

第十八条　河道清淤和加固堤防取土以及按照防洪规划进行河道整治需要占用的土地,由当地人民政府调剂解决。

因修建水库、整治河道所增加的可利用土地,属于国家所有,可以由县级以上人民政府用于移民安置和河道整治工程。

第十九条　省、自治区、直辖市以河道为边界的,在河道两岸外侧各十公里之内,以及跨省、自治区、直辖市的河道,未经有关各方达成协议或者国务院水利行政主管部门批准,禁止单方面修建排水、阻水、引水、蓄水工程以及河道整治工程。

# 第三章　河道保护

第二十条　有堤防的河道,其管理范围为两岸堤防之间的水域、沙洲、滩地(包括可耕地)、行洪区,两岸堤防及护堤地。

无堤防的河道,其管理范围根据历史最高洪水位或者设计洪水位确定。

河道的具体管理范围,由县级以上地方人民政府负责划定。

第二十一条　在河道管理范围内,水域和土地的利用应当符合江河行洪、输水和航运的要求;滩地的利用,应当由河道主管机关会同土地管理等有关部门制定规划,报县级以上地方人民政府批准后实施。

第二十二条　禁止损毁堤防、护岸、闸坝等水工程建筑物和防汛设施、水文监测和测量设施、河岸地质监测设施以及通信照明等设施。

在防汛抢险期间,无关人员和车辆不得上堤。

因降雨雪等造成堤顶泥泞期间,禁止车辆通行,但防汛抢险车辆除外。

**第二十三条** 禁止非管理人员操作河道上的涵闸闸门,禁止任何组织和个人干扰河道管理单位的正常工作。

**第二十四条** 在河道管理范围内,禁止修建围堤、阻水渠道、阻水道路;种植高秆农作物、芦苇、杞柳、荻柴和树木(堤防防护林除外);设置拦河渔具;弃置矿渣、石渣、煤灰、泥土、垃圾等。

在堤防和护堤地,禁止建房、放牧、开渠、打井、挖窖、葬坟、晒粮、存放物料、开采地下资源、进行考古发掘以及开展集市贸易活动。

**第二十五条** 在河道管理范围内进行下列活动,必须报经河道主管机关批准;涉及其他部门的,由河道主管机关会同有关部门批准:

(一)采砂、取土、淘金、弃置砂石或者淤泥;

(二)爆破、钻探、挖筑鱼塘;

(三)在河道滩地存放物料、修建厂房或者其他建筑设施;

(四)在河道滩地开采地下资源及进行考古发掘。

**第二十六条** 根据堤防的重要程度、堤基土质条件等,河道主管机关报经县级以上人民政府批准,可以在河道管理范围的相连地域划定堤防安全保护区。在堤防安全保护区内,禁止进行打井、钻探、爆破、挖筑鱼塘、采石、取土等危害堤防安全的活动。

**第二十七条** 禁止围湖造田。已经围垦的,应当按照国家规定的防洪标准进行治理,逐步退田还湖。湖泊的开发利用规划必须经河道主管机关审查同意。

禁止围垦河流,确需围垦的,必须经过科学论证,并经省级以上人民政府批准。

**第二十八条** 加强河道滩地、堤防和河岸的水土保持工作,防止水土流失、河道淤积。

**第二十九条** 江河的故道、旧堤、原有工程设施等,非经河道主管机关批准,不得填堵、占用或者拆毁。

第三十条　护堤护岸林木,由河道管理单位组织营造和管理,其他任何单位和个人不得侵占、砍伐或者破坏。

河道管理单位对护堤护岸林木进行抚育和更新性质的采伐及用于防汛抢险的采伐,根据国家有关规定免交育林基金。

第三十一条　在为保证堤岸安全需要限制航速的河段,河道主管机关应当会同交通部门设立限制航速的标志,通行的船舶不得超速行驶。

在汛期,船舶的行驶和停靠必须遵守防汛指挥部的规定。

第三十二条　山区河道有山体滑坡、崩岸、泥石流等自然灾害的河段,河道主管机关应当会同地质、交通等部门加强监测。在上述河段,禁止从事开山采石、采矿、开荒等危及山体稳定的活动。

第三十三条　在河道中流放竹木,不得影响行洪、航运和水工程安全,并服从当地河道主管机关的安全管理。

在汛期,河道主管机关有权对河道上的竹木和其他漂流物进行紧急处置。

第三十四条　向河道、湖泊排污的排污口的设置和扩大,排污单位在向环境保护部门申报之前,应当征得河道主管机关的同意。

第三十五条　在河道管理范围内,禁止堆放、倾倒、掩埋、排放污染水体的物体。禁止在河道内清洗装贮过油类或者有毒污染物的车辆、容器。

河道主管机关应当开展河道水质监测工作,协同环境保护部门对水污染防治实施监督管理。

# 第四章　河道清障

第三十六条　对河道管理范围内的阻水障碍物,按照"谁设障,谁清除"的原则,由河道主管机关提出清障计划和实施方案,由防汛指挥部责令设障者在规定的期限内清除。逾期不清除的,由防汛指挥部组织强行清除,并由设障者负担全部清障费用。

第三十七条　对壅水、阻水严重的桥梁、引道、码头和其他跨河工程设施,根据国家规定的防洪标准,由河道主管机关提出意见并报经人民政府批准,责成原建设单位在规定的期限内改建或者拆除。汛期影响防洪安全的,必须服从防汛指挥部的紧急处理决定。

## 第五章 经 费

**第三十八条** 河道堤坊的防汛岁修费,按照分级管理的原则,分别由中央财政和地方财政负担,列入中央和地方年度财政预算。

**第三十九条** 受益范围明确的堤防、护岸、水闸、圩垸、海塘和排涝工程设施,河道主管机关可以向受益的工商企业等单位和农户收取河道工程修建维护管理费,其标准应当根据工程修建和维护管理费用确定。收费的具体标准和计收办法由省、自治区、直辖市人民政府制定。

**第四十条** 在河道管理范围内采砂、取土、淘金,必须按照经批准的范围和作业方式进行,并向河道主管机关缴纳管理费。收费的标准和计收办法由国务院水利行政主管部门会同国务院财政主管部门制定。

**第四十一条** 任何单位和个人,凡对堤防、护岸和其他水工程设施造成损坏或者造成河道淤积的,由责任者负责修复、清淤或者承担维修费用。

**第四十二条** 河道主管机关收取的各项费用,用于河道堤防工程的建设、管理、维修和设施的更新改造。结余资金可以连年结转使用,任何部门不得截取或者挪用。

**第四十三条** 河道两岸的城镇和农村,当地县级以上人民政府可以在汛期组织堤防保护区域内的单位和个人义务出工,对河道堤防工程进行维修和加固。

## 第六章 罚 则

**第四十四条** 违反本条例规定,有下列行为之一的,县级以上地方人民政府河道主管机关除责令其纠正违法行为、采取补救措施外,可以并处警告、罚款、没收非法所得;对有关责任人员,由其所在单位或者上级主管机关给予行政处分;构成犯罪的,依法追究刑事责任:

(一)在河道管理范围内弃置、堆放阻碍行洪物体的;种植阻碍行洪的林木或者高秆植物的；修建围堤、阻水渠道、阻水道路的；

（二）在堤防、护堤地建房、放牧、开渠、打井、挖窖、葬坟、晒粮、存放物料、开采地下资源、进行考古发掘以及开展集市贸易活动的；

（三）未经批准或者不按照国家规定的防洪标准、工程安全标准整治河道或者修建水工程建筑物和其他设施的；

（四）未经批准或者不按照河道主管机关的规定在河道管理范围内采砂、取土、淘金、弃置砂石或者淤泥、爆破、钻探、挖筑鱼塘的；

（五）未经批准在河道滩地存放物料、修建厂房或者其他建筑设施，以及开采地下资源或者进行考古发掘的；

（六）违反本条例第二十七条的规定，围垦湖泊、河流的；

（七）擅自砍伐护堤护岸林木的；

（八）汛期违反防汛指挥部的规定或者指令的。

**第四十五条** 违反本条例规定，有下列行为之一的，县级以上地方人民政府河道主管机关除责令其纠正违法行为、赔偿损失、采取补救措施外，可以并处警告、罚款；应当给予治安管理处罚的，按照《中华人民共和国治安管理处罚条例》的规定处罚；构成犯罪的，依法追究刑事责任：

（一）损毁堤防、护岸、闸坝、水工建筑物，损毁防汛设施、水文监测和测量设施、河岸地质监测设施以及通信照明等设施的；

（二）在堤防安全保护区内进行打井、钻探、爆破、挖筑鱼塘、采石、取土等危害堤防安全的活动的；

（三）非管理人员操作河道上的涵闸闸门或者干扰河道管理单位正常工作的。

**第四十六条** 当事人对行政处罚决定不服的，可以在接到处罚通知之日起十五日内，向作出处罚决定的机关的上一级机关申请复议，对复议决定不服的，可以在接到复议决定之日起十五日内，向人民法院起诉。当事人也可以在接到处罚通知之日起十五日内，直接向人民法院起诉。当事人逾期不申请复议或者不向人民法院起诉又不履行处罚决定的，由作出处罚决定的机关申请人民法院强制执行。对治安管理处罚不服的，按照《中华人民共和国治安管理处罚条例》的规定办理。

**第四十七条** 对违反本条例规定,造成国家、集体、个人经济损失的,受害方可以请求县级以上河道主管机关处理。受害方也可以直接向人民法院起诉。

当事人对河道主管机关的处理决定不服的,可以在接到通知之日起十五日内向人民法院起诉。

**第四十八条** 河道主管机关的工作人员以及河道监理人员玩忽职守、滥用职权、徇私舞弊的,由其所在单位或者上级主管机关给予行政处分;对公共财产、国家和人民利益造成重大损失的,依法追究刑事责任。

## 第七章 附 则

**第四十九条** 各省、自治区、直辖市人民政府,可以根据本条例的规定,结合本地区的实际情况,制定实施办法。

**第五十条** 本条例由国务院水利行政主管部门负责解释。

**第五十一条** 本条例自发布之日起施行。

# 建设项目环境保护管理条例

## 第一章 总 则

**第一条** 为了防止建设项目产生新的污染、破坏生态环境,制定本条例。

**第二条** 在中华人民共和国领域和中华人民共和国管辖的其他海域内建设对环境有影响的建设项目,适用本条例。

**第三条** 建设产生污染的建设项目,必须遵守污染物排放的国家标准和地方标准;在实施重点污染物排放总量控制的区域内,还必须符合重点污染物排放总量控制的要求。

**第四条** 工业建设项目应当采用能耗物耗小、污染物产生量少的清洁生产工艺,合理利用自然资源,防止环境污染和生态破坏。

**第五条** 改建、扩建项目和技术改造项目必须采取措施,治理与该项目有关的原有环境污染和生态破坏。

## 第二章 环境影响评价

**第六条** 国家实行建设项目环境影响评价制度。

建设项目的环境影响评价工作,由取得相应资格证书的单位承担。

**第七条** 国家根据建设项目对环境的影响程度,按照下列规定对建设项目的环境保护实行分类管理:

(一)建设项目对环境可能造成重大影响的,应当编制环境影响报告书,对建设项目产生的污染和对环境的影响进行全面、详细的评价;

(二)建设项目对环境可能造成轻度影响的,应当编制环境影响报告表,对建设项目产生的污染和对环境的影响进行分析或者专项评价;

(三)建设项目对环境影响很小,不需要进行环境影响评价的,应当填报环境影响登记表。

建设项目环境保护分类管理名录,由国务院环境保护行政主管部门制定并公布。

**第八条** 建设项目环境影响报告书,应当包括下列内容:

(一)建设项目概况;

(二)建设项目周围环境现状;

(三)建设项目对环境可能造成影响的分析和预测;

(四)环境保护措施及其经济、技术论证;

(五)环境影响经济损益分析;

(六)对建设项目实施环境监测的建议;

(七)环境影响评价结论。

涉及水土保持的建设项目,还必须有经水行政主管部门审查同意的水土保持方案。

建设项目环境影响报告表、环境影响登记表的内容和格式,由国务院环境保护行政主管部门规定。

**第九条** 建设单位应当在建设项目可行性研究阶段报批建设项目环境影响报告书、环境影响报告表或者环境影响登记表;但是,铁路、交通等建设项目,经有审批权的环境保护行政主管部门同意,可以在初步设计完成前报批环境影响报告书或者环境影响报告表。

按照国家有关规定,不需要进行可行性研究的建设项目,建设单位应当在建设项目开工前报批建设项目环境影响报告书、环境影响报告表或者环境影响登记表;其中,需要办理营业执照的,建设单位应当在办理营业执照前报批建设项目环境影响报告书、环境影响报告表或者环境影响登记表。

**第十条** 建设项目环境影响报告书、环境影响报告表或者环境影响登记表,由建设单位报有审批权的环境保护行政主管部门审批;建设项目有行业主管部门的,其环境影响报告书或者环境影响报告表应当经行业主管部门预审后,报有审批权的环境保护行政主管部门审批。

海岸工程建设项目环境影响报告书或者环境影响报告表,经海洋行政主管部门审核并签署意见后,报环境保护行政主管部门审批。

环境保护行政主管部门应当自收到建设项目环境影响报告书之日起 60 日内、收到环境影响报告表之日起 30 日内、收到环境影响登记表之日起 15 日内,分别作出审批决定并书面通知建设单位。

预审、审核、审批建设项目环境影响报告书、环境影响报告表或者环境影响登记表，不得收取任何费用。

**第十一条** 国务院环境保护行政主管部门负责审批下列建设项目环境影响报告书、环境影响报告表或者环境影响登记表：

（一）核设施、绝密工程等特殊性质的建设项目；

（二）跨省、自治区、直辖市行政区域的建设项目；

（三）国务院审批的或者国务院授权有关部门审批的建设项目。

前款规定以外的建设项目环境影响报告书、环境影响报告表或者环境影响登记表的审批权限，由省、自治区、直辖市人民政府规定。

建设项目造成跨行政区域环境影响，有关环境保护行政主管部门对环境影响评价结论有争议的，其环境影响报告书或者环境影响报告表由共同上一级环境保护行政主管部门审批。

**第十二条** 建设项目环境影响报告书、环境影响报告表或者环境影响登记表经批准后，建设项目的性质、规模、地点或者采用的生产工艺发生重大变化的，建设单位应当重新报批建设项目环境影响报告书、环境影响报告表或者环境影响登记表。

建设项目环境影响报告书、环境影响报告表或者环境影响登记表自批准之日起满 5 年，建设项目方开工建设的，其环境影响报告书、环境影响报告表或者环境影响登记表应当报原审批机关重新审核。原审批机关应当自收到建设项目环境影响报告书、环境影响报告表或者环境影响登记表之日起 10 日内，将审核意见书面通知建设单位；逾期未通知的，视为审核同意。

**第十三条** 国家对从事建设项目环境影响评价工作的单位实行资格审查制度。

从事建设项目环境影响评价工作的单位，必须取得国务院环境保护行政主管部门颁发的资格证书，按照资格证书规定的等级和范围，从事建设项目环境影响评价工作，并对评价结论负责。

国务院环境保护行政主管部门对已经颁发资格证书的从事建设项目环境影响评价工作的单位名单，应当定期予以公布。具体办法由国务院环境保护行政主管部门制定。

从事建设项目环境影响评价工作的单位,必须严格执行国家规定的收费标准。

**第十四条** 建设单位可以采取公开招标的方式,选择从事环境影响评价工作的单位,对建设项目进行环境影响评价。

任何行政机关不得为建设单位指定从事环境影响评价工作的单位,进行环境影响评价。

**第十五条** 建设单位编制环境影响报告书,应当依照有关法律规定,征求建设项目所在地有关单位和居民的意见。

## 第三章　环境保护设施建设

**第十六条** 建设项目需要配套建设的环境保护设施,必须与主体工程同时设计、同时施工、同时投产使用。

**第十七条** 建设项目的初步设计,应当按照环境保护设计规范的要求,编制环境保护篇章,并依据经批准的建设项目环境影响报告书或者环境影响报告表,在环境保护篇章中落实防治环境污染和生态破坏的措施以及环境保护设施投资概算。

**第十八条** 建设项目的主体工程完工后,需要进行试生产的,其配套建设的环境保护设施必须与主体工程同时投入试运行。

**第十九条** 建设项目试生产期间,建设单位应当对环境保护设施运行情况和建设项目对环境的影响进行监测。

**第二十条** 建设项目竣工后,建设单位应当向审批该建设项目环境影响报告书、环境影响报告表或者环境影响登记表的环境保护行政主管部门,申请该建设项目需要配套建设的环境保护设施竣工验收。

环境保护设施竣工验收,应当与主体工程竣工验收同时进行。需要进行试生产的建设项目,建设单位应当自建设项目投入试生产之日起 3 个月内,向审批该建设项目环境影响报告书、环境影响报告表或者环境影响登记表的环境保护行政主管部门,申请该建设项目需要配套建设的环境保护设施竣工验收。

**第二十一条** 分期建设、分期投入生产或者使用的建设项目,其相应的环境保护设施应当分期验收。

**第二十二条** 环境保护行政主管部门应当自收到环境保护设施竣工验收申请之日起 30 日内,完成验收。

**第二十三条** 建设项目需要配套建设的环境保护设施经验收合格,该建设项目方可正式投入生产或者使用。

# 第四章 法律责任

**第二十四条** 违反本条例规定,有下列行为之一的,由负责审批建设项目环境影响报告书、环境影响报告表或者环境影响登记表的环境保护行政主管部门责令限期补办手续;逾期不补办手续、擅自开工建设的,责令停止建设,可以处 10 万元以下的罚款:

(一)未报批建设项目环境影响报告书、环境影响报告表或者环境影响登记表的;

(二)建设项目的性质、规模、地点或者采用的生产工艺发生重大变化,未重新报批建设项目环境影响报告书、环境影响报告表或者环境影响登记表的;

(三)建设项目环境影响报告书、环境影响报告表或者环境影响登记表自批准之日起满 5 年,建设项目方开工建设,其环境影响报告书、环境影响报告表或者环境影响登记表未报原审批机关重新审核的。

**第二十五条** 建设项目环境影响报告书、环境影响报告表或者环境影响登记表未经批准或者未经原审批机关重新审核同意,擅自开工建设的,由负责审批该建设项目环境影响报告书、环境影响报告表或者环境影响登记表的环境保护行政主管部门责令停止建设,限期恢复原状,可以处 10 万元以下的罚款。

**第二十六条** 违反本条例规定,试生产建设项目配套建设的环境保护设施未与主体工程同时投入试运行的,由审批该建设项目环境影响报告书、环境影响报告表或者环境影响登记表的环境保护行政主管部门责令限期改正;逾期不改正的,责令停止试生产,可以处 5 万元以下的罚款。

**第二十七条** 违反本条例规定,建设项目投入试生产超过 3 个月,建设单位未申请环境保护设施竣工验收的,由审批该建设项目环境影响报告书、环境影响报告表或者环境影响登记表的环境保护行政主管部门责令限期办理环境保护设施竣工验收手续;逾期未办理的,责令停止试生产,可以处 5 万元以下的罚款。

第二十八条　违反本条例规定,建设项目需要配套建设的环境保护设施未建成、未经验收或者经验收不合格,主体工程正式投入生产或者使用的,由审批该建设项目环境影响报告书、环境影响报告表或者环境影响登记表的环境保护行政主管部门责令停止生产或者使用,可以处 10 万元以下的罚款。

第二十九条　从事建设项目环境影响评价工作的单位,在环境影响评价工作中弄虚作假的,由国务院环境保护行政主管部门吊销资格证书,并处所收费用 1 倍以上 3 倍以下的罚款。

第三十条　环境保护行政主管部门的工作人员徇私舞弊、滥用职权、玩忽职守,构成犯罪的,依法追究刑事责任;尚不构成犯罪的,依法给予行政处分。

# 第五章　附　则

第三十一条　流域开发、开发区建设、城市新区建设和旧区改建等区域性开发,编制建设规划时,应当进行环境影响评价。具体办法由国务院环境保护行政主管部门会同国务院有关部门另行规定。

第三十二条　海洋石油勘探开发建设项目的环境保护管理,按照国务院关于海洋石油勘探开发环境保护管理的规定执行。

第三十三条　军事设施建设项目的环境保护管理,按照中央军事委员会的有关规定执行。

第三十四条　本条例自发布之日起施行。

# 黄河水量调度条例

《黄河水量调度条例》已经 2006 年 7 月 5 日国务院第 142 次常务会议通过,现予公布,自 2006 年 8 月 1 日起施行。

总理 温家宝

二〇〇六年七月二十四日

## 第一章 总 则

**第一条** 为加强黄河水量的统一调度,实现黄河水资源的可持续利用,促进黄河流域及相关地区经济社会发展和生态环境的改善,根据《中华人民共和国水法》,制定本条例。

**第二条** 黄河流域的青海省、四川省、甘肃省、宁夏回族自治区、内蒙古自治区、陕西省、山西省、河南省、山东省,以及国务院批准取用黄河水的河北省、天津市(以下称十一省(区、市))的黄河水量调度和管理,适用本条例。

**第三条** 国家对黄河水量实行统一调度,遵循总量控制、断面流量控制、分级管理、分级负责的原则。

实施黄河水量调度,应当首先满足城乡居民生活用水的需要,合理安排农业、工业、生态环境用水,防止黄河断流。

**第四条** 黄河水量调度计划、调度方案和调度指令的执行,实行地方人民政府行政首长负责制和黄河水利委员会及其所属管理机构以及水库主管部门或者单位主要领导负责制。

**第五条** 国务院水行政主管部门和国务院发展改革主管部门负责组织、协调、监督、指导黄河水量调度工作。

黄河水利委员会依照本条例的规定负责黄河水量调度的组织实施和监督检查工作。

有关县级以上地方人民政府水行政主管部门和黄河水利委员会所属管理机构,依照本条例的规定负责所辖范围内黄河水量调度的实施和监督检查工作。

**第六条** 在黄河水量调度工作中做出显著成绩的单位和个人,由有关县级以上人民政府或者有关部门给予奖励。

## 第二章 水量分配

**第七条** 黄河水量分配方案,由黄河水利委员会商十一省(区、市)人民政府制订,经国务院发展改革主管部门和国务院水行政主管部门审查,报国务院批准。

国务院批准的黄河水量分配方案,是黄河水量调度的依据,有关地方人民政府和黄河水利委员会及其所属管理机构必须执行。

**第八条** 制订黄河水量分配方案,应当遵循下列原则:

(一)依据流域规划和水中长期供求规划;

(二)坚持计划用水、节约用水;

(三)充分考虑黄河流域水资源条件,取用水现状、供需情况及发展趋势,发挥黄河水资源的综合效益;

(四)统筹兼顾生活、生产、生态环境用水;

(五)正确处理上下游、左右岸的关系;

(六)科学确定河道输沙入海水量和可供水量。

前款所称可供水量,是指在黄河流域干、支流多年平均天然年径流量中,除必需的河道输沙入海水量外,可供城乡居民生活、农业、工业及河道外生态环境用水的最大水量。

**第九条** 黄河水量分配方案需要调整的,应当由黄河水利委员会商十一省(区、市)人民政府提出方案,经国务院发展改革主管部门和国务院水行政主管部门审查,报国务院批准。

## 第三章 水量调度

**第十条** 黄河水量调度实行年度水量调度计划与月、旬水量调度方案和实时调度指令相结合的调度方式。

黄河水量调度年度为当年7月1日至次年6月30日。

**第十一条** 黄河干、支流的年度和月用水计划建议与水库运行计划建议,由十一省(区、市)人民政府水行政主管部门和河南、山东黄河河务局以及水库管理单位,按照调度管理权限和规定的时间向黄河水利委员会申报。河南、山东黄河河务局申报黄河干流的用水计划建议时,应当商河南省、山东省人民政府水行政主管部门。

第十二条 年度水量调度计划由黄河水利委员会商十一省(区、市)人民政府水行政主管部门和河南、山东黄河河务局以及水库管理单位制订,报国务院水行政主管部门批准并下达,同时抄送国务院发展改革主管部门。

经批准的年度水量调度计划,是确定月、旬水量调度方案和年度黄河干、支流用水量控制指标的依据。年度水量调度计划应当纳入本级国民经济和社会发展年度计划。

第十三条 年度水量调度计划,应当依据经批准的黄河水量分配方案和年度预测来水量、水库蓄水量,按照同比例丰增枯减、多年调节水库蓄丰补枯的原则,在综合平衡申报的年度用水计划建议和水库运行计划建议的基础上制订。

第十四条 黄河水利委员会应当根据经批准的年度水量调度计划和申报的月用水计划建议、水库运行计划建议,制订并下达月水量调度方案;用水高峰时,应当根据需要制订并下达旬水量调度方案。

第十五条 黄河水利委员会根据实时水情、雨情、旱情、墒情、水库蓄水量及用水情况,可以对已下达的月、旬水量调度方案作出调整,下达实时调度指令。

第十六条 青海省、四川省、甘肃省、宁夏回族自治区、内蒙古自治区、陕西省、山西省境内黄河干、支流的水量,分别由各省级人民政府水行政主管部门负责调度;河南省、山东省境内黄河干流的水量,分别由河南、山东黄河河务局负责调度,支流的水量,分别由河南省、山东省人民政府水行政主管部门负责调度;调入河北省、天津市的黄河水量,分别由河北省、天津市人民政府水行政主管部门负责调度。

市、县级人民政府水行政主管部门和黄河水利委员会所属管理机构,负责所辖范围内分配水量的调度。

实施黄河水量调度,必须遵守经批准的年度水量调度计划和下达的月、旬水量调度方案以及实时调度指令。

第十七条　龙羊峡、刘家峡、万家寨、三门峡、小浪底、西霞院、故县、东平湖等水库，由黄河水利委员会组织实施水量调度，下达月、旬水量调度方案及实时调度指令；必要时，黄河水利委员会可以对大峡、沙坡头、青铜峡、三盛公、陆浑等水库组织实施水量调度，下达实时调度指令。

水库主管部门或者单位具体负责实施所辖水库的水量调度，并按照水量调度指令做好发电计划的安排。

第十八条　黄河水量调度实行水文断面流量控制。黄河干流水文断面的流量控制指标，由黄河水利委员会规定；重要支流水文断面及其流量控制指标，由黄河水利委员会会同黄河流域有关省、自治区人民政府水行政主管部门规定。

青海省、甘肃省、宁夏回族自治区、内蒙古自治区、河南省、山东省人民政府，分别负责并确保循化、下河沿、石嘴山、头道拐、高村、利津水文断面的下泄流量符合规定的控制指标；陕西省和山西省人民政府共同负责并确保潼关水文断面的下泄流量符合规定的控制指标。

龙羊峡、刘家峡、万家寨、三门峡、小浪底水库的主管部门或者单位，分别负责并确保贵德、小川、万家寨、三门峡、小浪底水文断面的出库流量符合规定的控制指标。

第十九条　黄河干、支流省际或者重要控制断面和出库流量控制断面的下泄流量以国家设立的水文站监测数据为依据。对水文监测数据有争议的，以黄河水利委员会确认的水文监测数据为准。

第二十条　需要在年度水量调度计划外使用其他省、自治区、直辖市计划内水量分配指标的，应当向黄河水利委员会提出申请，由黄河水利委员会组织有关各方在协商一致的基础上提出方案，报国务院水行政主管部门批准后组织实施。

## 第四章　应急调度

第二十一条　出现严重干旱、省际或者重要控制断面流量降至预警流量、水库运行故障、重大水污染事故等情况，可能造成供水危机、黄河断流时,黄河水利委员会应当组织实施应急调度。

第二十二条　黄河水利委员会应当商十一省(区、市)人民政府以及水库主管部门或者单位,制订旱情紧急情况下的水量调度预案,经国务院水行政主管部门审查,报国务院或者国务院授权的部门批准。

第二十三条　十一省(区、市)人民政府水行政主管部门和河南、山东黄河河务局以及水库管理单位,应当根据经批准的旱情紧急情况下的水量调度预案,制订实施方案,并抄送黄河水利委员会。

第二十四条　出现旱情紧急情况时,经国务院水行政主管部门同意,由黄河水利委员会组织实施旱情紧急情况下的水量调度预案,并及时调整取水及水库出库流量控制指标;必要时,可以对黄河流域有关省、自治区主要取水口实行直接调度。

县级以上地方人民政府、水库管理单位应当按照旱情紧急情况下的水量调度预案及其实施方案,合理安排用水计划,确保省际或者重要控制断面和出库流量控制断面的下泄流量符合规定的控制指标。

第二十五条　出现旱情紧急情况时,十一省(区、市)人民政府水行政主管部门和河南、山东黄河河务局以及水库管理单位,应当每日向黄河水利委员会报送取(退)水及水库蓄(泄)水情况。

第二十六条　出现省际或者重要控制断面流量降至预警流量、水库运行故障以及重大水污染事故等情况时,黄河水利委员会及其所属管理机构、有关省级人民政府及其水行政主管部门和环境保护主管部门以及水库管理单位,应当根据需要,按照规定的权限和职责,及时采取压减取水量直至关闭取水口、实施水库应急泄流方案、加强水文监测、对排污企业实行限产或者停产等处置措施,有关部门和单位必须服从。

省际或者重要控制断面的预警流量,由黄河水利委员会确定。

第二十七条　实施应急调度,需要动用水库死库容的,由黄河水利委员会商有关水库主管部门或者单位,制订动用水库死库容的水量调度方案,经国务院水行政主管部门审查,报国务院或者国务院授权的部门批准实施。

# 第五章　监督管理

**第二十八条**　黄河水利委员会及其所属管理机构和县级以上地方人民政府水行政主管部门应当加强对所辖范围内水量调度执行情况的监督检查。

**第二十九条**　十一省（区、市）人民政府水行政主管部门和河南、山东黄河河务局，应当按照国务院水行政主管部门规定的时间，向黄河水利委员会报送所辖范围内取（退）水量报表。

**第三十条**　黄河水量调度文书格式，由黄河水利委员会编制、公布，并报国务院水行政主管部门备案。

**第三十一条**　黄河水利委员会应当定期将黄河水量调度执行情况向十一省区市人民政府水行政主管部门以及水库主管部门或者单位通报，并及时向社会公告。

**第三十二条**　黄河水利委员会及其所属管理机构、县级以上地方人民政府水行政主管部门，应当在各自的职责范围内实施巡回监督检查，在用水高峰时对主要取（退）水口实施重点监督检查，在特殊情况下对有关河段、水库、主要取（退）水口进行驻守监督检查；发现重点污染物排放总量超过控制指标或者水体严重污染时，应当及时通报有关人民政府环境保护主管部门。

**第三十三条**　黄河水利委员会及其所属管理机构、县级以上地方人民政府水行政主管部门实施监督检查时，有权采取下列措施：

（一）要求被检查单位提供有关文件和资料，进行查阅或者复制；

（二）要求被检查单位就执行本条例的有关问题进行说明；

（三）进入被检查单位生产场所进行现场检查；

（四）对取（退）水量进行现场监测；

（五）责令被检查单位纠正违反本条例的行为。

**第三十四条**　监督检查人员在履行监督检查职责时，应当向被检查单位或者个人出示执法证件，被检查单位或者个人应当接受和配合监督检查工作，不得拒绝或者妨碍监督检查人员依法执行公务。

# 第六章 法律责任

**第三十五条** 违反本条例规定,有下列行为之一的,对负有责任的主管人员和其他直接责任人员,由其上级主管部门、单位或者监察机关依法给予处分:

（一）不制订年度水量调度计划的;

（二）不及时下达月、旬水量调度方案的;

（三）不制订旱情紧急情况下的水量调度预案及其实施方案和动用水库死库容水量调度方案的。

**第三十六条** 违反本条例规定,有下列行为之一的,对负有责任的主管人员和其他直接责任人员,由其上级主管部门、单位或者监察机关依法给予处分;造成严重后果,构成犯罪的,依法追究刑事责任:

（一）不执行年度水量调度计划和下达的月、旬水量调度方案以及实时调度指令的;

（二）不执行旱情紧急情况下的水量调度预案及其实施方案、水量调度应急处置措施和动用水库死库容水量调度方案的;

（三）不履行监督检查职责或者发现违法行为不予查处的;

（四）其他滥用职权、玩忽职守等违法行为。

**第三十七条** 省际或者重要控制断面下泄流量不符合规定的控制指标的,由黄河水利委员会予以通报,责令限期改正;逾期不改正的,按照控制断面下泄流量的缺水量,在下一调度时段加倍扣除;对控制断面下游水量调度产生严重影响或者造成其他严重后果的,本年度不再新增该省、自治区的取水工程项目。对负有责任的主管人员和其他直接责任人员,由其上级主管部门、单位或者监察机关依法给予处分。

**第三十八条** 水库出库流量控制断面的下泄流量不符合规定的控制指标,对控制断面下游水量调度产生严重影响的,对负有责任的主管人员和其他直接责任人员,由其上级主管部门、单位或者监察机关依法给予处分。

**第三十九条** 违反本条例规定,有关用水单位或者水库管理单位有下列行为之一的,由县级以上地方人民政府水行政主管部门或者黄河水利委员会及其所属管理机构按照管理权限,责令停止违法行为,给予警告,限期采取补救措施,并处 2 万元以上 10 万元以下罚款;对负有责任的主管人员和其他直接责任人员,由其上级主管部门、单位或者监察机关依法给予处分:

(一)虚假填报或者篡改上报的水文监测数据、取用水量数据或者水库运行情况等资料的;

(二)水库管理单位不执行水量调度方案和实时调度指令的;

(三)超计划取用水的。

第四十条　违反本条例规定,有下列行为之一的,由公安机关依法给予治安管理处罚;构成犯罪的,依法追究刑事责任:

(一)妨碍、阻挠监督检查人员或者取用水工程管理人员依法执行公务的;

(二)在水量调度中煽动群众闹事的。

## 第七章　附　则

第四十一条　黄河水量调度中,有关用水计划建议和水库运行计划建议申报时间,年度水量调度计划制订、下达时间,月、旬水量调度方案下达时间,取(退)水水量报表报送时间等,由国务院水行政主管部门规定。

第四十二条　在黄河水量调度中涉及水资源保护、防洪、防凌和水污染防治的,依照《中华人民共和国水法》、《中华人民共和国防洪法》和《中华人民共和国水污染防治法》的有关规定执行。

第四十三条　本条例自 2006 年 8 月 1 日起施行。

# 建设工程质量管理条例

## （中华人民共和国国务院令　第279号）

### 第一章　总　则

**第一条**　为了加强对建设工程质量的管理,保证建设工程质量,保护人民生命和财产安全,根据《中华人民共和国建筑法》,制定本条例。

**第二条**　凡在中华人民共和国境内从事建设工程的新建、扩建、改建等有关活动及实施对建设工程质量监督管理的,必须遵守本条例。
本条例所称建设工程,是指土木工程、建筑工程、线路管道和设备安装工程及装修工程。

**第三条**　建设单位、勘察单位、设计单位、施工单位、工程监理单位依法对建设工程质量负责。

**第四条**　县级以上人民政府建设行政主管部门和其他有关部门应当加强对建设工程质量的监督管理。

**第五条**　从事建设工程活动,必须严格执行基本建设程序,坚持先勘察、后设计、再施工的原则。

县级以上人民政府及其有关部门不得超越权限审批建设项目或者擅自简化基本建设程序。

**第六条**　国家鼓励采用先进的科学技术和管理方法,提高建设工程质量。

### 第二章　建设单位的质量责任和义务

**第七条**　建设单位应当将工程发包给具有相应资质等级的单位。
建设单位不得将建设工程肢解发包。

**第八条**　建设单位应当依法对工程建设项目的勘察、设计、施工、监理以及与工程建设有关的重要设备、材料等的采购进行招标。

**第九条**　建设单位必须向有关的勘察、设计、施工、工程监理等单位提供与建设工程有关的原始资料。

原始资料必须真实、准确、齐全。

**第十条** 建设工程发包单位不得迫使承包方以低于成本的价格竞标,不得任意压缩合理工期。

建设单位不得明示或者暗示设计单位或者施工单位违反工程建设强制性标准,降低建设工程质量。

**第十一条** 建设单位应当将施工图设计文件报县级以上人民政府建设行政主管部门或者其他有关部门审查。施工图设计文件审查的具体办法,由国务院建设行政主管部门会同国务院其他有关部门制定。

施工图设计文件未经审查批准的,不得使用。

**第十二条** 实行监理的建设工程,建设单位应当委托具有相应资质等级的工程监理单位进行监理,也可以委托具有工程监理相应资质等级并与被监理工程的施工承包单位没有隶属关系或者其他利害关系的该工程的设计单位进行监理。

下列建设工程必须实行监理:

(一)国家重点建设工程;

(二)大中型公用事业工程;

(三)成片开发建设的住宅小区工程;

(四)利用外国政府或者国际组织贷款、援助资金的工程;

(五)国家规定必须实行监理的其他工程。

**第十三条** 建设单位在领取施工许可证或者开工报告前,应当按照国家有关规定办理工程质量监督手续。

**第十四条** 按照合同约定,由建设单位采购建筑材料、建筑构配件和设备的,建设单位应当保证建筑材料、建筑构配件和设备符合设计文件和合同要求。

建设单位不得明示或者暗示施工单位使用不合格的建筑材料、建筑构配件和设备。

**第十五条** 涉及建筑主体和承重结构变动的装修工程,建设单位应当在施工前委托原设计单位或者具有相应资质等级的设计单位提出设计方案;没有设计方案的,不得施工。

房屋建筑使用者在装修过程中,不得擅自变动房屋建筑主体和承重结构。

**第十六条** 建设单位收到建设工程竣工报告后,应当组织设计、施工、工程监理等有关单位进行竣工验收。

建设工程竣工验收应当具备下列条件:

(一)完成建设工程设计和合同约定的各项内容;

(二)有完整的技术档案和施工管理资料;

(三)有工程使用的主要建筑材料、建筑构配件和设备的进场试验报告;

(四)有勘察、设计、施工、工程监理等单位分别签署的质量合格文件;

(五)有施工单位签署的工程保修书。

建设工程经验收合格的,方可交付使用。

**第十七条** 建设单位应当严格按照国家有关档案管理的规定,及时收集、整理建设项目各环节的文件资料,建立、健全建设项目档案,并在建设工程竣工验收后,及时向建设行政主管部门或者其他有关部门移交建设项目档案。

## 第三章　勘察、设计单位的质量责任和义务

**第十八条** 从事建设工程勘察、设计的单位应当依法取得相应等级的资质证书,并在其资质等级许可的范围内承揽工程。

禁止勘察、设计单位超越其资质等级许可的范围或者以其他勘察、设计单位的名义承揽工程。禁止勘察、设计单位允许其他单位或者个人以本单位的名义承揽工程。

勘察、设计单位不得转包或者违法分包所承揽的工程。

**第十九条** 勘察、设计单位必须按照工程建设强制性标准进行勘察、设计,并对其勘察、设计的质量负责。

注册建筑师、注册结构工程师等注册执业人员应当在设计文件上签字,对设计文件负责。

**第二十条** 勘察单位提供的地质、测量、水文等勘察成果必须真

实、准确。

第二十一条  设计单位应当根据勘察成果文件进行建设工程设计。

设计文件应当符合国家规定的设计深度要求,注明工程合理使用年限。

第二十二条  设计单位在设计文件中选用的建筑材料、建筑构配件和设备,应当注明规格、型号、性能等技术指标,其质量要求必须符合国家规定的标准。

除有特殊要求的建筑材料、专用设备、工艺生产线等外,设计单位不得指定生产厂、供应商。

第二十三条  设计单位应当就审查合格的施工图设计文件向施工单位作出详细说明。

第二十四条  设计单位应当参与建设工程质量事故分析,并对因设计造成的质量事故,提出相应的技术处理方案。

## 第四章  施工单位的质量责任和义务

第二十五条  施工单位应当依法取得相应等级的资质证书,并在其资质等级许可的范围内承揽工程。

禁止施工单位超越本单位资质等级许可的业务范围或者以其他施工单位的名义承揽工程。禁止施工单位允许其他单位或者个人以本单位的名义承揽工程。

施工单位不得转包或者违法分包工程。

第二十六条  施工单位对建设工程的施工质量负责。

施工单位应当建立质量责任制,确定工程项目的项目经理、技术负责人和施工管理负责人。

建设工程实行总承包的,总承包单位应当对全部建设工程质量负责;建设工程勘察、设计、施工、设备采购的一项或者多项实行总承包的,总承包单位应当对其承包的建设工程或者采购的设备的质量负责。

第二十七条  总承包单位依法将建设工程分包给其他单位的,分包单位应当按照分包合同的约定对其分包工程的质量向总承包单位负责,总承包单位与分包单位对分包工程的质量承担连带责任。

**第二十八条** 施工单位必须按照工程设计图纸和施工技术标准施工,不得擅自修改工程设计,不得偷工减料。

施工单位在施工过程中发现设计文件和图纸有差错的,应当及时提出意见和建议。

**第二十九条** 施工单位必须按照工程设计要求、施工技术标准和合同约定,对建筑材料、建筑构配件、设备和商品混凝土进行检验,检验应当有书面记录和专人签字;未经检验或者检验不合格的,不得使用。

**第三十条** 施工单位必须建立、健全施工质量的检验制度,严格工序管理,做好隐蔽工程的质量检查和记录。隐蔽工程在隐蔽前,施工单位应当通知建设单位和建设工程质量监督机构。

**第三十一条** 施工人员对涉及结构安全的试块、试件以及有关材料,应当在建设单位或者工程监理单位监督下现场取样,并送具有相应资质等级的质量检测单位进行检测。

**第三十二条** 施工单位对施工中出现质量问题的建设工程或者竣工验收不合格的建设工程,应当负责返修。

**第三十三条** 施工单位应当建立、健全教育培训制度,加强对职工的教育培训;未经教育培训或者考核不合格的人员,不得上岗作业。

# 第五章 工程监理单位的质量责任和义务

**第三十四条** 工程监理单位应当依法取得相应等级的资质证书,并在其资质等级许可的范围内承担工程监理业务。

禁止工程监理单位超越本单位资质等级许可的范围或者以其他工程监理单位的名义承担工程监理业务。禁止工程监理单位允许其他单位或者个人以本单位的名义承担工程监理业务。

工程监理单位不得转让工程监理业务。

**第三十五条** 工程监理单位与被监理工程的施工承包单位以及建筑材料、建筑构配件和设备供应单位有隶属关系或者其他利害关系的,不得承担该项建设工程的监理业务。

**第三十六条** 工程监理单位应当依照法律、法规以及有关技术标准、设计文件和建设工程承包合同,代表建设单位对施工质量实施监理,并对施工质量承担监理责任。

**第三十七条** 工程监理单位应当选派具备相应资格的总监理工程师和监理工程师进驻施工现场。

未经监理工程师签字,建筑材料、建筑构配件和设备不得在工程上使用或者安装,施工单位不得进行下一道工序的施工。未经总监理工程师签字,建设单位不拨付工程款,不进行竣工验收。

**第三十八条** 监理工程师应当按照工程监理规范的要求,采取旁站、巡视和平行检验等形式,对建设工程实施监理。

# 第六章 建设工程质量保修

**第三十九条** 建设工程实行质量保修制度。

建设工程承包单位在向建设单位提交工程竣工验收报告时,应当向建设单位出具质量保修书。质量保修书中应当明确建设工程的保修范围、保修期限和保修责任等。

**第四十条** 在正常使用条件下,建设工程的最低保修期限为:

(一)基础设施工程、房屋建筑的地基基础工程和主体结构工程,为设计文件规定的该工程的合理使用年限;

(二)屋面防水工程、有防水要求的卫生间、房间和外墙面的防渗漏,为 5 年;

(三)供热与供冷系统,为 2 个采暖期、供冷期;

(四)电气管线、给排水管道、设备安装和装修工程,为 2 年。

其他项目的保修期限由发包方与承包方约定。

建设工程的保修期,自竣工验收合格之日起计算。

**第四十一条** 建设工程在保修范围和保修期限内发生质量问题的,施工单位应当履行保修义务,并对造成的损失承担赔偿责任。

**第四十二条** 建设工程在超过合理使用年限后需要继续使用的,产权所有人应当委托具有相应资质等级的勘察、设计单位鉴定,并根据鉴定结果采取加固、维修等措施,重新界定使用期。

## 第七章　监督管理

**第四十三条**　国家实行建设工程质量监督管理制度。

国务院建设行政主管部门对全国的建设工程质量实施统一监督管理。国务院铁路、交通、水利等有关部门按照国务院规定的职责分工，负责对全国的有关专业建设工程质量的监督管理。

县级以上地方人民政府建设行政主管部门对本行政区域内的建设工程质量实施监督管理。县级以上地方人民政府交通、水利等有关部门在各自的职责范围内，负责对本行政区域内的专业建设工程质量的监督管理。

**第四十四条**　国务院建设行政主管部门和国务院铁路、交通、水利等有关部门应当加强对有关建设工程质量的法律、法规和强制性标准执行情况的监督检查。

**第四十五条**　国务院发展计划部门按照国务院规定的职责，组织稽查特派员，对国家出资的重大建设项目实施监督检查。

国务院经济贸易主管部门按照国务院规定的职责，对国家重大技术改造项目实施监督检查。

**第四十六条**　建设工程质量监督管理，可以由建设行政主管部门或者其他有关部门委托的建设工程质量监督机构具体实施。

从事房屋建筑工程和市政基础设施工程质量监督的机构，必须按照国家有关规定经国务院建设行政主管部门或者省、自治区、直辖市人民政府建设行政主管部门考核；从事专业建设工程质量监督的机构，必须按照国家有关规定经国务院有关部门或者省、自治区、直辖市人民政府有关部门考核。经考核合格后，方可实施质量监督。

**第四十七条**　县级以上地方人民政府建设行政主管部门和其他有关部门应当加强对有关建设工程质量的法律、法规和强制性标准执行情况的监督检查。

**第四十八条**　县级以上人民政府建设行政主管部门和其他有关部门履行监督检查职责时，有权采取下列措施：

（一）要求被检查的单位提供有关工程质量的文件和资料；

（二）进入被检查单位的施工现场进行检查；

（三）发现有影响工程质量的问题时，责令改正。

**第四十九条** 建设单位应当自建设工程竣工验收合格之日起 15 日内，将建设工程竣工验收报告和规划、公安消防、环保等部门出具的认可文件或者准许使用文件报建设行政主管部门或者其他有关部门备案。建设行政主管部门或者其他有关部门发现建设单位在竣工验收过程中有违反国家有关建设工程质量管理规定行为的，责令停止使用，重新组织竣工验收。

**第五十条** 有关单位和个人对县级以上人民政府建设行政主管部门和其他有关部门进行的监督检查应当支持与配合，不得拒绝或者阻碍建设工程质量监督检查人员依法执行职务。

**第五十一条** 供水、供电、供气、公安消防等部门或者单位不得明示或者暗示建设单位、施工单位购买其指定的生产供应单位的建筑材料、建筑构配件和设备。

**第五十二条** 建设工程发生质量事故，有关单位应当在 24 小时内向当地建设行政主管部门和其他有关部门报告。对重大质量事故，事故发生地的建设行政主管部门和其他有关部门应当按照事故类别和等级向当地人民政府和上级建设行政主管部门和其他有关部门报告。

特别重大质量事故的调查程序按照国务院有关规定办理。

**第五十三条** 任何单位和个人对建设工程的质量事故、质量缺陷都有权检举、控告、投诉。

# 第八章　罚　则

**第五十四条** 违反本条例规定，建设单位将建设工程发包给不具有相应资质等级的勘察、设计、施工单位或者委托给不具有相应资质等级的工程监理单位的，责令改正，处 50 万元以上 100 万元以下的罚款。

**第五十五条** 违反本条例规定，建设单位将建设工程肢解发包的，责令改正，处工程合同价款百分之零点五以上百分之一以下的罚款；对全部或者部分使用国有资金的项目，并可以暂停项目执行或者暂停资金拨付。

第五十六条　违反本条例规定,建设单位有下列行为之一的,责令改正,处 20 万元以上 50 万元以下的罚款:

(一)迫使承包方以低于成本的价格竞标的;

(二)任意压缩合理工期的;

(三)明示或者暗示设计单位或者施工单位违反工程建设强制性标准,降低工程质量的;

(四)施工图设计文件未经审查或者审查不合格,擅自施工的;

(五)建设项目必须实行工程监理而未实行工程监理的;

(六)未按照国家规定办理工程质量监督手续的;

(七)明示或者暗示施工单位使用不合格的建筑材料、建筑构配件和设备的;

(八)未按照国家规定将竣工验收报告、有关认可文件或者准许使用文件报送备案的。

第五十七条　违反本条例规定,建设单位未取得施工许可证或者开工报告未经批准,擅自施工的,责令停止施工,限期改正,处工程合同价款百分之一以上百分之二以下的罚款。

第五十八条　违反本条例规定,建设单位有下列行为之一的,责令改正,处工程合同价款百分之二以上百分之四以下的罚款;造成损失的,依法承担赔偿责任:

(一)未组织竣工验收,擅自交付使用的;

(二)验收不合格,擅自交付使用的;

(三)对不合格的建设工程按照合格工程验收的。

第五十九条　违反本条例规定,建设工程竣工验收后,建设单位未向建设行政主管部门或者其他有关部门移交建设项目档案的,责令改正,处 1 万元以上 10 万元以下的罚款。

第六十条　违反本条例规定,勘察、设计、施工、工程监理单位超越本单位资质等级承揽工程的,责令停止违法行为,对勘察、设计单位或者工程监理单位处合同约定的勘察费、设计费或者监理酬金 1 倍以上 2 倍以下的罚款;对施工单位处工程合同价款百分之二以上百分之四以下的罚款,可以责令停业整顿,降低资质等级;情节严重的,吊销资质证书;有违法所得的,予以没收。

未取得资质证书承揽工程的,予以取缔,依照前款规定处以罚款;有违法所得的,予以没收。

以欺骗手段取得资质证书承揽工程的,吊销资质证书,依照本条第一款规定处以罚款;有违法所得的,予以没收。

**第六十一条** 违反本条例规定,勘察、设计、施工、工程监理单位允许其他单位或者个人以本单位名义承揽工程的,责令改正,没收违法所得,对勘察、设计单位和工程监理单位处合同约定的勘察费、设计费和监理酬金1倍以上2倍以下的罚款;对施工单位处工程合同价款百分之二以上百分之四以下的罚款;可以责令停业整顿,降低资质等级;情节严重的,吊销资质证书。

**第六十二条** 违反本条例规定,承包单位将承包的工程转包或者违法分包的,责令改正,没收违法所得,对勘察、设计单位处合同约定的勘察费、设计费百分之二十五以上百分之五十以下的罚款;对施工单位处工程合同价款百分之零点五以上百分之一以下的罚款;可以责令停业整顿,降低资质等级;情节严重的,吊销资质证书。

工程监理单位转让工程监理业务的,责令改正,没收违法所得,处合同约定的监理酬金百分之二十五以上百分之五十以下的罚款;可以责令停业整顿,降低资质等级;情节严重的,吊销资质证书。

**第六十三条** 违反本条例规定,有下列行为之一的,责令改正,处10万元以上30万元以下的罚款:

(一)勘察单位未按照工程建设强制性标准进行勘察的;

(二)设计单位未根据勘察成果文件进行工程设计的;

(三)设计单位指定建筑材料、建筑构配件的生产厂、供应商的;

(四)设计单位未按照工程建设强制性标准进行设计的。

有前款所列行为,造成工程质量事故的,责令停业整顿,降低资质等级;情节严重的,吊销资质证书;造成损失的,依法承担赔偿责任。

**第六十四条** 违反本条例规定,施工单位在施工中偷工减料的,使用不合格的建筑材料、建筑构配件和设备的,或者有不按照工程设计图纸或者施工技术标准施工的其他行为的,责令改正,处工程合同价款百分之二以上百分之四以下的罚款;造成建设工程质量不符合规定的质量标准的,负责返工、修理,并赔偿因此造成的损失;情节严重的,责令停业整顿,降低资质等级或者吊销资质证书。

**第六十五条** 违反本条例规定,施工单位未对建筑材料、建筑构配件、设备和商品混凝土进行检验,或者未对涉及结构安全的试块、试件以及有关材料取样检测的,责令改正,处10万元以上20万元以下的罚款;情节严重的,责令停业整顿,降低资质等级或者吊销资质证书;造成损失的,依法承担赔偿责任。

**第六十六条** 违反本条例规定,施工单位不履行保修义务或者拖延履行保修义务的,责令改正,处10万元以上20万元以下的罚款,并对在保修期内因质量缺陷造成的损失承担赔偿责任。

**第六十七条** 工程监理单位有下列行为之一的,责令改正,处50万元以上100万元以下的罚款,降低资质等级或者吊销资质证书;有违法所得的,予以没收;造成损失的,承担连带赔偿责任:

(一)与建设单位或者施工单位串通,弄虚作假,降低工程质量的;

(二)将不合格的建设工程、建筑材料、建筑构配件和设备按照合格签字的。

**第六十八条** 违反本条例规定,工程监理单位与被监理工程的施工承包单位以及建筑材料、建筑构配件和设备供应单位有隶属关系或者其他利害关系承担该项建设工程的监理业务的,责令改正,处5万元以上10万元以下的罚款,降低资质等级或者吊销资质证书;有违法所得的,予以没收。

**第六十九条** 违反本条例规定,涉及建筑主体或者承重结构变动的装修工程,没有设计方案擅自施工的,责令改正,处50万元以上100万元以下的罚款;房屋建筑使用者在装修过程中擅自变动房屋建筑主体和承重结构的,责令改正,处5万元以上10万元以下的罚款。

有前款所列行为,造成损失的,依法承担赔偿责任。

**第七十条** 发生重大工程质量事故隐瞒不报、谎报或者拖延报告期限的,对直接负责的主管人员和其他责任人员依法给予行政处分。

**第七十一条** 违反本条例规定,供水、供电、供气、公安消防等部门或者单位明示或者暗示建设单位或者施工单位购买其指定的生产供应单位的建筑材料、建筑构配件和设备的,责令改正。

第七十二条　违反本条例规定,注册建筑师、注册结构工程师、监理工程师等注册执业人员因过错造成质量事故的,责令停止执业1年;造成重大质量事故的,吊销执业资格证书,5年以内不予注册;情节特别恶劣的,终身不予注册。

第七十三条　依照本条例规定,给予单位罚款处罚的,对单位直接负责的主管人员和其他直接责任人员处单位罚款数额百分之五以上百分之十以下的罚款。

第七十四条　建设单位、设计单位、施工单位、工程监理单位违反国家规定,降低工程质量标准,造成重大安全事故,构成犯罪的,对直接责任人员依法追究刑事责任。

第七十五条　本条例规定的责令停业整顿,降低资质等级和吊销资质证书的行政处罚,由颁发资质证书的机关决定;其他行政处罚,由建设行政主管部门或者其他有关部门依照法定职权决定。依照本条例规定被吊销资质证书的,由工商行政管理部门吊销其营业执照。

第七十六条　国家机关工作人员在建设工程质量监督管理工作中玩忽职守、滥用职权、徇私舞弊,构成犯罪的,依法追究刑事责任;尚不构成犯罪的,依法给予行政处分。

第七十七条　建设、勘察、设计、施工、工程监理单位的工作人员因调动工作、退休等原因离开该单位后,被发现在该单位工作期间违反国家有关建设工程质量管理规定,造成重大工程质量事故的,仍应当依法追究法律责任。

## 第九章　附　则

第七十八条　本条例所称肢解发包,是指建设单位将应当由一个承包单位完成的建设工程分解成若干部分发包给不同的承包单位的行为。本条例所称违法分包,是指下列行为:

(一)总承包单位将建设工程分包给不具备相应资质条件的单位的;

（二）建设工程总承包合同中未有约定，又未经建设单位认可，承包单位将其承包的部分建设工程交由其他单位完成的；

（三）施工总承包单位将建设工程主体结构的施工分包给其他单位的；

（四）分包单位将其承包的建设工程再分包的。

本条例所称转包，是指承包单位承包建设工程后，不履行合同约定的责任和义务，将其承包的全部建设工程转给他人或者将其承包的全部建设工程肢解以后以分包的名义分别转给其他单位承包的行为。

**第七十九条** 本条例规定的罚款和没收的违法所得，必须全部上缴国库。

**第八十条** 抢险救灾及其他临时性房屋建筑和农民自建低层住宅的建设活动，不适用本条例。

**第八十一条** 军事建设工程的管理，按照中央军事委员会的有关规定执行。

**第八十二条** 本条例自发布之日起施行。

# 附刑法有关条款

**第一百三十七条** 建设单位、设计单位、施工单位、工程监理单位违反国家规定，降低工程质量标准，造成重大安全事故的，对直接责任人员处五年以下有期徒刑或者拘役，并处罚金；后果特别严重的，处五年以上十年以下有期徒刑，并处罚金。

# 电力建设项目水土保持工作暂行规定

一、为全面贯彻实施《中华人民共和国水土保持法》、《中华人民共和国电力法》、《中华人民共和国水土保持法实施条例》，做好电力建设项目的水土保持工作，建立良好生态环境，制定本规定。

二、本规定适用于我国境内位于山区、丘陵区、风沙区，由国家电力公司及其子公司投资（包括独资、控股、参股）的电力建设项目。其他电力建设项目可参照执行。

三、新建（含改建、扩建）电力建设项目，必须在项目可行性研究阶段编报水土保持方案，作为环境影响报告书的重要组成部分单独成册，专项审批。

四、在建电力建设项目凡造成水土流失、其环境影响报告书中没有水行政主管部门审批的水土保持方案的，建设单位应补编水土保持方案。

五、水土保持方案的编制由建设单位委托持有《编制水土保持方案资格证书》的单位进行编制。电力建设项目应首先编制水土保持方案大纲，经国家电力公司报水利部审查同意后，作为编制水土保持方案的依据。

六、电力建设项目的水土保持方案由国家电力公司组织、国家及项目所在地县级以上水行政主管部门参加进行预审，方案经修订后由国家电力公司报水利部审批。

七、在电力建设过程中应采取保护水土资源的措施，防止造成人为的水土流失的，对因开发建设造成水土流失的必须负责治理。生产建设项目的水土保持设施，必须与主体工程同时设计、同时施工、同时投产使用，建设项目竣工验收时，应同时验收水土保持设施。对已建电力项目造成水土流失，应依法组织治理。

八、各级水行政主管部门要积极支持电力建设，严格按有关法律法规和本规定执行，防止乱收费。

九、电力建设和经营管理单位要自觉接受水行政主管部门的监督检查,加强与水行政主管部门的联系和配合,做好水土保持工作。有水土流失防治任务的电力建设项目应每年向县级以上水行政主管部门通报水土流失防治工作的进展情况。

十、本规定自印发之日起施行。

# 水利工程建设项目验收管理规定

（中华人民共和国水利部令　第30号）

## 第一章　总　则

**第一条**　为加强水利工程建设项目验收管理，明确验收责任，规范验收行为，结合水利工程建设项目的特点，制定本规定。

**第二条**　本规定适用于由中央或者地方财政全部投资或者部分投资建设的大中型水利工程建设项目（含1、2、3级堤防工程）的验收活动。

**第三条**　水利工程建设项目验收，按验收主持单位性质不同分为法人验收和政府验收两类。

法人验收是指在项目建设过程中由项目法人组织进行的验收。法人验收是政府验收的基础。

政府验收是指由有关人民政府、水行政主管部门或者其他有关部门组织进行的验收，包括专项验收、阶段验收和竣工验收。

**第四条**　水利工程建设项目具备验收条件时，应当及时组织验收。未经验收或者验收不合格的，不得交付使用或者进行后续工程施工。

**第五条**　水利工程建设项目验收的依据是：

（一）国家有关法律、法规、规章和技术标准；

（二）有关主管部门的规定；

（三）经批准的工程立项文件、初步设计文件、调整概算文件；

（四）经批准的设计文件及相应的工程变更文件；

（五）施工图纸及主要设备技术说明书等。

法人验收还应当以施工合同为验收依据。

**第六条**　验收主持单位应当成立验收委员会（验收工作组）进行验收，验收结论应当经三分之二以上验收委员会（验收工作组）成员同意。

验收委员会(验收工作组)成员应当在验收鉴定书上签字。验收委员会(验收工作组)成员对验收结论持有异议的,应当将保留意见在验收鉴定书上明确记载并签字。

**第七条** 验收中发现的问题,其处理原则由验收委员会(验收工作组)协商确定。主任委员(组长)对争议问题有裁决权。但是,半数以上验收委员会(验收工作组)成员不同意裁决意见的,法人验收应当报请验收监督管理机关决定,政府验收应当报请竣工验收主持单位决定。

**第八条** 验收委员会(验收工作组)对工程验收不予通过的,应当明确不予通过的理由并提出整改意见。有关单位应当及时组织处理有关问题,完成整改,并按照程序重新申请验收。

**第九条** 项目法人以及其他参建单位应当提交真实、完整的验收资料,并对提交的资料负责。

**第十条** 水利部负责全国水利工程建设项目验收的监督管理工作。

水利部所属流域管理机构(以下简称流域管理机构)按照水利部授权,负责流域内水利工程建设项目验收的监督管理工作。

县级以上地方人民政府水行政主管部门按照规定权限负责本行政区域内水利工程建设项目验收的监督管理工作。

**第十一条** 法人验收监督管理机关对项目的法人验收工作实施监督管理。

由水行政主管部门或者流域管理机构组建项目法人的,该水行政主管部门或者流域管理机构是本项目的法人验收监督管理机关;由地方人民政府组建项目法人的,该地方人民政府水行政主管部门是本项目的法人验收监督管理机关。

## 第二章　法人验收

**第十二条** 工程建设完成分部工程、单位工程、单项合同工程,或者中间机组启动前,应当组织法人验收。项目法人可以根据工程建设的需要增设法人验收的环节。

第十三条 项目法人应当在开工报告批准后 60 个工作日内,制定法人验收工作计划,报法人验收监督管理机关和竣工验收主持单位备案。

第十四条 施工单位在完成相应工程后,应当向项目法人提出验收申请。项目法人经检查认为建设项目具备相应的验收条件的,应当及时组织验收。

第十五条 法人验收由项目法人主持。验收工作组由项目法人、设计、施工、监理等单位的代表组成;必要时可以邀请工程运行管理单位等参建单位以外的代表及专家参加。

项目法人可以委托监理单位主持分部工程验收,有关委托权限应当在监理合同或者委托书中明确。

第十六条 分部工程验收的质量结论应当报该项目的质量监督机构核备;未经核备的,项目法人不得组织下一阶段的验收。

单位工程以及大型枢纽主要建筑物的分部工程验收的质量结论应当报该项目的质量监督机构核定;未经核定的,项目法人不得通过法人验收;核定不合格的,项目法人应当重新组织验收。质量监督机构应当自收到核定材料之日起 20 个工作日内完成核定。

第十七条 项目法人应当自法人验收通过之日起 30 个工作日内,制作法人验收鉴定书,发送参加验收单位并报送法人验收监督管理机关备案。

法人验收鉴定书是政府验收的备查资料。

第十八条 单位工程投入使用验收和单项合同工程完工验收通过后,项目法人应当与施工单位办理工程的有关交接手续。

工程保修期从通过单项合同工程完工验收之日算起,保修期限按合同约定执行。

# 第三章 政府验收

## 第一节 验收主持单位

第十九条 阶段验收、竣工验收由竣工验收主持单位主持。竣工验收主持单位可以根据工作需要委托其他单位主持阶段验收。

专项验收依照国家有关规定执行。

**第二十条** 国家重点水利工程建设项目,竣工验收主持单位依照国家有关规定确定。

除前款规定以外,在国家确定的重要江河、湖泊建设的流域控制性工程、流域重大骨干工程建设项目,竣工验收主持单位为水利部。

除前两款规定以外的其他水利工程建设项目,竣工验收主持单位按照以下原则确定:

(一)水利部或者流域管理机构负责初步设计审批的中央项目,竣工验收主持单位为水利部或者流域管理机构;

(二)水利部负责初步设计审批的地方项目,以中央投资为主的,竣工验收主持单位为水利部或者流域管理机构,以地方投资为主的,竣工验收主持单位为省级人民政府(或者其委托的单位)或者省级人民政府水行政主管部门(或者其委托的单位);

(三)地方负责初步设计审批的项目,竣工验收主持单位为省级人民政府水行政主管部门(或者其委托的单位)。

竣工验收主持单位为水利部或者流域管理机构的,可以根据工程实际情况,会同省级人民政府或者有关部门共同主持。

竣工验收主持单位应当在工程开工报告的批准文件中明确。

## 第二节 专项验收

**第二十一条** 枢纽工程导(截)流、水库下闸蓄水等阶段验收前,涉及移民安置的,应当完成相应的移民安置专项验收。

工程竣工验收前,应当按照国家有关规定,进行环境保护、水土保持、移民安置以及工程档案等专项验收。经商有关部门同意,专项验收可以与竣工验收一并进行。

**第二十二条** 项目法人应当自收到专项验收成果文件之日起10个工作日内,将专项验收成果文件报送竣工验收主持单位备案。

专项验收成果文件是阶段验收或者竣工验收成果文件的组成部分。

## 第三节 阶段验收

**第二十三条** 工程建设进入枢纽工程导(截)流、水库下闸蓄水、引(调)排水工程通水、首(末)台机组启动等关键阶段,应当组织进行阶段验收。

　　竣工验收主持单位根据工程建设的实际需要,可以增设阶段验收的环节。

　　**第二十四条**　阶段验收的验收委员会由验收主持单位、该项目的质量监督机构和安全监督机构、运行管理单位的代表以及有关专家组成;必要时,应当邀请项目所在地的地方人民政府以及有关部门参加。

　　工程参建单位是被验收单位,应当派代表参加阶段验收工作。

　　**第二十五条**　大型水利工程在进行阶段验收前,可以根据需要进行技术预验收。技术预验收参照本章第四节有关竣工技术预验收的规定进行。

　　**第二十六条**　水库下闸蓄水验收前,项目法人应当按照有关规定完成蓄水安全鉴定。

　　**第二十七条**　验收主持单位应当自阶段验收通过之日起 30 个工作日内,制作阶段验收鉴定书,发送参加验收的单位并报送竣工验收主持单位备案。

　　阶段验收鉴定书是竣工验收的备查资料。

## 第四节　竣工验收

　　**第二十八条**　竣工验收应当在工程建设项目全部完成并满足一定运行条件后 1 年内进行。不能按期进行竣工验收的,经竣工验收主持单位同意,可以适当延长期限,但最长不得超过 6 个月。逾期仍不能进行竣工验收的,项目法人应当向竣工验收主持单位作出专题报告。

　　**第二十九条**　竣工财务决算应当由竣工验收主持单位组织审查和审计。竣工财务决算审计通过 15 日后,方可进行竣工验收。

　　**第三十条**　工程具备竣工验收条件的,项目法人应当提出竣工验收申请,经法人验收监督管理机关审查后报竣工验收主持单位。竣工验收主持单位应当自收到竣工验收申请之日起 20 个工作日内决定是否同意进行竣工验收。

　　**第三十一条**　竣工验收原则上按照经批准的初步设计所确定的标准和内容进行。

　　项目有总体初步设计又有单项工程初步设计的,原则上按照总体初步设计的标准和内容进行,也可以先进行单项工程竣工验收,最后按照总体初步设计进行总体竣工验收。

项目有总体可行性研究但没有总体初步设计而有单项工程初步设计的,原则上按照单项工程初步设计的标准和内容进行竣工验收。

建设周期长或者因故无法继续实施的项目,对已完成的部分工程可以按单项工程或者分期进行竣工验收。

**第三十二条** 竣工验收分为竣工技术预验收和竣工验收两个阶段。

**第三十三条** 大型水利工程在竣工技术预验收前,项目法人应当按照有关规定对工程建设情况进行竣工验收技术鉴定。中型水利工程在竣工技术预验收前,竣工验收主持单位可以根据需要决定是否进行竣工验收技术鉴定。

**第三十四条** 竣工技术预验收由竣工验收主持单位以及有关专家组成的技术预验收专家组负责。

工程参建单位的代表应当参加技术预验收,汇报并解答有关问题。

**第三十五条** 竣工验收的验收委员会由竣工验收主持单位、有关水行政主管部门和流域管理机构、有关地方人民政府和部门、该项目的质量监督机构和安全监督机构、工程运行管理单位的代表以及有关专家组成。工程投资方代表可以参加竣工验收委员会。

**第三十六条** 竣工验收主持单位可以根据竣工验收的需要,委托具有相应资质的工程质量检测机构对工程质量进行检测。

**第三十七条** 项目法人全面负责竣工验收前的各项准备工作,设计、施工、监理等工程参建单位应当做好有关验收准备和配合工作,派代表出席竣工验收会议,负责解答验收委员会提出的问题,并作为被验收单位在竣工验收鉴定书上签字。

**第三十八条** 竣工验收主持单位应当自竣工验收通过之日起30个工作日内,制作竣工验收鉴定书,并发送有关单位。

竣工验收鉴定书是项目法人完成工程建设任务的凭据。

### 第五节 验收遗留问题处理与工程移交

**第三十九条** 项目法人和其他有关单位应当按照竣工验收鉴定书

的要求妥善处理竣工验收遗留问题和完成尾工。

验收遗留问题处理完毕和尾工完成并通过验收后,项目法人应当将处理情况和验收成果报送竣工验收主持单位。

第四十条　工程通过竣工验收,验收遗留问题处理完毕和尾工完成并通过验收的,竣工验收主持单位向项目法人颁发工程竣工证书。

工程竣工证书格式由水利部统一制定。

第四十一条　项目法人与工程运行管理单位不同的,工程通过竣工验收后,应当及时办理移交手续。

工程移交后,项目法人以及其他参建单位应当按照法律、法规的规定和合同约定,承担后续的相关质量责任。项目法人已经撤销的,由撤销该项目法人的部门承接相关的责任。

## 第四章　罚　则

第四十二条　违反本规定,项目法人不按时限要求组织法人验收或者不具备验收条件而组织法人验收的,由法人验收监督管理机关责令改正。

第四十三条　项目法人以及其他参建单位提交验收资料不真实导致验收结论有误的,由提交不真实验收资料的单位承担责任。竣工验收主持单位收回验收鉴定书,对责任单位予以通报批评;造成严重后果的,依照有关法律法规处罚。

第四十四条　参加验收的专家在验收工作中玩忽职守、徇私舞弊的,由验收监督管理机关予以通报批评;情节严重的,取消其参加验收的资格;构成犯罪的,依法追究刑事责任。

第四十五条　国家机关工作人员在验收工作中玩忽职守、滥用职权、徇私舞弊,尚不构成犯罪的,依法给予行政处分;构成犯罪的,依法追究刑事责任。

## 第五章　附　则

第四十六条　本规定所称项目法人,包括实行代建制项目中,经项目法人委托的项目代建机构。

**第四十七条** 水利工程建设项目验收应当具备的条件、验收程序、验收主要工作以及有关验收资料和成果性文件等具体要求,按照有关验收规程执行。

**第四十八条** 政府验收所需费用应当列入工程投资,由项目法人列支。

**第四十九条** 其他水利工程建设项目的验收活动,可以参照本规定执行。

**第五十条** 流域管理机构、省级人民政府水行政主管部门可以根据本规定制定验收管理实施细则。

**第五十一条** 现行水利工程建设项目有关验收规定以及标准与本规定不一致的,按照本规定执行。

**第五十二条** 本规定自 2007 年 4 月 1 日起施行。

# 水利部关于进一步加强和规范
# 河道管理范围内建设项目
# 审批管理的通知

## （水利部水建管〔2001〕618 号）

各流域机构,各省、自治区、直辖市水利(水务)厅(局),各计划单列市水利(水务)局:

　　11 月 19 日中央电视台《焦点访谈》节目对湖北省武汉市在长江干流防洪堤内的长江江滩上填滩建设"外滩花园"住宅小区进行了曝光。近些年来,各地加强了对河道的管理,但在河道管理范围内或河道保护范围内违章开发建设的事件仍时有发生。这些行为违反了《水法》、《防洪法》和《河道管理条例》,影响了河道的防洪安全,在社会上造成了极坏的影响。为进一步加强河道管理范围内建设项目管理(以下简称建设项目管理),严格建设项目审批权限和程序,规范河道管理行为,依法行政,保障河道行洪安全,现就建设项目管理有关问题通知如下:

　　一、加强宣传,增强全社会对河道保护的意识。各地要进一步加大对《水法》、《防洪法》和《河道管理条例》等法律、法规的宣传力度,使社会各界认识到,城市建设和开发不得占用河道滩地;禁止在河道、湖泊管理范围内建设妨碍行洪的建筑物、构筑物以及从事影响河势稳定、危害河岸堤防安全和其他妨碍河道行洪的活动。要使广大群众了解河道保护的重要性,增强保护河道的自觉性,防止一切破坏行为的发生。

　　二、严格执行有关的法律、法规和规章,进一步强化对河道管理范围内建设项目的审批管理。各地要认真学习《水法》、《防洪法》和《河道管理条例》以及《河道管理范围内建设项目管理的有关规定》,对河道(包括河滩地、湖泊、水库、人工河道、行洪区、蓄洪区、滞洪区)管理范围内占用土地、跨越空间或者穿越河床的新建、扩建、改建的建设项目,必须按照河道管理权限,经河道主管机关审查同意后,方可按照基本建设程序履行审批手续。在进行审查时,各地要严格按照水利部、国家计委发布的《河道管理范围内建设项目管理的有关规定》(水政[1992]7号),以及水利部对七大江河河道管理范围内建设项目审查权限的划分规定,实施项目审批,坚决制止违反程序审批,越级越权审批。各地要认真负起责任,对凡未报经水行政主管部门或流域机构审查同意的建设项目,一律不准开工建设;对已开工的违章建设项目,要立即责令停工,并限期拆除。

三、严格进行防洪与河势影响论证。河道管理范围内建设项目应当符合防洪标准、岸线规划、航运要求和其他技术要求,不得危害堤防安全,影响河势稳定,妨碍行洪畅通;其可行性研究报告按照国家规定的基本建设程序报请批准前,其中的工程建设方案应当经有关水行政主管部门根据前述防洪要求审查同意。建设项目必须提出对防洪与河势影响评估报告,其报告编写须由具有水利(水电)行业相应资质的单位承担,评审工作由建设项目审批单位组织专家进行。评审工作必须认真进行,严禁走过场,专家组不能全部由本地和本单位的专家组成,专家评审意见作为建设项目申请书附件一并上报。凡未进行防洪影响评估工作的,水行政主管部门一律不得受理。

四、全面清查,严格执法。近期各单位要按照分级负责的原则,组织各级水行政主管部门对其审批权限内所辖河段河道管理范围内的建设项目逐一检查,登记造册。各级领导要高度重视,认真组织,重点检查是否有违反法律、法规规定的建设项目,是否有未经审批的建设项目,是否有越权审批的建设项目。对违反法律、法规规定的建设项目要坚决拆除;对未经水行政主管部门审批和越权审批的建设项目,首先要责令停工,按程序申报,并进行论证,符合行洪要求、满足规定条件的要补办审批手续,不符合的一律拆除。并对有关责任单位和责任人,依照有关的法律、法规进行处罚和处理;构成犯罪,依法追究刑事责任。

五、完成河道管理范围和保护范围(堤防安全保护区)划定工作,明晰水行政河道管理范围的界限。各地要根据《水法》、《防洪法》和《河道管理条例》，以及《关于水利工程用地确权有关问题的通知》（国家土地局、水利部［1992］国土（籍）字第 11 号）的要求，尽快确定江河治导线，完成河道管理范围和保护范围划定工作，明确水行政管理部门的管辖范围，并向社会公告，以保证行政管辖范围清晰与公开。

六、加强培训。各地要加强对各级水行政主管部门负责人、河道管理人员和水政监察人员的培训，提高其业务素质和行政执法能力，以适应水行政管理的需要，真正做到规范管理行为，依法行政。

各单位要按上述要求，积极开展工作，加强河道建设项目管理，保障防洪安全，市县各级水行政主管部门要将检查结果上报省级水行政主管部门，各省（自治区、直辖市）水利（水务）厅（局）及各流域机构于 2002 年 2 月底前将清查情况报部建设与管理司。

二〇〇一年十二月二十五日

# 中央财政预算内专项资金水利
# 项目管理暂行办法

（水利部水规计〔1998〕330号）

## 第一章 总 则

**第一条** 最近,国家决定大幅度增加中央财政预算内专项资金,加强水利基础设施建设,以扩大内需,拉动国民经济增长。为了切实管好、用好该项资金,充分发挥投资效益,根据《水法》、《防洪法》、《水土保持法》和《水利产业政策》等有关法规、政策,结合水利工程建设的实际,制定本办法。

**第二条** 新增财政预算内专项资金是中央为确保实现今年经济增长目标而采取的重大举措,各级水利部门务必高度重视,加强领导,采取切实有效的措施,保证建设资金及时足额到位,建设项目按计划全面完成。

## 第二章 安排原则

**第三条** 中央财政预算内专项资金主要安排防洪除涝、农田灌排骨干工程、城市防洪、水土保持、水资源保护工程等甲类续建项目,重点是中央甲类项目,适当支持中西部及少数民族地区的地方甲类续建项目。项目安排要充分体现水利对经济增长的拉动作用和加强水利基础设施建设相结合的原则,注重时效性。

**第四条** 项目安排重点是:大江大河大湖防洪保安工程,特别是长江、黄河等七大流域干支流的堤防加固工程以及河道整治工程、防洪控制性工程、重点海堤防洪工程、重点大中型病险水库除险加固工程、重点城市防洪工程、蓄滞洪区安全建设和非工程防洪措施等;兼顾重点江河流域水土保持和以节水抗旱为主的水资源工程,适当向中西部及少数民族地区倾斜。优先安排收尾项目以及明年汛前能够发挥防洪效益的项目。

**第五条** 适当考虑开工建设一些总体规划已经国家批准并已具备开工建设条件的流域控制性工程项目。

**第六条** 项目的选择要科学、合理,注重提高投资效益。资金安排要瞻前顾后,今年安排资金项目不能竣工的,各级政府和项目主管单位要充分考虑和负责落实后续工程的建设资金。

## 第三章  前期工作

**第七条** 项目在开工实施前,必须按照基本建设程序要求,完备前期工作。新开工项目要严格按基建程序履行审批手续。工程建设的范围、规模、标准必须符合流域总体规划要求。涉及省际间的工程项目、干流及重要支流治理工程项目,由水利部水利水电规划设计总院或流域机构审查;省内项目,按国家投资计划下达程序由地方有关部门组织审查。各类工程项目未经审批不得开工建设。

**第八条** 根据工程的规模、技术复杂程度,各项目的前期工作必须由具有相应设计资格的勘测设计单位承担;否则,不予安排审查。

**第九条** 根据国家发展计划委员会有关规定,项目前期工作经费由项目业主承担并予以落实。各级勘测设计单位应在上级主管部门的领导和组织下,集中力量,按轻重缓急,做好工作,确保设计质量。

## 第四章  计划管理

**第十条** 中央下达的专项资金计划,要严格按项目管理,专款专用。资金拨付要迅速足额到位,任何单位不得以任何名义拖延、截留和挪用。

**第十一条** 必须严格按照批准的工程建设内容和年度计划组织工程建设。未经上级主管部门批准,不得擅自更改设计内容,不得扩大建设规模,不得提高定额标准,不得越权调整计划,更不得将专项资金挪作他用。

**第十二条** 各项目业主单位要认真编制单项工程施工计划,作为项目实施的依据。流域控制性工程和涉及跨省、省际边界水利工程及列入国家基建计划的水利工程的单项工程计划须报部直属流域机构审批。

第十三条 地方要负责落实好项目的配套资金,与中央安排的资金同步到位。专项资金要与其他各类资金互相衔接,打捆使用,充分发挥投资效益。

## 第五章 监督检查

第十四条 各级水利部门要按分级管理原则切实加强对专项资金的计划、财务、审计、施工和质量等各个环节的协调、管理和监督、检查。要制定专门的监督、检查制度及措施,严肃法纪,强化监管手段。

第十五条 各级计划下达部门是专项资金的责任主管部门,对专项资金使用管理的全过程负有监督、检查的责任。各级水利部门是项目实施的主管单位,对项目的规划、设计、施工、计划和质量负责。

第十六条 各单位对发现的问题要及时予以纠正和处理,并及时上报主管部门。对严重违纪违规的单位和个人,要追究责任,严肃处理。

## 第六章 信息反馈

第十七条 各级项目主管部门要十分重视专项资金使用的信息管理工作,指派专人负责。及时准确地收集各类项目管理信息,分析整理,建立专项资金信息系统,及时上报信息。

第十八条 各地要在每月 10 日之前,将项目综合完成情况(包括专项资金及地方配套资金到位和完成情况、工程进度、工程质量等材料)逐月上报上级主管部门;并于今年底和明年 5 月底上报阶段性工作总结。

## 第七章 附 则

第十九条 淮河治理工程、太湖治理工程以及大型灌区、节水灌溉、险库加固、水土保持等专项工程,按照国家发展计划委员会和水利部已经颁布的有关办法进行管理。

本办法由水利部负责解释。

# 水利前期工作项目计划管理办法

## 第一章 总 则

**第一条** 为了完善和规范水利前期工作项目计划的管理,集中各种资金加快水利前期工作,提高水利前期工作质量和经费投入效益,搞好水利前期工作项目储备,依据国家计委、财政部的有关文件精神,结合当前进一步深化水利投资计划体制改革的要求,特制定本管理办法。

**第二条** 本办法适用于由部直属勘测设计单位承担的水利部安排各阶段前期工作经费的各类前期工作项目。

## 第二章 水利前期工作项目的分类

**第三条** 按水利前期工作项目的经费来源以及工程项目的属性,分为部直属项目、地方项目、集资项目、部内单位项目、专项、其他项目,并划分为规划、项目建议书(预可研)、可研、初设、其他、专项六大类。

**第四条** 部直属项目指由各流域机构、部直属勘测设计单位承担的大江大河大湖治理、江河开发利用、跨地区、跨流域调水、优化分配水资源骨干工程的各阶段前期工作项目。地方项目指地方根据本地区水利发展规划开展的各阶段水利前期工作项目。

部内单位项目是指由部内各有关业务司局根据本专业规划工作需要,经批准后,组织有关单位进行的政策法规研究、标准化及规程规范编制、行业发展规划等前期工作项目。

专项项目是指由水利部与有关部委共同承担,并由国家专项安排的,涉及国家经济发展宏观布局、资源优化配置等水利前期工作项目。其主项目是指基础性资料、业务建设等。

## 第三章 水利前期工作项目的管理和立项程序

**第五条** 对水利前期工作项目,需申报《水利前期工作勘测设计

（规划）项目任务书》，经审查批准后方可开展工作。

第六条　各勘测设计单位应根据国民经济发展规划和水利发展规划要求，在编制前期工作五年计划基础上，按有关要求编制《水利前期工作勘测设计（规划）项目任务书》，经所在单位的主管领导批准后，报水规总院和规划计划司。拟在下一年度安排前期工作经费的，一般应在本年度6月底前上报。上级主管部门在收到任务书后，一般应在3个月内提出审查意见。在经审查批准后，方可开展该项目的勘测设计工作。

第七条　编报《水利前期工作勘测设计（规划）项目任务书》的主要内容包括：上阶段主要工作结论及审查意见，主要工作特性、立项的依据和理由、勘测设计和科研试验大纲、综合利用要求、外协关系、阶段总工作量及经费、勘测设计工作总进度（包括中间阶段主要成果及进度）等。

第八条　部直属项目及集资项目在满足上述条件的情况下，涉及跨流域、跨省、跨部门的前期工作项目，由承担工作单位先行协调有关方面的关系和意见（必要时由主管部门协调），并附有相应的意见，与项目任务书一并报部。

第九条　集资项目的经费安排原则上以地方经费为主，由集资各方共同承担。各直属勘测设计单位在安排此类项目时，一般应是上一阶段的前期工作（包括规划）已落实和可在近期开工建设的项目，并主要安排水电、供水项目，以及老少边穷地区水利前期工作项目。在具有经部批准同意的下列附件时，可由项目业主牵头，组织出资各方签订集资协议及有关合同：

1. 地方委托部直属勘测设计单位承担该项目的委托书；

2. 核定项目前期工作总经费，签订经费分担意向性协议；

3. 回收前期工作经费协议；

4. 勘测设计任务书。

第十条　部内单位项目实行由业务司局归口领导，并按规定编报项目工作任务书，经批准后执行。

第十一条　规划项目的立项应有规划查勘报告；可行性研究项目

的立项一般应有审批的该河流域规划报告、项目建议书;初步设计项目的立项一般应有审批的可行性研究报告。在上报各类《水利前期工作勘测设计(规划)项目任务书》时,应按该项目的特点及规程规范的要求抓好制约建设立项的主要问题,保证勘测设计产品的质量。

**第十二条** 一个流域内的规划项目,一般应在批准的大流域规划的前提下,由流域机构根据本流域的特点,明确开展下一步规划工作的重点,排出规划工作的顺序,明确工作内容、深度范围、规划完成时间等。带有研究性和收集资料性的工作,应按其他类项目安排。

**第十三条** 对于一些开发目标单一、涉及矛盾较少的中小型水利前期工作项目,可由承担勘测设计工作的单位提出报告,经批准后,可将其可研及初设两个阶段合并工作。

**第十四条** 对于其他类水利前期工作项目,由项目承担单位编报立项报告。经审查批准后,专项安排。一些应在各阶段各项目内安排的其他类基础资料工作应在各项目中统一安排。

**第十五条** 水利前期工作项目的执行单价管理,在勘测设计单位走向市场部分,按收费标准执行。部下达前期工作项目,考虑市场物价变化的影响,每年执行单价由水规总院商规划计划司确定。

**第十六条** 对承担的地方项目和集资项目应按现行收费标准核定项目的工作费用。部承担的经费按部考虑市场物价变化等因素确定的当年单价执行。二者差价作为勘测设计单位对该项目的超前投入或集资。在该项目开工后,按工程概算核定的数额,由项目业主单位按集资协议返回勘测设计单位,或由勘测设计单位作为工程的投资,享有相应的权益。

**第十七条** 当若干单位共同承担一项目时,应由部明确总负责单位。在项目立项前,须有各单位分工协议。各参与工作单位应与总负责单位协调工作,并将工作成果交总负责单位,其成果报告产品质量由总负责单位负责。

**第十八条** 以部为主安排前期工作经费的项目,由部选择确定项目承担单位。

# 第四章 部属水利前期工作项目经费来源和计划安排原则

**第十九条** 部属水利前期工作项目经费来源主要有:

(1)从每年国家下达水利部的国家预算内非经营性基本建设投资中安排经费;

(2)水利部直属事业经费;

(3)从基建投资回收的前期经费及水利前期工作基金;

(4)其他经费。前期工作项目在完成立项所必备的程序后,方可申请使用部属水利前期工作经费。

**第二十条** 为了保证水利前期工作项目储备的需要,在水利前期工作经费安排上,水利事业前期费一般用于规划、其他两大类以及基础资料的收集工作所需。水利基建前期费一般用于可研、初设以及重要规划的补助。

**第二十一条** 开展水利前期工作应按"分级负责"的原则,充分发挥中央、地方及各部门的积极性,共同搞好水利前期工作。部属水利前期工作经费主要用于第二章第四条所述的部直属项目的前期工作。

**第二十二条** 工程的主要效益在一省之内,但为流域性治理规划中的大型骨干工程的地方项目,其可研、初设,可申请使用部属水利前期工作经费,此类项目一般由部直属勘测设计单位、流域机构与地方共同开展前期工作。由部直属勘测设计单位、流域机构承担前期工作的集资项目,部承担的经费应控制在总经费的30%~50%。

**第二十三条** 对老少边穷地区的水利前期工作,在工作经费上要予以适当照顾。经费主要用于该地区的国际河流、边界河流治理、内陆河流控制性水利骨干工程的水利前期工作项目和涉及国家经济发展宏观布局所需的水资源规划等。

**第二十四条** 各阶段的水利前期工作项目,均实行项目经费包干。

**第二十五条** 水利前期工作项目的预备费及质量保证金,在执行单价上涨时,应首先动用预备费。在该项目经审符合要求后,方可下达预留的质量保证金(5%~10%)。

# 第五章  水利前期工作年度经费计划的 编制下达、调整及检查

**第二十六条**  根据各单位上报的年度计划安排要求和国家安排本年度水利基本建设投资中水利基建前期经费规模及水利前期工作基金存款余额,参照水利前期工作项目五年计划和当年的实际情况,按轻重缓急,编制水利前期工作项目经费年度计划。

**第二十七条**  水利前期工作项目年度计划的安排,应重点保证延续项目和在本年度内完成的可研、初设、重大规划项目的需要。

**第二十八条**  各单位在编制年度前期工作经费建议计划时,各项目应具备立项条件,符合程序要求。在编制计划时,首先应审核、总结上一年度各项目的完成情况、存在问题,提出本年度工作的重点及预计完成的项目。在计划报表中,应如实填写各项内容,报送部有关单位。

**第二十九条**  水利前期工作项目的年度经费计划一般在本年度4月前下达。在每年的7月下旬,各勘测设计单位根据半年计划执行情况,提出调整建议计划。9月下达年度调整计划。下达年度计划和调整计划后,勘测设计单位应在20天内上报核备计划。

**第三十条**  部有关单位和各流域机构要切实加强对各水利前期工作项目执行情况的检查监督工作,严格计划管理。检查的主要内容应包括:

1. 项目经费的到位、使用、完成情况;

2. 对应经费的工作量完成情况及工作进度、质量;

3. 外委项目的计划落实情况;

4. 项目执行中各勘测设计单位的人员、力量配置;

5. 集资项目的地方前期工作经费到位情况;

6. 其他有关管理及存在问题等情况。

**第三十一条**  勘测设计单位不得擅自调整项目之间的经费计划安排。如确需调整,应在上报调整计划时一并上报,经批准后,方可调整。对在年度计划安排中不执行已批准任务书及计划安排,擅自扩大增加工作内容,提高标准,改变工作内容,超越阶段进行工作的,由承担单位

自负工作经费。凡核定阶段总工作量的项目一般不得超过总工作量。如确因方案变动等原因,需增加工作量和变动工作内容时,需报批后执行。

**第三十二条** 勘测设计单位应按统计报表制度的要求向有关单位上报季报、半年报、年报和重点项目勘测设计简报。勘测设计单位年度决算应由勘测设计主管部门按项目审核年度计划完成形象进度、工作内容及总工作量后,按工程项目进行年度财务决算。

## 第六章 水利前期工作项目的验收

**第三十三条** 水利前期工作项目在完成后,均应进行检查验收。项目的检查验收依据是,经批准的项目任务书和执行过程中的各种变更批准文件。项目承担单位要对项目的完成情况以及下一阶段工作的遗留问题等,作出评价报告。

**第三十四条** 通过检查验收,对于原计划外需要补充完成、进一步研究落实的技术问题,应在检查验收以后,由原做工作的勘测设计单位根据审查的结论意见,提出补充完成工作的任务书,明确补充工作量、内容、范围、深度、经费,按项目任务书的报批程度报批后,方可安排补充工作的经费计划。

**第三十五条** 对于经验收、审查,未予通过的各类水利前期工作项目,以及包括在原项目任务书中的工作内容,要按检查验收的结论意见,由原单位继续完成该项目的前期工作,其经费由承担该项目单位自行承担。

## 第七章 附 则

**第三十六条** 各勘测设计单位可在本办法的基础上,制订本单位的具体实施办法。

**第三十七条** 有关水利前期工作项目经费回收及水利前期工作基金建立的具体管理办法,将另行制定。

**第三十八条** 本办法的解释权在水利部。

**第三十九条** 本办法自公布之日起开始执行。

# 水利工程建设监理规定

（中华人民共和国水利部令第28号）

## 第一章　总　则

**第一条**　为规范水利工程建设监理活动，确保工程建设质量，根据《中华人民共和国招标投标法》、《建设工程质量管理条例》、《建设工程安全生产管理条例》等法律法规，结合水利工程建设实际，制定本规定。

**第二条**　从事水利工程建设监理以及对水利工程建设监理实施监督管理，适用本规定。

本规定所称水利工程是指防洪、排涝、灌溉、水力发电、引（供）水、滩涂治理、水土保持、水资源保护等各类工程（包括新建、扩建、改建、加固、修复、拆除等项目）及其配套和附属工程。

本规定所称水利工程建设监理，是指具有相应资质的水利工程建设监理单位（以下简称监理单位），受项目法人（建设单位，下同）委托，按照监理合同对水利工程建设项目实施中的质量、进度、资金、安全生产、环境保护等进行的管理活动，包括水利工程施工监理、水土保持工程施工监理、机电及金属结构设备制造监理、水利工程建设环境保护监理。

**第三条**　水利工程建设项目依法实行建设监理。

总投资200万元以上且符合下列条件之一的水利工程建设项目，必须实行建设监理：

（一）关系社会公共利益或者公共安全的；

（二）使用国有资金投资或者国家融资的；

（三）使用外国政府或者国际组织贷款、援助资金的。

铁路、公路、城镇建设、矿山、电力、石油天然气、建材等开发建设项目的配套水土保持工程,符合前款规定条件的,应当按照本规定开展水土保持工程施工监理。

其他水利工程建设项目可以参照本规定执行。

**第四条** 水利部对全国水利工程建设监理实施统一监督管理。

水利部所属流域管理机构(以下简称流域管理机构)和县级以上地方人民政府水行政主管部门对其所管辖的水利工程建设监理实施监督管理。

## 第二章　监理业务委托与承接

**第五条** 按照本规定必须实施建设监理的水利工程建设项目,项目法人应当按照水利工程建设项目招标投标管理的规定,确定具有相应资质的监理单位,并报项目主管部门备案。

项目法人和监理单位应当依法签订监理合同。

**第六条** 项目法人委托监理业务,应当执行国家规定的工程监理收费标准。

项目法人及其工作人员不得索取、收受监理单位的财物或者其他不正当利益。

**第七条** 监理单位应当按照水利部的规定,取得《水利工程建设监理单位资质等级证书》,并在其资质等级许可的范围内承揽水利工程建设监理业务。

两个以上具有资质的监理单位,可以组成一个联合体承接监理业务。联合体各方应当签订协议,明确各方拟承担的工作和责任,并将协议提交项目法人。联合体的资质等级,按照同一专业内资质等级较低的一方确定。联合体中标的,联合体各方应当共同与项目法人签订监理合同,就中标项目向项目法人承担连带责任。

**第八条** 监理单位与被监理单位以及建筑材料、建筑构配件和设备供应单位有隶属关系或者其他利害关系的,不得承担该项工程的建设监理业务。

监理单位不得以串通、欺诈、胁迫、贿赂等不正当竞争手段承揽水利工程建设监理业务。

**第九条** 监理单位不得允许其他单位或者个人以本单位名义承揽水利工程建设监理业务。

监理单位不得转让监理业务。

## 第三章 监理业务实施

**第十条** 监理单位应当聘用具有相应资格的监理人员从事水利工程建设监理业务。监理人员包括总监理工程师、监理工程师和监理员。监理人员资格应当按照行业自律管理的规定取得。

监理工程师应当由其聘用监理单位(以下简称注册监理单位)报水利部注册备案,并在其注册监理单位从事监理业务;需要临时到其他监理单位从事监理业务的,应当由该监理单位与注册监理单位签订协议,明确监理责任等有关事宜。

监理人员应当保守执(从)业秘密,并不得同时在两个以上水利工程项目从事监理业务,不得与被监理单位以及建筑材料、建筑构配件和设备供应单位发生经济利益关系。

**第十一条** 监理单位应当按下列程序实施建设监理:

(一)按照监理合同,选派满足监理工作要求的总监理工程师、监理工程师和监理员组建项目监理机构,进驻现场;

(二)编制监理规划,明确项目监理机构的工作范围、内容、目标和依据,确定监理工作制度、程序、方法和措施,并报项目法人备案;

(三)按照工程建设进度计划,分专业编制监理实施细则;

(四)按照监理规划和监理实施细则开展监理工作,编制并提交监理报告;

(五)监理业务完成后,按照监理合同向项目法人提交监理工作报告、移交档案资料。

**第十二条** 水利工程建设监理实行总监理工程师负责制。

总监理工程师负责全面履行监理合同约定的监理单位职责,发布有关指令,签署监理文件,协调有关各方之间的关系。

监理工程师在总监理工程师授权范围内开展监理工作,具体负责所承担的监理工作,并对总监理工程师负责。

监理员在监理工程师或者总监理工程师授权范围内从事监理辅助工作。

**第十三条** 监理单位应当将项目监理机构及其人员名单、监理工程师和监理员的授权范围书面通知被监理单位。监理实施期间监理人员有变化的，应当及时通知被监理单位。

监理单位更换总监理工程师和其他主要监理人员的，应当符合监理合同的约定。

**第十四条** 监理单位应当按照监理合同，组织设计单位等进行现场设计交底，核查并签发施工图。未经总监理工程师签字的施工图不得用于施工。

监理单位不得修改工程设计文件。

**第十五条** 监理单位应当按照监理规范的要求，采取旁站、巡视、跟踪检测和平行检测等方式实施监理，发现问题应当及时纠正、报告。

监理单位不得与项目法人或者被监理单位串通，弄虚作假、降低工程或者设备质量。

监理人员不得将质量检测或者检验不合格的建设工程、建筑材料、建筑构配件和设备按照合格签字。

未经监理工程师签字，建筑材料、建筑构配件和设备不得在工程上使用或者安装，不得进行下一道工序的施工。

**第十六条** 监理单位应当协助项目法人编制控制性总进度计划，审查被监理单位编制的施工组织设计和进度计划，并督促被监理单位实施。

**第十七条** 监理单位应当协助项目法人编制付款计划，审查被监理单位提交的资金流计划，按照合同约定核定工程量，签发付款凭证。

未经总监理工程师签字，项目法人不得支付工程款。

**第十八条** 监理单位应当审查被监理单位提出的安全技术措施、专项施工方案和环境保护措施是否符合工程建设强制性标准和环境保护要求，并监督实施。

监理单位在实施监理过程中，发现存在安全事故隐患的，应当要求被监理单位整改；情况严重的，应当要求被监理单位暂时停止施工，并及时报告项目法人。被监理单位拒不整改或者不停止施工的，监理单位应当及时向有关水行政主管部门或者流域管理机构报告。

第十九条　项目法人应当向监理单位提供必要的工作条件，支持监理单位独立开展监理业务，不得明示或者暗示监理单位违反法律法规和工程建设强制性标准，不得更改总监理工程师指令。

第二十条　项目法人应当按照监理合同，及时、足额支付监理单位报酬，不得无故削减或者拖延支付。

项目法人可以对监理单位提出并落实的合理化建议给予奖励。奖励标准由项目法人与监理单位协商确定。

## 第四章　监督管理

第二十一条　县级以上人民政府水行政主管部门和流域管理机构应当加强对水利工程建设监理活动的监督管理，对项目法人和监理单位执行国家法律法规、工程建设强制性标准以及履行监理合同的情况进行监督检查。

项目法人应当依据监理合同对监理活动进行检查。

第二十二条　县级以上人民政府水行政主管部门和流域管理机构在履行监督检查职责时，有关单位和人员应当客观、如实反映情况，提供相关材料。

县级以上人民政府水行政主管部门和流域管理机构实施监督检查时，不得妨碍监理单位和监理人员正常的监理活动，不得索取或者收受被监督检查单位和人员的财物，不得谋取其他不正当利益。

第二十三条　县级以上人民政府水行政主管部门和流域管理机构在监督检查中，发现监理单位和监理人员有违规行为的，应当责令纠正，并依法查处。

第二十四条　任何单位和个人有权对水利工程建设监理活动中的违法违规行为进行检举和控告。有关水行政主管部门和流域管理机构以及有关单位应当及时核实、处理。

## 第五章　罚　则

第二十五条　项目法人将水利工程建设监理业务委托给不具有相

应资质的监理单位,或者必须实行建设监理而未实行的,依照《建设工程质量管理条例》第五十四条、第五十六条处罚。

项目法人对监理单位提出不符合安全生产法律、法规和工程建设强制性标准要求的,依照《建设工程安全生产管理条例》第五十五条处罚。

**第二十六条** 项目法人及其工作人员收受监理单位贿赂、索取回扣或者其他不正当利益的,予以追缴,并处违法所得3倍以下且不超过3万元的罚款;构成犯罪的,依法追究有关责任人员的刑事责任。

**第二十七条** 监理单位有下列行为之一的,依照《建设工程质量管理条例》第六十条、第六十一条、第六十二条、第六十七条、第六十八条处罚:

(一)超越本单位资质等级许可的业务范围承揽监理业务的;

(二)未取得相应资质等级证书承揽监理业务的;

(三)以欺骗手段取得的资质等级证书承揽监理业务的;

(四)允许其他单位或者个人以本单位名义承揽监理业务的;

(五)转让监理业务的;

(六)与项目法人或者被监理单位串通,弄虚作假、降低工程质量的;

(七)将不合格的建设工程、建筑材料、建筑构配件和设备按照合格签字的;

(八)与被监理单位以及建筑材料、建筑构配件和设备供应单位有隶属关系或者其他利害关系承担该项工程建设监理业务的。

**第二十八条** 监理单位有下列行为之一的,责令改正,给予警告;无违法所得的,处1万元以下罚款,有违法所得的,予以追缴,处违法所得3倍以下且不超过3万元罚款;情节严重的,降低资质等级;构成犯罪的,依法追究有关责任人员的刑事责任:

(一)以串通、欺诈、胁迫、贿赂等不正当竞争手段承揽监理业务的;

(二)利用工作便利与项目法人、被监理单位以及建筑材料、建筑构配件和设备供应单位串通,谋取不正当利益的。

**第二十九条** 监理单位有下列行为之一的,依照《建设工程安全生产管理条例》第五十七条处罚：

（一）未对施工组织设计中的安全技术措施或者专项施工方案进行审查的；

（二）发现安全事故隐患未及时要求施工单位整改或者暂时停止施工的；

（三）施工单位拒不整改或者不停止施工，未及时向有关水行政主管部门或者流域管理机构报告的；

（四）未依照法律、法规和工程建设强制性标准实施监理的。

**第三十条** 监理单位有下列行为之一的，责令改正，给予警告；情节严重的，降低资质等级：

（一）聘用无相应监理人员资格的人员从事监理业务的；

（二）隐瞒有关情况、拒绝提供材料或者提供虚假材料的。

**第三十一条** 监理人员从事水利工程建设监理活动，有下列行为之一的，责令改正，给予警告；其中，监理工程师违规情节严重的，注销注册证书，2年内不予注册；有违法所得的，予以追缴，并处1万元以下罚款；造成损失的，依法承担赔偿责任；构成犯罪的，依法追究刑事责任：

（一）利用执（从）业上的便利，索取或者收受项目法人、被监理单位以及建筑材料、建筑构配件和设备供应单位财物的；

（二）与被监理单位以及建筑材料、建筑构配件和设备供应单位串通，谋取不正当利益的；

（三）非法泄露执（从）业中应当保守的秘密的。

**第三十二条** 监理人员因过错造成质量事故的，责令停止执（从）业1年，其中，监理工程师因过错造成重大质量事故的，注销注册证书，5年内不予注册，情节特别严重的，终身不予注册。

监理人员未执行法律、法规和工程建设强制性标准的，责令停止执（从）业3个月以上1年以下，其中，监理工程师违规情节严重的，注销注册证书，5年内不予注册，造成重大安全事故的，终身不予注册；构成犯罪的，依法追究刑事责任。

**第三十三条** 水行政主管部门和流域管理机构的工作人员在工程建设监理活动的监督管理中玩忽职守、滥用职权、徇私舞弊的，依法给予处分;构成犯罪的,依法追究刑事责任。

**第三十四条** 依法给予监理单位罚款处罚的,对单位直接负责的主管人员和其他直接责任人员处单位罚款数额百分之五以上、百分之十以下的罚款。

监理单位的工作人员因调动工作、退休等原因离开该单位后,被发现在该单位工作期间违反国家有关工程建设质量管理规定,造成重大工程质量事故的,仍应当依法追究法律责任。

**第三十五条** 降低监理单位资质等级、吊销监理单位资质等级证书的处罚以及注销监理工程师注册证书,由水利部决定;其他行政处罚,由有关水行政主管部门依照法定职权决定。

# 第六章 附 则

**第三十六条** 本规定所称机电及金属结构设备制造监理是指对安装于水利工程的发电机组、水轮机组及其附属设施,以及闸门、压力钢管、拦污设备、起重设备等机电及金属结构设备生产制造过程中的质量、进度等进行的管理活动。

本规定所称水利工程建设环境保护监理是指对水利工程建设项目实施中产生的废(污)水、垃圾、废渣、废气、粉尘、噪声等采取的控制措施所进行的管理活动。

本规定所称被监理单位是指承担水利工程施工任务的单位,以及从事水利工程的机电及金属结构设备制造的单位。

**第三十七条** 监理单位分立、合并、改制、转让的,由继承其监理业绩的单位承担相应的监理责任。

**第三十八条** 有关水利工程建设监理的技术规范,由水利部另行制定。

**第三十九条** 本规定自2007年2月1日起施行。《水利工程建设监理规定》(水建管[1999]637号)、《水土保持生态建设工程监理管理暂行办法》(水建管[2003]79号)同时废止。

《水利工程设备制造监理规定》(水建管[2001]217号)与本规定不一致的,依照本规定执行。

# 建设项目水资源论证管理办法

（2002 年 3 月 24 日水利部、国家发展
计划委员会令第 15 号）

**第一条** 为促进水资源的优化配置和可持续利用,保障建设项目的合理用水要求,根据《取水许可制度实施办法》和《水利产业政策》,制定本办法。

**第二条** 对于直接从江河、湖泊或地下取水并需申请取水许可证的新建、改建、扩建的建设项目(以下简称建设项目),建设项目业主单位(以下简称业主单位)应当按照本办法的规定进行建设项目水资源论证,编制建设项目水资源论证报告书。

**第三条** 建设项目利用水资源,必须遵循合理开发、节约使用、有效保护的原则;符合江河流域或区域的综合规划及水资源保护规划等专项规划;遵守经批准的水量分配方案或协议。

**第四条** 县级以上人民政府水行政主管部门负责建设项目水资源论证工作的组织实施和监督管理。

**第五条** 从事建设项目水资源论证工作的单位,必须取得相应的建设项目水资源论证资质,并在资质等级许可的范围内开展工作。

建设项目水资源论证资质管理办法由水利部另行制定。

**第六条** 业主单位应当委托有建设项目水资源论证资质的单位,对其建设项目进行水资源论证。

**第七条** 建设项目水资源论证报告书,应当包括下列主要内容:

（一）建设项目概况;

（二）取水水源论证;

（三）用水合理性论证;

（四）退（排）水情况及其对水环境影响分析;

（五）对其他用水户权益的影响分析；

（六）其他事项。

建设项目水资源论证报告书编制基本要求见附件。

**第八条** 业主单位应当在办理取水许可预申请时向受理机关提交建设项目水资源论证报告书。

不需要办理取水许可预申请的建设项目，业主单位应当在办理取水许可申请时向受理机关提交建设项目水资源论证报告书。

未提交建设项目水资源论证报告书的，受理机关不得受理取水许可（预）申请。

**第九条** 建设项目水资源论证报告书，由具有审查权限的水行政主管部门或流域管理机构组织有关专家和单位进行审查，并根据取水的急需程度适时提出审查意见。

建设项目水资源论证报告书的审查意见是审批取水许可（预）申请的技术依据。

**第十条** 水利部或流域管理机构负责对以下建设项目水资源论证报告书进行审查：

（一）水利部授权流域管理机构审批取水许可（预）申请的建设项目；

（二）兴建大型地下水集中供水水源地（日取水量 5 万吨以上）的建设项目。

其他建设项目水资源论证报告书的分级审查权限，由省、自治区、直辖市人民政府水行政主管部门确定。

**第十一条** 业主单位在向计划主管部门报送建设项目可行性研究报告时，应当提交水行政主管部门或流域管理机构对其取水许可（预）申请提出的书面审查意见，并附具经审定的建设项目水资源论证报告书。

未提交取水许可（预）申请的书面审查意见及经审定的建设项目水资源论证报告书的，建设项目不予批准。

**第十二条** 建设项目水资源论证报告书审查通过后，有下列情况之一的，业主单位应重新或补充编制水资源论证报告书，并提交原审查机关重新审查：

（一）建设项目的性质、规模、地点或取水标的发生重大变化的；

（二）自审查通过之日起满三年，建设项目未批准的。

**第十三条**　从事建设项目水资源论证工作的单位，在建设项目水资源论证工作中弄虚作假的，由水行政主管部门取消其建设项目水资源论证资质，并处违法所得3倍以下，最高不超过3万元的罚款。

**第十四条**　从事建设项目水资源论证报告书审查的工作人员滥用职权，玩忽职守，造成重大损失的，依法给予行政处分；构成犯罪的，依法追究刑事责任。

**第十五条**　建设项目取水量较少且对周边影响较小的，可不编制建设项目水资源论证报告书。具体要求由省、自治区、直辖市人民政府水行政主管部门规定。

**第十六条**　本办法由水利部负责解释。

**第十七条**　本办法自2002年5月1日起施行。

附件：

## 建设项目水资源论证报告书编制基本要求

本附件是对建设项目水资源论证报告书编制的基本要求。由于建设项目规模不等，取水水源类型不同，水资源论证的内容也有区别。承担建设项目水资源论证报告书编制的单位，可根据项目及取水水源类型，选择其中相应内容开展论证工作。

**一、总论**

1. 编制论证报告书的目的；

2. 编制依据；

3. 项目选址情况，有关部门审查意见；

4. 项目建议书中提出的取水水源与取水地点；

5. 论证委托书或合同，委托单位与承担单位。

**二、建设项目概况**

1. 建设项目名称、项目性质；

2. 建设地点，占地面积和土地利用情况；

3. 建设规模及分期实施意见，职工人数与生活区建设；

4. 主要产品及用水工艺；

5. 建设项目用水保证率及水位、水量、水质、水温等要求，取水地点，水源类型，取水口设置情况；

6. 建设项目废污水浓度、排放方式、排放总量、排污口设置情况。

### 三、建设项目所在流域或区域水资源开发利用现状

1. 水文及水文地质条件，地表水、地下水及水资源总量时空分布特征，地表、地下水质概述；

2. 现状供水工程系统，现状供用水情况及开发利用程度；

3. 水资源开发利用中存在的主要问题。

### 四、建设项目取水水源论证

1. 地表水源论证

(1) 地表水源论证必须依据实测水文资料系列；

(2) 依据水文资料系列，分析不同保证率的来水量、可供水量及取水可靠程度；

(3) 分析不同时段取水对周边水资源状况及其他取水户的影响；

(4) 论证地表水源取水口的设置是否合理。

2. 地下水源论证

(1) 地下水源论证必须在区域水资源评价和水文地质详查的基础上进行；

(2) 中型以上的地下水源地论证必须进行水文地质勘察工作；

(3) 分析区域水文地质条件，含水层特征，地下水补给、径流、排泄条件，分析地下水资源量、可开采量及取水的可靠性；

(4) 分析取水量及取水层位对周边水资源状况、环境地质的影响；

(5) 论证取水井布设是否合理，可能受到的影响。

### 五、建设项目用水量合理性分析

1. 建设项目用水过程及水平衡分析；

2. 产品用水定额、生活区生活用水定额及用水水平分析；

3. 节水措施与节水潜力分析。

**六、建设项目退水情况及其对水环境影响分析**

1. 退水系统及其组成概况；

2. 污染物排放浓度、总量及达标情况；

3. 污染物排放时间变化情况；

4. 对附近河段环境的影响；

5. 论证排污口设置是否合理。

**七、建设项目开发利用水资源对水资源状况及其他取水户的影响分析**

1. 建设项目开发利用水资源对区域水资源状况影响；

2. 建设项目开发利用水资源对其他用水户的影响。

**八、水资源保护措施**

根据水资源保护规划提出水资源量、质保护措施。

**九、影响其他用水户权益的补偿方案**

1. 周边地区及有关单位对建设项目取水和退水的意见；

2. 对其他用水户影响的补偿方案。

**十、水资源论证结论**

1. 建设项目取水的合理性；

2. 取水水源量、质的可靠性及允许取水量意见；

3. 退水情况及水资源保护措施。

# 水利工程建设程序管理暂行规定

（1998 年 1 月 7 日水利部发布）

**第一条** 为加强水利建设市场管理,进一步规范水利工程建设程序,推进项目法人责任制、建设监理制、招标投标制的实施,促进水利建设实现经济体制和经济增长方式的两个根本性转变,根据国家有关法律、法规,制定本规定。

**第二条** 水利工程建设程序,按《水利工程建设项目管理规定(试行)》(水利部水建[1995]128 号)明确的建设程序执行,水利工程建设程序一般分为:项目建议书、可行性研究报告、初步设计、施工准备(包括招标设计)、建设实施、生产准备、竣工验收、后评价等阶段。

**第三条** 本暂行规定适用于由国家投资、中央和地方合资、企事业单位独资或合资以及其他投资方式兴建的防洪、除涝、灌溉、发电、供水、围垦等大中型(包括新建、续建、改建、加固、修复)工程建设项目。小型水利工程建设项目可以参照执行。利用外资项目的建设程序,同时还应执行有关外资项目管理的规定。

**第四条** 项目建议书阶段。

1. 项目建议书应根据国民经济和社会发展长远规划、流域综合规划、区域综合规划、专业规划,按照国家产业政策和国家有关投资建设方针进行编制,是对拟进行建设项目的初步说明。

2. 项目建议书应按照《水利水电工程项目建议书编制暂行规定》(水利部水规计[1996]608 号)编制。

3. 项目建议书编制一般由政府委托有相应资格的设计单位承担;并按国家现行规定权限向主管部门申报审批。项目建议书被批准后,由政府向社会公布,若有投资建设意向,应及时组建项目法人筹备机构,开展下一建设程序工作。

**第五条** 可行性研究报告阶段。

1. 可行性研究应对项目进行方案比较,在技术上是否可行和经济上是否合理进行科学的分析和论证。经过批准的可行性研究报告,是项目决策和进行初步设计的依据。可行性研究报告,由项目法人(或筹备机构)组织编制。

2. 可行性研究报告应按照《水利水电工程可行性研究报告编制规程》(电力部、水利部电办[1993]112号)编制。

3. 可行性研究报告,按国家现行规定的审批权限报批。申报项目可行性研究报告,必须同时提出项目法人组建方案及运行机制、资金筹措方案、资金结构及回收资金的办法,并依照有关规定附具有管辖权的水行政主管部门或流域机构签署的规划同意书、对取水许可预申请的书面审查意见。审批部门要委托有项目相应资格的工程咨询机构对可行性报告进行评估,并综合行业归口主管部门、投资机构(公司)、项目法人(或项目法人筹备机构)等方面的意见进行审批。

4. 可行性研究报告经批准后,不得随意修改和变更,在主要内容上有重要变动,应经原批准机关复审同意。项目可行性报告批准后,应正式成立项目法人,并按项目法人责任制实行项目管理。

**第六条** 初步设计阶段。

1. 初步设计是根据批准的可行性研究报告和必要而准确的设计资料,对设计对象进行通盘研究,阐明拟建工程在技术上的可行性和经济上的合理性,规定项目的各项基本技术参数,编制项目的总概算。初步设计任务应择优选择有项目相应资格的设计单位承担,依照有关初步设计编制规定进行编制。

2. 初步设计报告应按照《水利水电工程初步设计报告编制规程》(电力部、水利部电办[1993]113号)编制。

3. 初步设计文件报批前,一般须由项目法人委托有相应资格的工程咨询机构或组织行业各方面(包括管理、设计、施工、咨询等方面)的专家,对初步设计中的重大问题,进行咨询论证。设计单位根据咨询论证意见,对初步设计文件进行补充、修改、优化。初步设计由项目法人组织审查后,按国家现行规定权限向主管部门申报审批。

4. 设计单位必须严格保证设计质量,承担初步设计的合同责任。

初步设计文件经批准后,主要内容不得随意修改、变更,并作为项目建设实施的技术文件基础。如有重要修改、变更,须经原审批机关复审同意。

**第七条** 施工准备阶段。

1. 项目在主体工程开工之前,必须完成各项施工准备工作,其主要内容包括:

(1)施工现场的征地、拆迁;

(2)完成施工用水、电、通信、路和场地平整等工程;

(3)必须的生产、生活临时建筑工程;

(4)组织招标设计、咨询、设备和物资采购等服务;

(5)组织建设监理和主体工程招标投标,并择优选定建设监理单位和施工承包队伍。

2. 施工准备工作开始前,项目法人或其代理机构,须依照《水利工程建设项目管理规定(试行)》(水利部水建[1995]128号)中"管理体制和职责"明确的分级管理权限,向水行政主管部门办理报建手续,项目报建须交验工程建设项目的有关批准文件。工程项目进行项目报建登记后,方可组织施工准备工作。

3. 工程建设项目施工,除某些不适应招标的特殊工程项目外(须经水行政主管部门批准),均须实行招标投标。水利工程建设项目的招标投标,按《水利工程建设项目施工招标投标管理规定》(水利部水建[1995]130号)执行。

4. 水利工程项目必须满足如下条件,施工准备方可进行:

(1)初步设计已经批准;

(2)项目法人已经建立;

(3)项目已列入国家或地方水利建设投资计划,筹资方案已经确定;

(4)有关土地使用权已经批准;

(5)已办理报建手续。

**第八条** 建设实施阶段。

1. 建设实施阶段是指主体工程的建设实施,项目法人按照批准的建设文件,组织工程建设,保证项目建设目标的实现。

2. 项目法人或其代理机构必须按审批权限,向主管部门提出主体工程开工申请报告,经批准后,主体工程方能正式开工。主体工程开工须具备《水利工程建设项目管理规定(试行)》(水利部水建[1995]128号)明确的条件,即:

(1)前期工程各阶段文件已按规定批准,施工详图设计可以满足初期主体工程施工需要;

(2)建设项目已列入国家或地方水利建设投资年度计划,年度建设资金已落实;

(3)主体工程招标已经决标,工程承包合同已经签订,并得到主管部门同意;

(4)现场施工准备和征地移民等建设外部条件能够满足主体工程开工需要。

3. 随着社会主义市场经济机制的建立,实行项目法人责任制,主体工程开工前还须具备以下条件:

(1)建设管理模式已经确定,投资主体与项目主体的管理关系已经理顺;

(2)项目建设所需全部投资来源已经明确,且投资结构合理;

(3)项目产品的销售,已有用户承诺,并确定了定价原则。

4. 项目法人要充分发挥建设管理的主导作用,为施工创造良好的建设条件。项目法人要充分授权工程监理,使之能独立负责项目的建设工期、质量、投资的控制和现场施工的组织协调。监理单位选择必须符合《水利工程建设监理规定》(水利部水建[1996]396号)的要求。

5. 要按照"政府监督、项目法人负责、社会监理、企业保证"的要求,建立健全质量管理体系,重要建设项目,须设立质量监督项目站,行使政府对项目建设的监督职能。

第九条　生产准备阶段。

1. 生产准备是项目投产前所要进行的一项重要工作,是建设阶段转入生产经营的必要条件。项目法人应按照建管结合和项目法人责任制的要求,适时做好有关生产准备工作。

2. 生产准备应根据不同类型的工程要求确定,一般应包括如下主要内容:

（1）生产组织准备。建立生产经营的管理机构及相应管理制度。

（2）招收和培训人员。按照生产运营的要求,配备生产管理人员,并通过多种形式的培训,提高人员素质,使之能满足运营要求。生产管理人员要尽早介入工程的施工建设,参加设备的安装调试,熟悉情况,掌握好生产技术和工艺流程,为顺利衔接基本建设和生产经营阶段做好准备。

（3）生产技术准备。主要包括技术资料的汇总、运行技术方案的制定、岗位操作规程制定和新技术准备。

（4）生产的物资准备。主要是落实投产运营所需要的原材料、协作产品、工器具、备品备件和其他协作配合条件的准备。

（5）正常的生活福利设施准备。

3. 及时具体落实产品销售合同协议的签订,提高生产经营效益,为偿还债务和资产的保值增值创造条件。

**第十条** 竣工验收。

1. 竣工验收是工程完成建设目标的标志,是全面考核基本建设成果、检验设计和工程质量的重要步骤。竣工验收合格的项目即从基本建设转入生产或使用。

2. 当建设项目的建设内容全部完成,并经过单位工程验收（包括工程档案资料的验收）,符合设计要求并按《水利基本建设项目（工程）档案资料管理暂行规定》（水利部水办[1997]275号）的要求完成了档案资料的整理工作;完成竣工报告、竣工决算等必须文件的编制后,项目法人按《水利工程建设项目管理规定（试行）》（水利部水建[1995]128号）规定,向验收主管部门,提出申请,根据国家和部颁验收规程,组织验收。

3. 竣工决算编制完成后,须由审计机关组织竣工审计,其审计报告作为竣工验收的基本资料。

4. 工程规模较大、技术较复杂的建设项目可先进行初步验收。不合格的工程不予验收;有遗留问题的项目,对遗留问题必须有具体处理意见,且有限期处理的明确要求并落实责任人。

**第十一条** 后评价。

1.建设项目竣工投产后,一般经过1至2年生产运营后,要进行一次系统的项目后评价,主要内容包括:影响评价——项目投产后对各方面的影响进行评价;经济效益评价——项目投资、国民经济效益、财务效益、技术进步和规模效益、可行性研究深度等进行评价;过程评价——对项目的立项、设计施工、建设管理、竣工投产、生产运营等全过程进行评价。

2.项目后评价一般按三个层次组织实施,即项目法人的自我评价、项目行业的评价、计划部门(或主要投资方)的评价。

3.建设项目后评价工作必须遵循客观、公正、科学的原则,做到分析合理、评价公正。通过建设项目的后评价以达到肯定成绩、总结经验、研究问题、吸取教训、提出建议、改进工作,不断提高项目决策水平和投资效果的目的。

**第十二条** 凡违反工程建设程序管理规定的,按照有关法律、法规、规章的规定,由项目行业主管部门,根据情节轻重,对责任者进行处理。

**第十三条** 本暂行规定是《水利工程建设项目管理规定(试行)》(水利部水建[1995]128号)的补充。

**第十四条** 本暂行规定由水利部负责解释。

**第十五条** 本暂行规定自发布之日起试行。

# 水利工程造价管理暂行规定

## （水利部水建管〔1999〕488 号）

## 第一章　总　则

**第一条**　为加强水利工程造价管理,规范工程计价行为,合理确定和有效控制工程造价,提高投资效益,维护当事人的合法权益,确保水利工程建设的质量,根据国家有关法律、法规、规章,制订本规定。

**第二条**　本规定所称水利工程造价,是指各类水利建设项目从筹建到竣工验收交付使用全过程所需的全部费用。工程造价的费用构成及计算按现行有关规定执行。

**第三条**　本规定所称水利工程造价管理,是指对水利建设项目从项目建议书、可行性研究报告、初步设计、施工准备、建设实施、生产准备、竣工验收、后评价等各阶段所对应的投资估算、设计概算、项目管理预算、标底价、合同价、工程竣工决算等工程造价文件的编制和执行,进行规范指导和监督管理。

**第四条**　水利工程造价计价依据,是指计算工程造价所依据的工程项目划分、工程定额、费用标准、造价文件编制办法、工程动态价差调整办法等水行政主管部门颁发的水利工程造价标准。

**第五条**　水利工程造价管理应遵守以下基本原则:

（一）遵照国家有关法律、法规和方针、政策,在保障国家利益的前提下,维护项目法人、建设单位(项目法人现场管理机构,下同)、设计单位、监理单位、咨询单位、施工企业等单位的合法权益。

（二）在保证水利建设项目使用功能的前提下,合理确定和有效控制工程造价,提高投资效益。

（三）遵循价值规律,实行合理定价、静态控制、动态管理、明确职责、强化监督的管理机制,逐步建立和完善水利工程造价管理体系。

**第六条**　在中华人民共和国境内从事水利工程建设的项目法人、建设单位、设计单位、监理单位、咨询单位、施工企业等单位或个人,必须遵守本规定。

## 第二章　管理层次与职责

**第七条**　国务院水行政主管部门对水利工程造价实行分级管理。

(一)国务院水行政主管部门负责指导全国水利工程造价管理工作。主要职责:

1. 根据国家的法律、法规、规章,组织制订水利行业工程造价工作中所涉及的计价依据管理、单位资质和人员执业资格管理、承包合同管理、执法监督管理等规章制度,并监督实施;

2. 指导、监督、协调全国水利工程造价管理工作;

3. 组织制订、审批、发布国家大、中型水利建设项目的工程造价计价依据;

4. 审批全国水利工程造价咨询单位资质;

5. 负责组织全国水利工程造价工程师资格考试、审批和注册管理工作;

6. 负责全国水利工程造价专业技术培训的管理工作。

(二)各流域机构负责承担本流域内水利工程造价管理工作。主要职责:

1. 贯彻执行国务院水行政主管部门有关水利工程造价管理的计价依据和规章制度;

2. 负责对所管辖流域范围内的跨省、自治区、直辖市及国界上的江河治理工程的工程造价进行监督和管理,负责对国家委托由其为出资人代表兴建的水利建设项目的造价,进行监督和管理;

3. 负责承担流域所辖各省(自治区、直辖市)水利工程造价咨询单位的资质初审工作;

4. 负责承担流域所辖各省(自治区、直辖市)水利工程造价工程师考试和注册资格的审查及管理工作;

5. 负责组织本流域机构所属单位水利工程造价专业技术培训

工作。

（三）各省级水行政主管部门,承担本行政区域内水利工程造价管理工作。主要职责:

1.贯彻执行国务院水行政主管部门有关水利工程造价管理的计价依据和规章制度,制订地方水利工程造价管理的计价依据和规章制度,并报国务院水行政主管部门备案;

2.负责对所辖水利建设项目的工程造价进行监督和管理;

3.负责组织辖区内水利工程造价咨询单位的资质申报工作;

4.负责承担辖区内的水利工程造价工程师考试和注册资格的初审及管理工作;

5.负责组织辖区内水利工程造价专业技术培训工作。

第八条　任何单位和个人不得非法干预水利工程造价活动的正常进行,同时也有权对水利工程造价活动进行社会监督,向水行政主管部门及监察部门举报违反本规定的行为。

## 第三章　工程造价确定

第九条　水利工程造价,应在水利工程建设的不同阶段,根据相应的计价依据和满足不同的精度要求确定。

（一）项目建议书阶段。按照《水利水电工程项目建议书编制暂行规定》（水利部水规计〔1996〕608号）的要求,提出投资估算和资金筹措设想。

（二）可行性研究报告阶段。按照《水利水电工程可行性研究报告编制规程》（电力部、水利部电办〔1993〕112号）的要求,提出投资估算、财务分析与评价、资金筹措报告。

（三）初步设计阶段。按照《水利水电工程初步设计报告编制规程》（电力部、水利部电办〔1993〕113号）的要求,提出总概算、资金流程方案。

（四）施工准备及建设实施阶段。按照《水利工程建设项目施工招标投标管理规定》（水利部水政资〔1998〕51号）的要求,进行招标设计,在编写招标文件的同时编制标底。根据水利工程建设实施阶段造价管理的有关规定,提出项目管理预算(具体建设实施阶段造价管理办法另行制订)。

(五)竣工验收阶段。按照《水利工程基本建设项目竣工决算报告编制规程》(水利部水财[1990]53号)的要求,提出竣工决算(含财务评价)。

(六)后评价阶段。在建设项目竣工投产,并经过1至2年的生产运营后,进行项目后评价,对项目投资、国民经济效益、财务效益、技术进步、规划效益、可行性研究深度等进行评价(具体评价办法另行制订)。

# 第四章  工程造价控制

**第十条**  按照《水利工程建设程序管理暂行规定》(水利部水建[1998]16号)规定的水利工程建设全过程,在合理确定工程造价的基础上,对工程造价实行全过程管理。

**第十一条**  对于国家批准立项的水利建设项目,项目法人应承担在项目建设全过程,对工程造价进行管理和控制的责任,负责落实工程建设资金按工期进度计划按时到位,并负责承担由于市场变化和国家政策调整带来的动态投资风险。

**第十二条**  建设单位应对项目法人,承担项目竣工造价静态额不突破经项目行政主管部门审查批准的初步设计概算静态投资的责任,严格按照初步设计规定的建设规模、标准、工期和质量,在初步设计范围内组织建设。

**第十三条**  设计单位应对建设单位,在项目行政主管部门审查批准的初步设计概算静态投资总额之内,承担对初步设计方案、工程量、建设标准以及设计工作深度方面的相应责任。

**第十四条**  在工程建设招、投标中,应严格执行《水利工程建设项目施工招标投标管理规定》(水利部水政资[1998]151号),提高标底的编制质量。鼓励承包商依据自身的技术和管理状况,制订企业的标准和定额,提高投标报价水平。

**第十五条**  工程造价咨询单位在进行工程造价咨询时,应依据国家有关法律、法规、规章,做到公平、公正、合理。不得高估冒算,不得随意压价,不得弄虚作假。

## 第五章　工程造价管理

**第十六条**　凡从事水利工程建设的设计、建设、监理、咨询、施工等单位,均应配备一定数量的与其单位资质等级相适应的工程造价专业人员。从事工程造价工作的专业人员,应取得国务院水行政主管部门颁发的水利工程造价工程师资格证书或各省级水行政主管部门颁发的水利工程造价员资格证书。

**第十七条**　凡是从事水利工程造价咨询的单位,无论是主营或兼营,均应具备从业资格,即取得国务院建设行政主管部门或国务院水行政主管部门颁发的《工程造价咨询单位资质证书》。未取得资质证书者,不得从事水利工程造价咨询业务,任何单位不得利用行政手段进行强制性咨询活动。

**第十八条**　除国家有关价格、收费管理部门规定允许在水利工程建设投资中支付的费用外,工程造价文件中不得随意增设费用项目。对于乱摊派和乱收费,各单位有权抵制,必要时可向有关部门申述或向法院起诉。

**第十九条**　对违反本规定的单位和个人,由水行政主管部门责令其限期改正,予以通报批评;情节严重的,降低其资质等级直至收缴其资质证书、取消从业资格。

## 第六章　附　则

**第二十条**　本规定由水利部负责解释。

**第二十一条**　本规定自发布之日起施行。

# 水利建设项目贷款能力测算暂行规定

## （水规计［2003］163 号）

## 1 总 则

1.1 为加强水利建设项目资金管理,提高水利建设项目投资决策的科学性和合理性,依据《国务院关于固定资产投资项目试行资本金制度的通知》(国发［1996］35 号)精神,结合水利工程基本建设实际,制定本规定。

1.2 本规定适用于发电、供水(调水)等具有财务收益的大型水利建设项目。上述项目应在项目建议书和可行性研究阶段进行贷款能力测算,编制水利建设项目贷款能力测算专题报告。其他水利建设项目可参照执行。

1.3 水利建设项目贷款能力测算,是根据市场需求合理预测项目的财务收益,测算项目所能承担的贷款额度和所需的资本金,拟订项目建设资金筹措方案,对项目进行科学合理的财务可行性评价,为国家、地方政府及有关投资者决策提供依据。

1.4 本规定为《水利水电工程项目建议书编制暂行规定》和《水利水电工程可行性研究报告编制规程》的补充。

## 2 测算原则与方法

2.1 贷款能力测算是水利建设项目财务评价的组成部分,应以现行的国家和行业规程规范为依据,其计算方法和主要参数应按现行规范中财务评价的有关规定和国家现行的财税、价格政策执行。

2.2 测算项目的划分

应根据财务计算成果对项目进行划分。年销售收入大于年总成本费用的水利建设项目必须进行贷款能力测算;年销售收入小于年运行费用的项目可不测算贷款能力;年销售收入大于年运行费用但小于年总成本费用的项目,应在考虑工程更新改造费用和还贷期财务状况等因素的基础上,根据实际情况分析测算项目贷款能力。

2.3 水利建设项目贷款能力测算的主要内容

2.3.1 项目建议书阶段应注重市场调研,预测市场发展趋势,分析用户对水价、电价的承受能力,拟订不同的水价、电价方案,分析方案的合理性和可行性,计算项目全部的财务收益和成本费用,测算项目的贷款能力与所需的资本金,在进行综合分析、多方案比选及风险分析的基础上,提出资金筹措方案,进行财务评价。

必要时,也可根据费用分摊情况对其中的供水、发电等功能单独进行贷款能力测算,作为项目评价的辅助指标。

2.3.2 可行性研究阶段应以国家有关部门对项目建议书的批复为基础,进一步分析水、电及其他产品的销售价格,落实有关协议,确定投资主体及资本金结构,复核水价、电价、贷款年限等指标和资金筹措方案,按项目整体进行财务计算,对项目的财务合理性与可行性进行评价。

2.4 综合利用水利枢纽工程的费用分摊

费用分摊包括固定资产投资分摊和年运行费分摊。应根据费用分摊成果,分析测算供水、发电、灌溉等单位成本,由供水、发电等有财务收益的功能承担整个工程的年运行费。

2.5 水价、电价方案可参照下列方法拟订

2.5.1 水价

(1)参考现行市场供水价格并考虑水资源开发利用状况预测的水价。

(2)原水成本水价、成本利润水价。

(3)用户可承受的水价。

(4)价格主管部门和国家有关部门核定批准的水价。

(5)供水、受水双方商定的水价。

2.5.2 电价

(1)参考现行平均上网电价并考虑电力市场变化因素预测的

电价。

（2）本地区其他水电站近期批准或协议的上网电价。

（3）用户可承受的电价。

（4）按满足发电成本并考虑盈利要求测算的上网电价。

（5）电力部门同意接纳的电价。

（6）价格主管部门核准的电价或政策性电价。

2.5.3　项目建议书阶段应出具有关部门对水价、电价的意向性文件，可行性研究阶段应出具有关部门对水、电承销的协议或承诺函。

2.6　根据项目资本金来源、筹措条件及投资者的要求，可在不同阶段对不同投资者投入的资本金拟订不同的应付利润率方案。

项目建议书阶段，对不同来源的资本金一般采用相同的应付利润率。为合理确定国家资本金和其他投资者资本金的比例与额度，应以还贷期内全部资本金均不分配利润的方案作为基本方案。在此基础上，可拟订不同的还贷期内资本金分配利润方案，分析还贷期资本金分配利润情况对项目贷款能力的影响。

可行性研究阶段，应以项目建议书的资金筹措批复意见为基础，根据投资者的要求拟订资本金应付利润率方案，复核项目的贷款能力和所需的资本金，确定资金筹措方案。

2.7　贷款条件和方案的拟订

项目建议书阶段，应根据项目具体情况分析拟定合理的贷款年限，采用国家公布的同期贷款利率。贷款按建设期不还本不付息考虑，按年计息，建设期利息以复利计算至建设期末，计入项目总投资。

可行性研究阶段，应基本确定贷款来源，与银行初步商定贷款利率、贷款年限和还款方式等条件，在此基础上计算贷款额度和建设期利息。如建设期需偿还贷款，应对建设期还贷资金来源和额度进行分析说明。

2.8　资金筹措方案的拟订

2.8.1　水利建设项目的资金筹措方案应在贷款能力测算成果的基础上，根据工程财务状况和各投资者的出资能力等条件综合拟订。

以发电为主的水利建设项目的贷款比例不高于80%；以城市供水

（调水）为主的水利建设项目的贷款比例原则上不高于65%；其他水利建设项目的贷款比例根据贷款能力测算成果和项目具体情况确定，但不得高于80%。

2.8.2 有关部门上报项目建议书时，除中央以外的其他投资方应出具出资意向书或有关文件，上报可行性研究报告时应出具出资承诺函。

## 3 贷款能力测算专题报告的编制

3.1 水利建设项目的项目建议书和可行性研究报告均应附贷款能力测算专题报告，并与设计文件同时报审。

3.2 水利建设项目贷款能力测算报告应当包括下列主要内容：

（1）工程概况。

（2）工程投资和年费用。

（3）费用分摊和成本测算。

（4）市场情况和用户承受能力分析。

（5）贷款能力测算。

（6）财务评价。

（7）结论与建议。

（8）附表。

3.3 水利建设项目贷款能力测算报告编制基本要求见附件。

## 4 附 则

4.1 本规定由水利部水利水电规划设计总院负责解释。

4.2 本规定自2003年5月1日起实行。

**附件：**

## 水利建设项目贷款能力测算报告编制基本要求

本附件是对水利建设项目贷款能力测算专题报告编制提出的要求。承担设计和报告编制的单位可根据项目具体情况拟定工作内容。

# 1 工程概况

1.1 简述拟建项目的位置、任务、规模、主要效益和建设计划等情况。

1.2 说明报告编制的目的、依据和有关部门对项目审查的意见。

# 2 工程投资和年费用

2.1 说明固定资产投资、生产流动资金、年运行费(经营成本)、税金和其他财务费用的计算依据、方法与成果,并列出分年度投资。

2.2 近年来水利建设项目的成本构成和费率有较大变化,必要时,可根据项目所在地区的有关规定并参照其他已建类似工程的成本费用情况,对拟建项目的成本费用进行分析和调整。

2.3 调查了解国家现行财税政策和有关规定,说明综合利用水利枢纽工程的发电、供水等部门采用的税种和税率。

2.4 说明建设资金的筹措方式、使用条件和贷款偿还要求。

# 3 费用分摊和成本测算

3.1 费用分摊包括固定资产投资分摊和年运行费分摊。说明综合利用水利枢纽工程投资和年运行费分摊的原则与方法,提出费用分摊成果。

3.2 根据费用分摊成果测算供水、灌溉、发电等的单位成本。农业灌溉还须测算单位运行成本。综合利用水利枢纽工程的年运行费由供水和发电等有财务收益的功能承担。

# 4 市场情况和用户承受能力分析

4.1 调查分析工程供水区和供电区的水、电供需情况与市场前景,以及本工程产品的市场竞争力,分析其他水源、电源对本工程的影响。

4.2 调查说明本地区其他供水、灌溉和发电等工程的成本与价格情况。

4.3 考虑地区经济发展水平,分析不同用户对水价、电价的承受能力。

# 5 贷款能力测算

5.1 说明贷款能力测算的原则与基本条件。

5.2 测算方案拟定

根据成本测算成果、市场调查情况、用户承诺意见以及投资者与有关部门的要求拟定工程的供水水价(包括城市生活工业水价、灌溉水价等)、上网电价、贷款年限、还款方式和还贷期资本金应付利润率等方案。

5.3 计算并提出各功能的财务收益和分年收益流程。

5.4 提出不同方案的贷款能力测算成果。贷款能力测算成果应包括贷款本金、建设期利息、资本金和其他财务指标。

可行性研究阶段还应复核水价、电价和贷款年限等成果。

5.5 测算成果分析

分析不同水价、电价方案和不同贷款年限、贷款利率、还款方式等条件变化对项目资金组成和总投资的影响,以及还贷期资本金分配利润情况对项目贷款能力的影响。对不同方案的贷款能力测算成果进行合理性和可行性分析。

5.6 推荐方案与基本方案

5.6.1 分析并提出合理可行的水价、电价推荐方案。

5.6.2 提出项目贷款能力测算和建设资金筹措的推荐方案,分析不同投资者的资金筹措能力。

5.6.3 项目建议书阶段,还贷期资本金不分配利润的方案应作为基本方案。

# 6 财务评价

6.1 说明财务评价的方法和准则。

6.2 对推荐方案和基本方案进行财务计算和评价,分析项目的盈利能力、清偿能力和财务可行性。

6.3 综合利用水利枢纽工程应以项目整体财务评价为主。对其中的供水、发电等具有财务收益的部分,必要时可按费用分摊情况分别进行财务计算,作为评价的辅助指标。

6.4 对项目进行敏感性分析和评价。

# 7 结论和建议

对项目进行综合评价,提出结论性意见和建议。

# 8 附 表

水利建设项目贷款能力测算的有关报告中,均应附下列表格:

(1)贷款能力测算方案成果汇总表。

(2)推荐方案与基本方案的财务评价指标汇总表、投资计划与资金筹措表、现金流量表、损益表、资金来源与运用表、资产负债表、总成本费用估算表、借款还本付息计算表等。

# 水利建设项目贷款能力测算暂行规定编制说明

## 1 总 则

**1.1~1.4** 水利建设项目的建设资金中有较多的国家财政预算内资金和国债资金等,国家有关部门十分重视水利建设项目的投资效益和决策科学化。

本规定根据水利部的要求并结合水利工程建设实际编制,包括《水利建设项目贷款能力测算暂行规定》、《水利建设项目贷款能力测算暂行规定编制说明》和《水利建设项目贷款能力测算报告编制基本要求》(附件),对水利建设项目贷款能力测算工作提出技术要求。

本规定适用于具有发电和供水(调水)等财务收益的大型水利建设项目。中型水利建设项目可根据具体情况和业主要求参照执行。

水利建设项目进行贷款能力测算,就是在项目的前期论证阶段对建设资金筹措方案、投资结构等经济、财务及管理问题进行科学的分析测算,以便对项目进行正确的财务评价,为国家、地方政府和有关投资者对项目的决策提供依据。在上述分析测算基础上,通过完善项目的经营管理体制和运行机制,使部分具有一定财务收益的准公益性水利建设项目也能维持正常运行。

本规定是对水利行业现行的《水利水电工程项目建议书编制暂行规定》和《水利水电工程可行性研究报告编制规程》中经济评价与财务评价内容的补充。

## 2 测算原则与方法

**2.1** 水利建设项目贷款能力测算是经济评价中财务评价内容的一部分,其基本原则与方法以现行的《水利建设项目经济评价规范》为基础和依据,但进一步明确要以现行市场的水、电价格体系为基础,通过贷款能力法测算、确定项目的资金筹措方案,按项目整体进行财务评价。

2.2 水利建设项目按承担的任务可划分为纯公益性、准公益性和经营性三种类别。承担防洪、除涝等任务的为纯公益性项目;城市供水、水力发电等为经营性项目;既有防洪、除涝等公益性任务,又有供水、发电等经营性功能的项目为准公益性水利项目。鉴于水利建设项目大多为综合利用工程,本规定要求根据财务计算结果判断是否进行贷款能力测算:如果项目的年销售收入大于年总成本费用,须进行贷款能力测算;如果项目的年销售收入小于年运行成本,不具备自收自支和贷款条件,可不进行贷款能力测算,但须进行成本计算和财务分析,提出年运行费和单位成本等指标供有关部门参考与决策;对于部分年销售收入大于年运行费但小于年总成本费用的项目,提取的折旧费应首先满足运行期工程更新改造资金的要求,原则上不进行贷款能力测算,当剩余折旧费较多时,可根据项目实际财务状况分析贷款能力。

2.3 为合理评价项目建成后的整体财务状况,使具有一定公益性功能的综合利用水利枢纽工程能依靠其经营性功能的财务收益自我维持运行,对于综合利用水利枢纽工程,应根据其财务管理和核算体制,按项目整体进行贷款能力测算和财务评价。

贷款能力测算应以项目建成后的财务核算单位为单元,根据全部的财务收益和费用,测算并提出项目所能承担的贷款额度和所需的资本金总额。

对于一些建设地点相对独立、效益较好的分部分项工程,必要时,可根据其自身的效益、费用情况单独进行贷款能力测算和财务评价计算,作为项目整体评价时的辅助参考指标。

2.4 综合利用水利枢纽工程的费用分摊应按不同功能所占库容、水量、效益比例和其他方法进行综合比较后合理确定。

(1)项目建议书阶段,应根据投资与运行费分摊成果测算供水、发电成本。综合利用水利枢纽工程的运行费用可由供水和发电等具有较好财务收益的功能承担。城市供水和发电等功能按自身分摊的成本费用并计入承担的公益性功能的运行费用后进行单位供水成本、单位发电成本测算;农业灌溉供水可不分摊防洪等功能的运行费,而按自身分摊的成本费用分别测算单位供水成本和单位运行成本。测算的供水、发电单位成本作为拟订水价、电价方案的参考依据。

(2)可行性研究阶段,投资分摊的成果还可作为确定项目经营性资产、公益性资产和不同投资者出资额比例的参考依据。

可行性研究阶段,国家划拨资金的额度基本确定,其余资本全的出资人和贷款银行也基本落实,因此本阶段应以项目建议书阶段批复的国家划拨资金额度为基础,参考投资分摊比例并考虑不同投资者的筹资能力、出资条件、回报要求及项目的效益等因素,拟订不同的资金筹措方案,通过财务计算分析确定项目的资金筹措方案。

2.5 拟订合理可行的水价、电价方案是进行水利建设项目贷款能力测算的基础。

项目的成本费用及水价、电价较高,市场竞争力相对较差,项目投资者承担的风险也较大。在贷款能力测算时,应根据项目供水、供电地区的实际情况和市场变化,考虑电力及水资源的供求关系,使预测的水价和电价既能满足工程成本并考虑一定的利润,又具有一定的市场竞争力,使项目财务评价的成果更可信。

根据目前市场情况分析并参考近期国内部分水利建设项目的水价、电价制定与实施情况,拟定水利建设项目的水价、电价时可考虑以下因素:

(1)参考近期建设的类似水利水电建设项目的供水、供电价格,根据地区国民经济的发展水平和规划,以及水资源和电力等的开发利用与供需状况,预测水价、电价;

(2)按工程分摊的成本费用核算单位供水成本和发电成本,根据成本和投资利润要求拟定水价、电价;

(3)考虑用户的支付意愿和支付能力拟定水价、电价;

(4)供水、受水双方协议商定的水价和电力部门同意接纳的电价;

(5)经价格主管部门或政府有关部门核定批准的政策性水价、电价。

项目建议书阶段应以市场分析为主,可按第(1)、(2)、(3)种情况拟定水价、电价;可行性研究阶段应基本落实水、电价格,可按第(3)、(4)、(5)种情况拟定水价、电价。

各项目还可根据具体情况按其他方法拟定水价、电价。

供水工程的原水水价一般由水利部门提出方案,经价格主管部门核定审批,重要供水工程的水价须由上级政府批准或举行价格听证会。因此,水价的制定须充分考虑经济和社会等多方面的因素,符合实际情况。

电力的市场化程度较高,竞争性较强,在拟定电价时应加强与电力部门和电网的协商,尽可能明确上网电量和上网电价,签订销售协议,发挥水电项目运行(经营)成本低、可持续性强的优势,争取获得较大的收益。

2.6  水利建设项目的资本金一般以应付利润的形式提取回报,水利建设项目以往主要参照水电和其他行业的有关规定拟定资本金应付利润率。近年来,国内基础设施和有关行业的平均利润水平及人民币的存贷款利率有所变化,因此水利建设项目资本金的利润率应做调整。

资本金的利润率应根据投资者的要求和项目的实际财务状况拟定。参考其他行业有关规定,水利建设项目的资本金利润率以不高于中国人民银行近期公布的同期贷款利率 1~2 个百分点为宜。以公益性任务为主的水利建设项目的财务内部收益率原则上不做要求。

根据资本金的来源和筹集条件,不同的资本金在不同的时期可采用相同或不同的应付利润率:

(1)项目建议书阶段,项目的资金筹措方案和投资者尚未最终确定,为简化计算和体现公平合理的原则,在进行贷款能力测算时,对不同来源的资本金可采用相同的应付利润率分配方案。可拟订还贷期、还贷后不同的应付利润率方案,分析还贷期资本金分配利润情况对项目贷款能力和财务状况的影响。

为了解项目在费用、效益、借款偿还等条件基本一致情况下所具有的最大贷款能力,为各级政府和有关部门对项目的决策以及确定对项目的投资拨款额度提供依据,应将还贷期内全部资本金均不分配利润的方案作为项目贷款能力测算的基本方案进行计算和分析。

（2）可行性研究阶段，项目的投资者基本确定，所有出资者均依法享有相应的投资者权益。为吸引和争取更多的投资来源，可根据不同投资者的要求拟定不同的资本金利润率。按一般规律，还贷期资本金增加分配利润将降低贷款能力，根据权利和义务对等的原则，因还贷期资本金分配利润而增加的资本金投资数额原则上应由受益者承担。

（3）还清贷款后，项目各投资方可根据工程的实际财务收益情况分配利润。

2.7　水利建设项目以土建工程为主，投资大、建设期长，贷款形成的建设期利息也较多，在建设初期较长时期内不能形成生产能力，无财务收入。水利建设项目的建设期贷款计算和偿还可按下述情况考虑：

（1）项目建议书阶段，贷款银行和项目贷款、还款的各种条件尚未最后确定，为便于方案比较和简化计算，本阶段进行贷款能力测算时，可按建设期不还本不付息考虑，将建设期利息按复利计算至建设期末，计入项目的总投资，由项目建成后的收入偿还。贷款能力测算成果中，应提出贷款本金额度、资本金额度和建设期利息等指标，贷款本金与资本金之和为项目的静态总投资，计入建设期利息和投资价差预备费后，即为项目的总投资。

（2）可行性研究阶段，业主应基本落实贷款银行和贷款额度、贷款利率、还贷年限、还款方式等各种条件与要求。设计单位可根据各项目具体的资金筹措方案和贷款偿还条件进行计算。

国内银行在对部分水利水电项目投放贷款时，要求在建设期就必须每年偿还当年的贷款利息。水利项目在建设初期基本不具备依靠自身收入偿还贷款的能力，目前，一些项目的建设期利息是在提取当年贷款时被直接予以扣留，或利用每年借取短期贷款滚动还款，以及依靠国家拨付财政资金支付。

如银行要求拟建项目在建设期偿还利息或贷款，在贷款能力测算中应对建设期还款资金来源和额度进行分析说明。

2.8　国家对部分行业规定了最低资本金比例，水利建设项目应在贷款能力测算的基础上，根据项目的实际情况并参考其他行业的规定拟订建设资金筹措方案。

（1）根据国家有关规定，电力、建材等行业新建项目的固定资产投资中，资本金比例应在20%以上。

以水力发电为主的水利建设项目应执行国家规定，贷款比例不得高于80%。

（2）城市供水（调水）项目具有一定的财务收益和贷款偿还能力，但影响供水量和水价的不确定因素较多，建成后的经济风险也较大，因此城市供水项目的贷款比例一般应低于发电项目的贷款比例。参考城市公用事业部门的有关情况和规定，城市供水（调水）工程的贷款比例原则上可按不高于65%掌握。

目前国内部分地区水价偏低，与当地的经济发展水平和水资源的开发利用成本不相适应，水资源的浪费现象也较严重。因此，应对受水区的现行水价进行分析，如现行水价偏低，应提出在项目实施前逐步提高受水区水价的建议与措施。

（3）综合利用水利枢纽工程应通过贷款能力测算分析项目的财务状况和融资能力，改善投资结构，扩大投资来源，使社会效益和经济效益显著的项目能够顺利实施。项目建成后，要求依靠经营性功能的收益补贴公益性功能的运行费用，使工程能够维持正常运行。

综合利用水利枢纽工程的资本金比例变化幅度较大，应根据各项目的具体情况通过贷款能力测算拟定，但最大贷款比例可参照水力发电项目的有关规定，不得高于80%。

# 3 贷款能力测算专题报告的编制

3.1~3.3 本章对贷款能力测算专题报告的编制内容和基本条目提出要求。

（1）在项目建议书阶段和可行性研究设计阶段均应编制水利建设项目贷款能力测算专题报告，与设计报告同时上报审批。在项目建议书和可行性研究设计报告中，也应相应增加贷款能力测算的有关内容。

水利建设项目贷款能力测算专题报告的主要内容和基本编制要求见附件。

（2）推荐方案为根据业主要求提出的贷款能力测算方案，基本方案为还贷期内全部资本金均不分配利润的贷款能力测算方案。推荐方案和基本方案可以是同一方案,也可为不同方案。

（3）为综合说明贷款条件、水价、电价和资本金分配利润等因素对项目贷款能力的影响,水利建设项目贷款能力测算专题报告中应附列贷款能力测算方案成果汇总表,并应列出推荐方案和基本方案的财务评价指标汇总表和财务评价基本报表。

# 4  附  则

4.1～4.2  本规定执行过程中,有关的内容和问题由水利部水利水电规划设计总院负责解释。

# 水利基本建设投资计划管理暂行办法

## （水规计［2003］344号）

### 第一章 总 则

**第一条** 为了加强和规范水利基本建设投资计划管理，充分发挥投资效益，根据《中华人民共和国水法》、《中华人民共和国防洪法》、《水利产业政策》和国务院《关于加强公益性水利工程建设管理的若干意见》、《水利工程管理体制改革实施意见》及国家基本建设管理有关法规，结合水利建设的实际情况，制定本办法。

**第二条** 本办法包括水利基本建设项目类型划分、事权划分、前期工作阶段报批程序、投资计划管理、项目后评估等内容。

**第三条** 本办法适用于安排中央投资（包括中央安排的外资）进行建设的水利基本建设项目和地方投资建设的省际边界建设项目。全部由地方投资的水利基本建设项目，各省（自治区、直辖市）水行政主管部门可参照本办法，结合本地区水利建设实际情况制定相应的管理办法。

### 第二章 水利基本建设项目类型划分

**第四条** 水利基本建设项目是通过固定资产投资形成水利固定资产并发挥社会和经济效益的水利项目。水利基本建设项目根据国家的方针政策、已批准的江河流域综合规划、专业和专项规划及水利发展中长期规划确定。

**第五条** 水利基本建设项目按其功能和作用分为公益性、准公益性和经营性三类：

公益性项目指具有防洪、排涝、抗旱和水资源管理等社会公益性管理和服务功能，自身无法得到相应经济回报的水利项目，如堤防工程、河道整治工程、蓄滞洪区安全建设、除涝、水土保持、生态建设、水资源保护、贫困地区人畜饮水、防汛通信、水文设施等。

准公益性项目指既有社会效益、又有经济效益的水利项目,其中大部分是以社会效益为主。如综合利用的水利枢纽(水库)工程、大型灌区节水改造工程等。

经营性项目指以经济效益为主的水利项目。如城市供水、水力发电、水库养殖、水上旅游及水利综合经营等。

**第六条**　水利基本建设项目按其对社会和国民经济发展的影响分为中央水利基本建设项目(以下简称中央项目)和地方水利基本建设项目(以下简称地方项目)。

**第七条**　中央项目是指对国民经济全局、社会稳定和生态环境有重大影响的防洪、水资源配置、水土保持、生态建设、水资源保护等项目,或中央认为负有直接建设责任的项目。中央项目应在规划中界定,在审批项目建议书或可行性研究报告时明确。

中央项目由水利部(或流域机构)负责组织建设并承担相应责任。

**第八条**　地方项目是指局部受益的防洪除涝、城市防洪、灌溉排水、河道整治、供水、水土保持、水资源保护、中小型水电建设等项目。地方项目应在规划中界定,在审批项目建议书或可行性研究报告时明确。地方项目由地方人民政府负责组织建设并承担相应责任。

地方项目按审批程序、资金来源分为三类:中央参与投资的地方项目、中央补助地方项目、一般地方项目。

中央参与投资的地方项目是指由中央审批立项,并在立项阶段确认中央投资额度的项目;中央补助地方项目是指由地方审批立项、中央根据有关政策给予适当投资补助的项目;一般地方项目是指由地方审批立项并全部由地方投资建设的项目。

**第九条**　水利基本建设项目根据其建设规模和投资额分为大中型和小型项目。

大中型项目是指满足下列条件之一的项目:

1.堤防工程:一、二级堤防;

2.水库工程:总库容1亿立方米以上(含1亿立方米,下同);

3. 水电工程:电站总装机容量 5 万千瓦以上;

4. 灌溉工程:灌溉面积 30 万亩以上;

5. 供水工程:日供水 10 万吨以上;

6. 总投资在国家规定限额以上的项目。

## 第三章　水利基本建设项目事权划分

**第十条**　水利基本建设项目属于国民经济基础设施,根据项目类型,其建设投资应由中央、地方、受益地区和部门等分别或共同承担。同时鼓励企业、集体及个人筹资兴建。

**第十一条**　中央项目的投资以中央为主,地方受益地区按受益范围、受益程度、经济实力分担部分投资;地方项目的投资按照"谁受益,谁负担"的原则,主要由地方、受益区域和部门按受益程度共同投资建设,中央视情况可参与投资或给予适当补助;中央对西部地区、少数民族地区和贫困地区的水利建设项目给予投资倾斜。

**第十二条**　中央水利基本建设投资主要用于公益性和准公益性水利基本建设项目,对于经营性的水利基本建设项目,中央可适度安排政策性引导资金,鼓励水利产业的发展。

**第十三条**　地方水利基本建设投资主要用于地方水利基本建设和作为中央项目的地方配套资金。地方项目使用中央投资可以在项目立项阶段申请,由中央审批立项。地方审批立项的地方水利基本建设在建项目在地方财力不足的情况下,可以根据国家的投资政策申请中央投资补助,中央视项目情况给予补助。

## 第四章　水利基本建设项目前期工作阶段报批程序

**第十四条**　水利基本建设项目前期工作阶段报批程序一般包括项目建议书、可行性研究报告、初步设计报告、开工报告的上报、审核和审批。

**第十五条**　水利基本建设项目的实施,必须首先通过基本建设程序立项。水利基本建设项目的立项报告要根据党和国家的方针政策、已批准的江河流域综合治理规划、专业规划和水利发展中长期规划由水行政主管部门提出,通过基本建设程序申请立项。立项过程主要包括项目建议书和可行性研究报告阶段。

**第十六条** 符合下列情况,水利基本建设立项过程可适当简化:

1. 在已有的堤防基础上实施的堤防加高加固工程,可直接编写可行性研究报告并申请立项。

2. 病险水库除险加固工程立项工作,在流域机构或省(自治区、直辖市)水行政主管部门出具的三类坝鉴定意见和水利部大坝安全管理机构复核意见的基础上进行。总投资2亿元(含2亿元)以上或总库容大于10亿立方米的病险水库除险加固,必须编制可行性研究报告申请立项;总投资2亿元以下的病险水库除险加固,直接编制初步设计报告(水闸除险加固参照执行)。

3. 拟列入国家基本建设投资年度计划的大型灌区改造工程、节水示范工程、水土保持、生态建设工程,可在限额之内(3000万元)直接编制应急可行性研究报告并申请立项。

4. 小型省际边界工程,可直接编制可行性研究报告并申请立项。

5. 其他国家计划主管部门认为可以简化水利基本建设立项过程的项目。

**第十七条** 水利基本建设项目的项目建议书、可行性研究报告和初步设计报告由水行政主管部门或项目法人组织编制。

**第十八条** 中央项目的项目建议书、可行性研究报告和初步设计报告由水利部(流域机构)或项目法人组织编制;地方项目的项目建议书、可行性研究报告和初步设计报告由地方水行政主管部门或项目法人组织编制,其中省际水事矛盾处理工程的前期工作由流域机构负责组织。

**第十九条** 项目建议书、可行性研究报告和初步设计报告等前期工作技术文件的编制必须由具有相应资质的勘测设计单位承担,条件具备的要按照国家有关规定采取招投标的方式,择优选择设计单位。

**第二十条** 项目建议书的编制以党和国家的方针政策、已批准的流域综合规划及专业规划、水利发展中长期规划为依据;可行性研究报告的编制以批准的项目建议书为依据(立项过程简化者除外);初步设计报告的编制以批准的可行性研究报告为依据(立项过程简化者除外)。项目建议书、可行性研究报告、初步设计报告的编制应执行国家和部门颁布的编制规程规范。

第二十一条　中央大中型水利基本建设项目项目建议书、可行性研究报告上报后,由水利部组织技术审查,其他中央项目项目建议书、可行性研究报告,由水利部或委托流域机构等单位组织技术审查。

第二十二条　地方大中型水利基本建设项目项目建议书、可行性研究报告,由省级计划主管部门报送国家发展和改革委员会,并抄报水利部和流域机构,由水利部或委托流域机构负责组织技术审查。地方其他水利基本建设项目项目建议书、可行性研究报告完成后由省级水行政主管部门组织技术审查;其中省际边界工程,须由流域机构组织对项目建议书、可行性研究报告的技术审查。

第二十三条　中央项目的初步设计由流域机构报送水利部,其中大中型项目由水利部组织技术审查,一般项目由流域机构组织技术审查。地方大中型项目初步设计,由省级水行政主管部门报送水利部,由水利部或委托流域机构组织技术审查。地方其他项目初步设计由省级水行政主管部门组织审查,其中地方省际边界工程的初步设计须报送流域机构组织技术审查。

第二十四条　项目建议书、可行性研究报告的审批权限:大中型水利基本建设项目的项目建议书、可行性研究报告,经技术审查后,由水利部提出审查意见,报国家发展和改革委员会审批;其他中央项目的项目建议书、可行性研究报告由水利部或委托流域机构审批;其他地方项目,使用中央补助投资的由省有关部门按基本建设程序审批;涉及省际水事矛盾的地方项目,项目建议书和可行性研究报告应报经流域机构审查、协调后再行审批。

第二十五条　项目建议书、可行性研究报告批准后,未能在3年内按条件报送下一程序文件的,需重新编报项目建议书、可行性研究报告。

第二十六条　项目初步设计审批权限:
以下项目的初步设计由水利部或流域机构审批:

1. 中央项目；

2. 地方大中型堤防工程、水库枢纽工程、水电工程以及其他技术复杂的项目；

3. 中央在立项阶段决定参与投资的地方项目；

4. 全国重点或总投资 2 亿元以上的病险水库(闸)除险加固工程；

5. 省际边界工程。

其他地方项目的初步设计由省级水行政主管部门审批。

第二十七条　中央项目、中央参与投资的地方大中型项目内的单项工程初步设计需要另行审批的，一般由流域机构根据批复的总体初步设计审批，其中重大的由水利部审批。

第二十八条　已列入国家基本建设年度投资计划的应急工程项目，可依据规划或已编制的可行性研究报告直接编制年度应急工程初步设计(或实施方案)。中央项目的年度应急工程的初步设计由流域机构报水利部审批，地方大中型项目年度应急工程初步设计由省级水行政主管部门报流域机构审批，地方一般项目年度应急工程初步设计由省级水行政主管部门审批。

第二十九条　工程项目设计变更、子项目调整、建设标准调整、概算调整等，须按程序上报原审批单位审批。在工程项目建设标准和概算投资范围内，依据批准的初步设计原则，一般的非重大设计变更、生产性子项目之间的调整，由项目主管部门审批。

第三十条　初步设计编制的概算静态总投资原则上不得突破已批准的可行性研究报告估算的静态总投资。由于工程项目基本条件发生变化，引起工程规模、工程标准、设计方案、工程量的改变，其静态总投资超过可行性研究报告相应估算静态投资在 15% 以内时，要对工程变化内容和增加投资提出专题分析报告；超过可行性研究报告估算静态投资 15%(含 15%)时，必须重编可行性研究报告，重新按原程序报批。

第三十一条　项目建议书上报应具备的必要文件：

1. 水利基本建设项目的外部建设条件涉及其他省、部门等利益时，必须附具有关省和部门意见的书面文件；

2.水行政主管部门或流域机构签署的规划同意书;

3.项目建设与运行管理初步方案;

4.项目建设资金的筹集方案及投资来源意向。

**第三十二条** 可行性研究报告上报应具备的必要文件:

1.项目建议书的批准文件;

2.项目建设资金筹措各方的资金承诺文件;

3.项目建设及建成投入使用后的管理体制及管理机构落实方案,管理维护经费开支的落实方案;

4.使用国外投资、中外合资和 BOT 方式建设的外资项目,必须有与国外金融机构、外商签订的协议和相应的资信证明文件;

5.其他外部协作协议;

6.环境影响评价报告书及审批文件;

7.需要办理取水许可的水利建设项目,要附具对取水许可预申请的书面审查意见以及经审查的建设项目水资源论证报告书。

**第三十三条** 初步设计报告上报应具备的必要文件:

1.可行性研究报告的批准文件;

2.资金筹措文件;

3.项目建设及建成投入使用后的管理机构批复文件和管理维护经费承诺文件。

**第三十四条** 设计文件在报批前,文件的组织编制单位一般需要委托有相应资质的工程咨询机构或组织专家,对勘探设计中的社会经济、重大技术、环境问题和工程方案进行咨询论证。

**第三十五条** 由水利部负责审核(审批)的项目前期工作技术文件,水利部在收到文件报告后,要及时研究,按同意审查、暂缓审查、修改重编技术文件三种情况处理,并在收到文件 2 个月内通知申报单位。

经水利部同意审查的水利基本建设项目由水利部委托水利水电规划设计总院、流域机构等单位进行技术审查,水利水电规划设计总院或流域机构要制定审查计划、及时组织审查并将审查意见报部。

**第三十六条** 大中型水利基本建设项目初步设计批准后,项目法人应按有关规定申请开工。

项目开工报告由项目法人提出并按程序上报。中央大中型项目由水利部提出审核意见，报国家发展和改革委员会审批，其他中央项目由水利部审批；地方项目开工报告由地方水行政主管部门提出意见报送同级计划主管部门审查同意，其中大中型项目由省计划主管部门报送国家发展和改革委员会审批，其他项目由地方计划主管部门审批。

第三十七条　利用外资项目的报批程序，除按上述条款要求编制文件、申报立项外，同时要编制利用外资的可行性研究报告，并执行国家现行其他规定。

第三十八条　项目在建设过程中需要调整初步设计概算的，需按可行性研究报告的审批程序报批。

第三十九条　部直属事业单位和流域机构生产生活等基础设施建设项目总投资在3000万元以上的项目的立项申请文件由项目主管单位组织编制，按基本建设程序经水利部审查后报国家发展和改革委员会审批，初步设计报告由国家发展和改革委员会或水利部审批；300万元以上、3000万元以下的项目实行项目建议书和初步设计报告两个审批阶段，部直属事业单位和流域机关本级的基础设施建设项目的建议书和初步设计报告由水利部审批；流域机构二级单位以下的基础设施建设项目，在500万元以上、3000万元以下的由水利部审批，500万元以下的由流域机构审批，报水利部核备。

第四十条　规划、项目立项和重大科研等前期工作项目实行项目任务书审批制度。使用中央水利前期经费的项目任务书原则上由水利部负责审批，经部授权也可由项目主管单位审批。

# 第五章　年度投资计划管理

第四十一条　年度投资计划管理主要包括年度投资建议计划的编制、上报和年度投资计划的下达、调整和检查监督。

第四十二条　水利基本建设年度投资计划实行"统一管理，分类、分级负责"的原则。各级水行政主管部门的计划管理部门是各级年度投资计划管理的责任单位。

第四十三条　各级水利部门要根据国家政策、水利发展中长期计划和项目前期工作情况以及国家投资规模,按项目的轻重缓急和工程建设进展情况安排年度计划。

**第四十四条** 中央项目年度投资建议计划由流域机构、部直属单位根据国家发展和改革委员会和水利部要求组织项目法人编制,上报水利部;水利部在宏观调控、综合平衡基础上,每年第四季度编制下一年度中央项目年度投资建议计划,上报国家发展和改革委员会。

**第四十五条** 地方项目年度投资建议计划由省计划和水行政主管部门负责组织编制,联合报送国家发展和改革委员会、水利部,同时抄送流域机构;其中的一、二级堤防和列入国家计划的大中型项目年度建议计划须报送有关流域机构审核,审核意见由省计划、水行政主管部门报送国家发展和改革委员会、水利部。没有流域机构审核意见的地方项目年度建议计划不予受理。

**第四十六条** 流域机构要根据流域规划、项目前期工作状况以及建设情况,对地方报送的一、二级堤防和列入国家计划的地方大中型项目年度建议计划认真审核,按轻重缓急提出本流域年度建设项目排序,并将审核意见和年度建设项目排序报水利部。

**第四十七条** 编制年度投资建议计划,要对上一年度计划执行情况进行总结,并随建议计划一并上报。

**第四十八条** 年度投资计划编制的主要内容为:①项目名称、地点、建设性质、建设起止年限;②建设规模、设计工程量、总投资、投资来源、前期工作状况;③已完成投资和实物工程量、形象进度等建设内容;④建议计划工程量、工程形象进度、建议计划投资量等。编报时必须有详细的文字说明、图表等。

**第四十九条** 编制年度投资建议计划要按先中央项目后地方项目的顺序落实地方配套资金,要说明地方资金的具体来源,并出具证明,确保地方配套资金与中央投资同步安排;地方配套投资不能落实的项目不列入中央年度投资计划。

**第五十条** 在国家发展和改革委员会确定了年度中央水利基本建设投资规模基础上,水利部根据流域机构和省级水行政主管部门报送的建议计划以及流域机构审核意见,编制中央年度水利基本建设投资

计划,报送国家发展和改革委员会。凡列入中央年度投资计划的项目,必须具备以下条件:

1. 批复的初步设计;

2. 流域机构或省级水行政主管部门上报的年度建议计划,或对于具体项目提出的当年申请中央投资补助的请示报告;

3. 应急项目要有批复的应急可行性研究报告或年度应急初步设计(或实施方案);

4. 符合中央投资事权范围。

**第五十一条** 中央项目水利基本建设投资计划由国家发展和改革委员会下达到水利部;地方项目由国家发展和改革委员会与水利部联合下达各省计划和水行政主管部门,抄送各流域机构。

**第五十二条** 水利部根据工程进度、地方配套资金落实情况等,将中央项目投资计划按项目下达到流域机构、部直属单位或项目法人,同时抄国家发展和改革委员会备案。水利部下达流域机构的年度投资计划,由流域机构按项目下达到项目法人,其中需要按单项工程下达的,由流域机构分解下达,下达的年度投资计划文件报水利部备案。

**第五十三条** 流域机构、各省计划和水行政主管部门接到中央投资计划后,要尽可能减少中央投资计划下达层次和环节。中央下达的资金,要按批准的设计方案、建设标准、工程规模和施工定额使用,做到专款专用,不得以任何名义滞留、克扣和挪用。

**第五十四条** 根据下达的中央年度投资计划,流域机构、省级水行政主管部门和项目法人要组织编制大中型项目和省际边界项目年度工程实施计划,报主管部门批准。中央项目和省际边界项目年度实施计划报水利部或流域机构审批,中央参与投资地方项目的年度工程实施计划报流域机构审批。

**第五十五条** 项目年度工程实施计划要严格按照批复的初步设计建设方案和建设标准编制,不符合初步设计建设内容和建设标准的年度工程实施计划不予批复。年度工程实施计划批复后,项目法人单位应据此认真组织实施。年度工程实施计划需要调整的,按原审批渠道,由原审批部门调整。

**第五十六条** 部直属机构科研教育、基础设施建设等基本建设项目计划管理按照水利部《部属单位基础设施建设投资计划管理暂行办法》实施。

**第五十七条** 水利基本建设项目年度投资计划因各种原因不能按计划执行而需要调整的,由项目主管部门及时提出调整意见,报原下达投资计划的部门进行审核批准,并报上级有关部门备案。

**第五十八条** 各级水行政主管部门要严格计划管理,制订计划管理检查监督制度,加强对投资计划执行情况的监管,发现问题要及时纠正和处理。

水利部负责对中央投资的水利基本建设项目进行计划检查监督。流域机构对所在流域的中央项目、中央参与投资的地方项目负有直接检查监督责任,中央补助地方项目由省级水行政主管部门负直接检查监督责任。

**第五十九条** 计划检查监督的主要内容包括:投资计划执行进度与工程量完成情况,是否越权调整投资计划、擅自更改设计内容、扩大建设规模、提高建设标准及不合理压低或提高工程单价等。

**第六十条** 项目法人要在每季度末及时将工程建设进展、工程质量、投资计划安排和执行、资金到位情况等上报主管部门,其中中央参与投资的地方项目和省际水事矛盾工程的情况由省级水行政主管部门汇总报流域机构。

**第六十一条** 水行政主管部门发现问题要及时出具整改通知,督促有关主管部门和项目法人进行整改,整改情况应及时上报。对未按要求整改的,必要时可调整计划和停止安排计划。对地方配套投资到位不足的,要督促地方补足,必要时可采取调整计划等措施,督促地方建设资金落实到位。

# 第六章 项目后评估

**第六十二条** 项目竣工验收是全面考核建设项目成果的重要环节。水利基本建设项目按设计要求建成后要及时组织验收。水利计划管理部门应按项目验收有关规定参与工程验收工作,全面检查竣工项目是否符合批准的设计文件要求,审核概、预算执行情况,总结概、预算执行过程中的经验教训,并对项目投资计划执行中遗留的问题提出处理意见。

**第六十三条** 项目主体工程投入运行后,水行政主管部门要加强对工程设计能力的发挥、产生的财务效益、经济效益和社会效益进行跟踪。会同有关部门对项目的立项决策、勘测设计、施工、生产运行、效益进行系统评价,综合研究分析项目实际状况及其与预测状况的偏差,分析原因,总结经验,提出改进措施,并将评估结果上报水行政主管部门。

# 第七章 附 则

**第六十四条** 本办法实施以前发布的水利基本建设计划管理的有关规定与本办法相抵触的,以本办法为准。

**第六十五条** 本办法由水利部负责解释。

**第六十六条** 本办法自下发之日起实施。